彩图 2-1　北非岩画（阿尔及利亚恩阿杰尔高原，中新石器时代）

彩图 2-2　埃及斯芬克斯（狮身人面像）

彩图 2-3　卢克索阿蒙神庙（多柱厅，第十八王朝，公元前 1400～前 1360 年）

彩图 2-4　拉姆西斯二世石窟神庙（第十九王朝，公元前 1304～前 1237 年）

彩图 2-5 西西里岛塞利纳斯的希腊神庙（古风时期，多立克式）

彩图 2-6 黑绘式陶罐局部——阿喀琉斯和埃阿斯在玩骰子（约公元前 530 年）

彩图 2-9 雅典卫城鸟瞰 （公元前 5 世纪后半叶）

彩图 2-7 红绘式陶盆局部——醉酒少年与少女（约公元前 480 年）

彩图 2-8 雅典卫城——帕特农神庙（公元前 447～前 432 年，伊克梯诺斯和卡里克拉特设计）

彩图 2-10 伊瑞克先神庙南门廊女像柱（公元前 413 年）

彩图 2-12　罗马萨顿神庙柱子
（罗马广场，建于公元前 500 年，
此处的爱奥尼柱是前 320 年重建
神庙的立面柱）

◀　彩图 2-11　米罗岛的《阿芙罗迪特》（即米罗的维纳斯女神像，
　　　　　　希腊末期——希腊化时代）

彩图 2-13　意大利鲁沃出土墓室壁画——葬礼舞蹈

彩图 2-14　罗马"第二风格"墙面装饰（格里芬斯·帕拉汀府邸，约公元前 80 年）

彩图 2-15　庞贝城"第三风格"墙面装饰（赛伊府邸，强调平面感）

彩图 2-17　意大利斯托比出土装饰壁画——春

彩图 2-16　庞贝出土装饰壁画局部——密祭

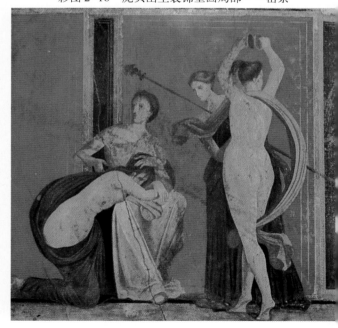

彩图2-19　伊斯坦布尔　阿赫默德一世清真寺（1610~
　　　　　1616年，土耳其）

彩图2-18　罗马圣彼得老教堂（始建于公元前333
　　　　　年，取自圣马蒂诺教堂壁画）

◀ 彩图2-20　阿格拉的泰姬陵（沙
杰罕王后的纪念性陵墓，印度伊斯
兰建筑的杰出代表，公元17世纪）

◀ 彩图2-21　意大利比萨大教堂
　　　　　（公元11~14世纪）

5

彩图 2-22　韩斯主教堂主厅彩绘玻璃窗（"哥特式"盛期，约 1290 年完成）

彩图 2-25　西班牙埃斯库里尔宫图书馆（文艺复兴时期）

彩图 2-24　法国夏尔特主教堂西大门一侧雕刻局部

彩图 2-23　夏尔特主教堂西大门顶部拱形雕刻

彩图 2-29 英国牛津郡布朗汉姆府邸花园北向立面（凡布娄，1705～1724 年，古典主义风格）

彩图 2-28 伦敦圣保罗大教堂（克里斯道夫·仑，1675～1710 年）

彩图 2-26 罗马圣彼得广场（贝尼尼，1656～1667 年）

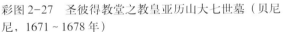

彩图 2-27 圣彼得教堂之教皇亚历山大七世墓（贝尼尼，1671～1678 年）

彩图 2-30 米德尔赛克斯西昂府邸大厅（罗伯特·亚当，1762～1763 年）

彩图 3-1　铜雕与台基（北京颐和园）

彩图 3-4　御路石雕装饰（故宫）

彩图 3-2　中国古建筑前的动物铜雕
与台基（北京颐和园）

彩图 3-3　须弥座台基转角石雕（故宫）

彩图 3-6　乾清宫前石栏杆

彩图 3-5　颐和园长廊前驳岸栏杆

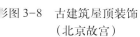彩图 3-8　古建筑屋顶装饰
（北京故宫）

彩图 3-7　抱鼓石（北京故宫）

彩图 3-9　古建筑山花装饰（北京故宫）

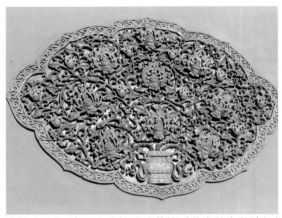

彩图 3-10　中国古建筑琉璃装饰（北京故宫乾清门）

彩图 3-12　中国古建筑中的彩画装饰——和玺彩画（北京故宫

◀ 彩图 3-13　中国古建筑中
的彩画装饰——旋子彩画
（北京故宫）

彩图 3-11　琉璃装饰局部（故宫乾清门）

彩图 3-14　中国古建筑的彩画装饰——苏式彩画（北京颐和园

彩图 3-15　檐角彩画（北京颐和园）

彩图 3-16　天花彩画（北京故宫）

彩图 3-17　门簪、门钉装饰（北京故宫）

彩图 3-19　太和殿隔扇门装饰

彩图 3-18　铺首（北京故宫）

彩图 3-20　隔扇门装饰（北京故宫）

彩图 3-21　隔扇花心、裙板及角页装饰（故宫）

◀彩图 3-23　隔扇门上的木雕（北京故宫）

彩图 3-22　隔扇窗装饰（北京故宫）

彩图4-1 红屋起居室壁炉（1859年，莫里斯等）

彩图4-3 维也纳某住宅室内（1928年，卢斯）

彩图4-2 霍塔自宅楼梯间（1898年）

彩图 4-4　风格派画家蒙德里安的绘画作品（一）

彩图 4-5　"红蓝椅"（1917 年里特维尔德设计）

彩图 4-6　施罗德住宅室内（荷兰　1924 年　里特维尔德）

彩图4-4　风格派画家蒙德里安的绘画作品(二)

彩图4-7　范斯沃斯住宅外观（1950年，密斯·凡·德·罗）

彩图4-8　马赛公寓外墙细部
　　　　　（1946年，勒·柯布西耶）

彩图4-9　流水别墅室内起居室一角（1936年　赖特）

彩图4-10　约翰逊玻璃住宅室内一角（1949年，约翰逊）

彩图5-1　美国新奥尔良市意大利广场内景
（1979年，查尔斯·摩尔）

彩图5-2　詹克斯设计的某起居室室内（1984年）

彩图5-3　詹克斯设计的某主人卧室一角（1984年）

教育部高职高专规划教材

建 筑 装 饰 简 史

（建筑装饰技术专业适用）

本系列教材编审委员会组织编写

张新荣　主编

张文胜　蔡惠芳　编

中国建筑工业出版社

图书在版编目（CIP）数据

建筑装饰简史/张新荣主编 . —北京：中国建筑工业
出版社，2000（2022.4 重印）
教育部高职高专规划教材
ISBN 978-7-112-04226-5

Ⅰ. 建…　Ⅱ. 张…　Ⅲ. 建筑装饰-建筑史-高等教
育：职业教育-教材　Ⅳ. TU-098

中国版本图书馆 CIP 数据核字（2000）第 55761 号

　　本书是根据教育部高职高专规划教材的教学基本要求编写的。书中对
建筑装饰的起源、发展变化作了比较全面的叙述，尤其对历代典型的建筑
形制、装饰风格都有着重讲解，同时还介绍了建筑装饰的材料、技术、方
法以及相关的绘画、雕刻、工艺美术等。主要内容包括西方古代建筑装
饰，中国古代建筑装饰，近代建筑装饰设计，现代建筑装饰设计。本书图
文并茂，通俗易懂，言简意赅，基本上涵盖了古今中外的建筑装饰及室内
设计艺术。

　　本书可作为建筑装饰专业、建筑专业教学用书，也可供从事建筑设
计、室内设计及建筑装饰工程施工等工程技术人员及相关人员参考。

教育部高职高专规划教材

建 筑 装 饰 简 史

（建筑装饰技术专业适用）

本系列教材编审委员会组织编写

张新荣　主编

张文胜　蔡惠芳　编

*

中国建筑工业出版社出版、发行（北京西郊百万庄）

各地新华书店、建筑书店经销

北京京华铭诚工贸有限公司印刷

*

开本：787×1092 毫米　1/16　印张：15　插页：8　字数：365 千字
2000 年 12 月第一版　　2022 年 4 月第三十一次印刷
定价：30.00 元
ISBN 978-7-112-04226-5
（17658）

前　言

　　建筑装饰是人类独有的文化特征，它随着社会的前进而发展，对建筑装饰历史的研究与学习，可以说等于是从事一项名胜古迹的探索活动，它涉及面很广，而且饶有兴趣。

　　本书对建筑装饰的起源、发展变化作了比较全面的叙述，尤其对典型的建筑形制、装饰风格都有着重的讲解，同时还介绍了建筑装饰及室内设计的材料、技术、方法及相关的家具、陈设和绘画、雕刻、工艺美术等。全书共分5章，第1章为绪论，简单扼要地阐述了建筑装饰史的学习内容和目的；第2章是外国古代部分，着重叙述外国具有代表性的一些地区从史前到19世纪的建筑装饰发展状况；第3章是中国古代部分，主要叙述中国上古至元明清时期的建筑装饰情况；第4、5章为近现代部分，分别叙述了19世纪至今天的建筑装饰及室内设计动态。本书按建筑装饰技术专业的教学要求编写，注重读者的知识层面，通俗易懂、言简意赅。所选内容有针对性，所列举的建筑形制与装饰风格有代表性，文字与图片相结合，生动形象地把读者带入光辉灿烂的人类文化和艺术的历史长河中。

　　本书的第1、2章由张新荣编写，第3章由蔡惠芳编写，第4、5章由张文胜编写。可用作建筑装饰技术专业的教学用书，也可作为相关专业的参考书。由于编写时间仓促及水平有限，不足与错误之处在所难免，恳请各位专家学者和广大读者给予指正。全书在编写过程中参考了许多文献资料，除书后列出的参考书目外，还有一些书刊、杂志未能一一列出，望请诸位编著者谅解。另外，此书的编写曾得到同济大学的来增祥教授热心指点，并经扬州大学的吴龙声副教授认真审阅，在这里一并致谢。

高职高专建筑装饰技术专业系列教材
编审委员会名单

主 任 委 员：杜国城

副主任委员：梁俊强　欧剑

委　　　员：马松雯　王丽颖　田永复　朱首明　安素琴
（按姓氏笔画为序）　　杨子春　陈卫华　李文虎　吴龙声　吴林春
　　　　　　张长友　张新荣　周　韬　徐正廷　顾世全
　　　　　　陶　进　魏鸿汉

目　　录

第1章 绪 论

无论哪一门类的文化或艺术，都有着自身的历史渊源。建筑装饰艺术也毫不例外，当人类降临到这个世界，就有了他们的生活，为了生活，就开始尝试营造他们的生存环境，并且为了这个环境的不断完善而作出了不懈的努力。当人类开始了定居生活后，随着时间的推移，他们的居住环境展现出种种风貌，而后人又在这风貌中，逐渐寻找出诸多真谛，进而演变为现今的万千景象。

《建筑装饰简史》通过对历史的回顾，不仅展现了历代的建筑装饰艺术，同时也反映了各个时代的社会风貌。因此我们可以由这些尚存世间的建筑文明，探索到当时人类的生活与精神，也就是借过去来确定现在，于时代或地域的坐标中，对自身有再次的认识。并希望通过对历史的回顾与思考，给我们当今和未来的建筑装饰事业以更多的帮助和启示。

第1节 建筑装饰史的学习内容和研究范围

对建筑装饰历史作系统的学习与研究，有助于我们更完整地了解人类的文化和艺术特征。建筑装饰的发展是一个不断演进的过程，从最初的生活需要，到宗教、政治、社会和家庭发展方面的需要。每个民族的文化和艺术特征都在其神殿、住宅、公共建筑和纪念性物品中有所反映。

从史前艺术中我们可以看到早期的造型文化是依托在先人祈祷丰猎、丰收的仪典性活动中表达出来的。古埃及的建筑、雕刻和绘画曾保持数千年不变，是因为没有哪一个民族能够将建筑、宗教、艺术和社会生活结合得如此天衣无缝。古希腊的建筑装饰则与公众的参与有关，神话题材往往折射出活生生的现实世界。罗马人擅长吸取希腊人的精髓，并把建筑装饰艺术提到了更高的发展阶段。基督教的出现永远改变了装饰的面貌，最终给世人留下了不朽的"哥特式"。意大利的文艺复兴，使整个建筑装饰又沉湎于过去的古典主义。"巴洛克"是文艺复兴晚期产生的一种新形式，它完全摆脱了过去的形式，取而代之的是自由的曲线、夸张的装饰，在法国又摇身变为"洛可可"风格。而与之相悖的古典主义到了拿破仑时代则以"帝政式风格"知名。

中国文明可以追溯到很远的时代，尽管有史以前的建筑装饰实例很少发现，但有关造型文化的遗迹却并不少见。从上古至商周到春秋战国，在器物、建筑、绘画等方面都有很大的发展。秦汉时期大兴土木，宫殿、陵墓、住宅曾经辉煌一时，而且风格雄浑大气，我们可以从古长城、秦始皇陵中一睹其昔日风彩。当印度佛教传入我国时，魏晋南北朝的寺庙建筑与石窟艺术又辉煌灿烂起来。进入隋唐后，由于"席地而坐"变为"垂足而坐"，家具有了明显发展，居住环境有了显著提高。到了五代和宋辽，建筑装饰、家具陈设及工艺美术都达到了很高的境界。元明清时期的宫殿、第宅、园林等建造及装饰技术日趋成熟，尤其明清时期发展起来的家具制造技术，让世人叹为观止，现存的明清遗物不论官方还是民间随处都有散见。

近现代的建筑装饰，当从工业革命的影响开始，机械化生产导致建筑装饰领域流于粗俗，最终被推崇手工艺的工艺美术运动的新形式所替代，新艺术运动更是以流动的、蜿蜒的曲线为母题，迎合了当时一大批金属建筑物，也为多样化的近代设计奠定了基础。此时，德国成了近代设计运动的中心，德意志制造联盟的成立，包豪斯的创建，装饰派艺术在法国的诞生，国际风格在欧洲的风靡，直至美国的室内装饰设计走向专业化，这一切构成了20世纪初期现代主义的纷繁景象。在20世纪，过去的装饰实际已经消失，取而代之的是涵义更广泛的设计，且设计应包括装饰。消费文化的介入使得建筑设计、室内设计带有浓重的商业味道。在经历了现代主义的疲惫后，建筑设计师奔放、独特的空间造型，对室内设计师造成了极大的影响，从室内设计的领域来看，同样亦可让其他设计师加入进来，设计需要沿着多元化与个性化路径朝前发展，更需要把人放在首要位置来考虑。

建筑装饰的研究范围从目前的情况来看并不仅仅局限于"建筑"，它应包涵室内装饰、室内设计或环境设计，甚至更为广泛。而且用比较前卫的看法或许应把"装饰"换成"设计"更为贴切，"设计"也好，"装饰"也好，这两种用语因时代或国家的不同，意义也有所不同。设计有时含有针对物体的机能或构造属性，统合且具有审美性地加以造型计划的意思，因我们的装饰史涉及到古代漫长的历史，且所谓的设计，在前世纪的时代背景下，相当于装饰，所以本书还是沿用建筑装饰这一名称。

本书中并未将内容局限于狭窄的范围，对建筑装饰的起源、发展变化都有较全面的叙述，对历代典型的建筑形制、装饰风格以及技术、材料和相关的美术、绘画、雕塑、工艺美术等都有介绍。希望本书涉及的内容及范围能开阔建筑装饰者及室内设计者的视野，给今后的设计带来更大的帮助。

第2节 建筑形制与装饰风格

无论何种造型艺术，当其成为一件艺术作品时，必有其构成形式的规制，建筑艺术也毫不例外，每一个时代，每一个地域，当其有所成就之时，亦即形成了一定的章法和规制，即我们所说的建筑形制。例如，古希腊时期的建筑形制是以柱式为主要特征的，这些林立的柱子构成了希腊建筑的宏伟和庄严，给世人留下了深刻的印象。所谓风格，或装饰风格，即是一定的素材在构成各种形态时，借由构成章法、规制的不同，而表达出的独特形式或样式，这种形式久而久之便形成了风格。例如，古希腊建筑喜欢在山花、间壁等处装饰宏丽的雕刻，以及建筑四周的装饰花纹与典丽的赋色，甚至殿堂内还要安置圆雕巨象，这一切和着挺拔的巨柱，构成了一章和谐的建筑交响乐，这就是古希腊建筑的装饰风格。在这里，我们并非有意要解释建筑形制与装饰风格的含义，谁说建筑就没有风格呢？形制与风格在许多场合其含义是相当的，我们把它提出来是为了在后面的章节里介绍建筑装饰时有更为清晰的认识。

形制或风格是结合了人对物的看法、或对美的感知与把握、或是由构成物体的素材与技术等而产生的东西，故具有时代或地域上独特的表达方式。尤其是这个世界具有众多的民族，其深藏的文化底蕴各不相同，因此，借由建筑形制或装饰风格所表达出来的社会思想、世界观、审美意识等也不会相同，进一步说，透过这些建筑形制或装饰风格，我们还可对当时的建筑技术和所用材料有一番新的认识。

第 3 节　地　域　与　时　代

随着近年来的改革开放，中西方文化的频繁交流，我们与西方发达国家的差距在缩小，无论在经济或文化领域，或者贴切地说在建筑装饰领域，中国近年来的变化是有目共睹的。

一旦某民族的文化引起世界其他地域的文明者的高度重视，那么他们的文化也将对这个民族的文化产生撞击。所以，对建筑装饰史的看法，不能仅限于一个地域在时间上的变迁，必须对同时代的地域间之差异作出比较和考察，每个地域所表现的特征，乃是借着与外来文化的接触或交流之中，在渐受影响下产生同化、产生变化的，所谓民族的就是国际的不无道理。

人类都有最基本的生活需要，随着民族的转为国际的，生活方式也将变得雷同，而各地域或各民族的特征范围也将渐次扩大，建筑装饰就是循着这样的发展规律不断演进的。此建筑装饰史除时间上包括了古代、近代和现代外，还在地域上对西方和东方（中国）作了分别的叙述。

第 2 章　西方古代建筑装饰

第 1 节　原 始 时 期

人类大约在 300 多万年前已经出现在地球上了,约 150 万年前已出现使用石器的猿人。能使用火,使用粗糙的石器、骨器,并使用"语言"的北京人大约出现在 60 万年前,过着洞穴群居生活。与现代人属于同"种"的智人(理性的人类),则出现于约 5 万至 3 万年前。

当时的人类以狩猎、采集为生,居住上由最初的巢居演变为后来的穴居。意识形态方面产生了巫术观念和把动物、植物或自然现象作为祖先的"图腾"崇拜,于是艺术文化活动也出现了,我们称这时期为旧石器时代。

到了大约自 1 万至 5 千年之前,居住方式逐渐演变成竖穴居住,人类开始了定居生活,并学会了畜牧和农耕,在食物的贮藏和调理上,开始使用陶器,而石器进一步得到发展,我们称这一时期为新石器时代。

从陶器的烧制开始,渐渐地又出现了金属的冶炼铸造术,所以自 5 千年至 3 千年之前这一阶段称之为"金石并用时代"。随着青铜器的使用,渐渐地农业生产的规模增大了,人类也演变为集居的生活方式。而不从事农业生产的人也逐渐增加,氏族公社逐渐解体,阶级社会即将来临,进而促成了城市的形成。有些地域也发明了文字,率先进入了历史的时代。必须指出的是,此时的社会发展是极不平衡的,然而作为石器时代的文化艺术来说,总是能找到一定的发展规律和风格特征的。

一、旧石器时代

旧石器时代人类自有了穴居生活后就出现装饰艺术。始于 4 至 3 万年之前的法国"奥瑞纳文化"和随后的"索鲁特文化"及"马格德林文化"遗迹,据推测应是当时人类在穴居地祈祷丰收、狩猎和祭奉祖先、神灵的巫术行为。虽然他们的功利目的非常明显,但他们借助周围的壁面来表达对美好生活的渴望,对洞穴环境的改善,谁能说不是一种朴素的装饰观念呢?

此时代最具代表的艺术行为当是以动物与女性为题材的洞窟壁画。属于"奥瑞纳文化"阶段的有法国的拉·费拉西洞中在石灰石板上的壁画,丰·的·高麦洞(Font de Game)的古象和野牛壁画(图 2-1、图 2-2),在雕刻方面是以法国格里马底洞的圆雕裸女(图 2-3)为代表;属于"索鲁特文化"

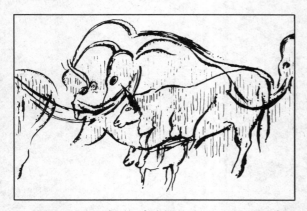

图 2-1　法国丰·的·高麦洞的壁画(旧石器时代)

阶段的艺术遗迹以鲁塞尔洞的浮雕牡马和野猪为代表；而"马格德林文化"阶段应以西班牙桑坦德尔附近的阿塔米拉洞窟（Altamira）的野牛壁画（图2-4），法国拉斯科洞中的野牛和马壁画最为著名（图2-5）。在早期"奥瑞纳文化"阶段，造型粗略，手法简略而古朴，无论洞窟壁画，还是丰腹、丰乳的圆雕裸女，显然都是十分古拙的。在后期的"马格德林文化"遗迹上，我们才看到真正优美的生动形象，那种将活生生的动物单纯化地描绘出来的写实功力，着实让人赞叹不已。到了稍晚的中石器时代，随着气候转暖，洞窟生活遂不适宜，而另一种描绘于无日照的岩壁上的岩阴壁画开始盛行（图2-6、彩图2-1），这些壁画表现为单色平涂颇具图案化的剪影形式，与"马格德林文化"时期的那种写实风格迥然不同，在非洲北部和西班牙东南部等地都有发现。

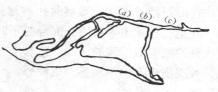

图 2-2　丰·的·高麦洞平面
（a）、（b）、（c）三处有壁画，共长 123m

图 2-3　法国格里马底洞圆雕
裸女（旧石器时代）

图 2-4　受伤的野牛，西班牙阿塔米
拉洞窟壁画（旧石器时代）

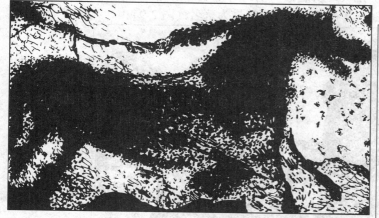

图 2-5　法国拉斯科洞窟壁画
（约公元前 15000～前 10000 年前后）

图 2-6　北非塔西利岩阴壁画
（中石器时代）

在旧石器时代及中石器时代的这些壁画，都是绘在石壁或顶棚上的，有以木炭、油烟、红土、白亚土等与脂肪混合的东西为原料，以兽毛或鸟羽毛直接绘于石壁上的，也有用线刻的或类似浮雕的壁画。色彩上常采用有限的红、黄、褐，晕染时根据动物的体态特征，表现出少有的体积感和气韵感。

二、新石器时代

陶器的产生是新石器时代的标志。它不仅是贮藏或烹调收获物的实用器皿，也是一种艺术创作，发现的有单色素陶和绘以红、黑、白诸色的彩陶，其上装饰有三角、交叉曲线、带状、旋涡、平行等几何线条纹样，还构成了对称、均衡、单纯而朴素的美的统一体，这些从丹麦出土的陶器上可以得其仿佛（图2-7）。

随着时代的发展，社会日趋复杂，生活日渐完善，人们对居住、集会和举行仪式的场所的需求也随之日新月异，于是村舍、堡垒、坟墓等建筑应运而生。在法国、瑞士、意大利等地都发现有新石器时代的水上村落残迹，房屋以水里的木桩为基础，上起木制屋架，四壁编枝涂泥，与陆地之间架有简单的桥梁，以防野兽侵袭(图2-8)。

图 2-7　丹麦出土的彩陶
（新石器时代）

图 2-8　瑞士纳沙泰尔湖的湖居
复原（新石器时代）

这时期最具特色的要算"巨石建筑"，其用途大概是为了防御野兽与外敌，工程巨大，建有石栅、石垣、石冢等等。这类建筑遗构以英国的索尔兹伯里（Salisbury）石柱群，法国的布列塔尼卡纳克（Carnac）巨石行列和石冢等最为著名（图2-9）。

图 2-9　英国巨石群—石栅（公元前1800～前1400年）

三、青铜器、铁器时代

在新石器时代末期，约公元前4千至3千年左右，青铜器发明了，此项发明促使农具与武器的性能提高了，从而大大地促进了农业生产的发展。然而，青铜器仅限于贵族及有身份的上层阶级使用，而普通人仍继续使用石制、骨制等器具，所以，在贵族阶层因使用青铜制的生活器皿、装饰品、乃至武器（图2-10），生活明显有所改善。铁器的出现约在公元前1500年左右，在亚美尼亚地区有极为丰富的制作，之后经由西台（Hittites）人而得到广泛流传。铁器对农作物的耕作和收获带来了极大的帮助，使农业生产有了提高，也为都市文明的发展打下了极佳的基础。此时，由于各地域的发展不平衡，在尼罗河流域、底格里斯河与幼发拉底河流域以及叙利亚等地，已经先一步进入了历史时代，并展现出古代文明的光芒。

图2-10　丹麦出土的青铜器
——盔（青铜器时代后期）

第2节　古代埃及与西亚

一、古埃及

位于非洲东北部尼罗河两岸的埃及，凭借着尼罗河的恩赐，土地丰沃，知识技术发达，是最早步入文明的古国之一。在氏族社会解体的过程中，逐渐组成了40个城邦，后又形成了上、下埃及两个王国。公元前3000年左右，上埃及征服了下埃及，建立了埃及历史上第一王朝，但直到第二王朝，埃及才实现真正统一。从此时起到公元前332年希腊马其顿王亚历山大征服了埃及，古埃及的历史才宣告结束，这段历史便是所谓的"王朝时代"。这期间又可分为古王国时代（主要是第三王朝到第六王朝）、中王国时代（主要是第十一王朝起到第十二王朝末）、新王国时代（主要是自建立第十八王朝后到二十王朝初）。

古代埃及的文明历来被看作是有别于同时代的其他文化艺术的，这种孤立的文化，在一种独裁的君主和僧侣制度统治下，表现在陵墓、神庙、纪念物的装饰以及绘画和雕刻里，没有哪一种文明能够将建筑与艺术、宗教及社会生活结合成如此完美的表现。

埃及地区气候炎热，树木稀少，早期建筑是土、木结构，到了王朝时代，即向石材发展了。为了防热，建筑的墙壁和屋顶做得极厚，而且往上向内倾斜，窗洞小而少，尤以陵墓、神庙建筑都显示出雄伟的特色，而其中法老陵墓的金字塔最著名。

第一、二王朝的法老（Pharaoh）陵墓，其外形犹如一个巨大的长方形石凳子，后来更向上层层递减成为阶梯式，阿拉伯人称之为"玛斯塔巴"。这从第三王朝位于撒哈拉的昭赛尔皇帝金字塔上就可以看出，金字塔呈6层阶梯状，总高62.18m，昭赛尔葬宝在塔底座下27多米的竖坑里，原有石灰岩饰面已不复存在，这正是从"玛斯塔巴"到正角锥式金字塔的过渡形式。据说这座石材建成的现存最早的金字塔是由皇帝的掌玺人、祭司

图 2-11 撒哈拉 昭赛尔金字塔（公元前 2780～前 2680 年）

长、医师和建筑师伊姆霍特普所建（图 2-11）。这种过渡形式于吉萨的平顶石室墓、美杜姆的 8 层梯形金字塔、达哈舒尔的高约百余米的正角锥形金字塔上都有所体现（图 2-12）。

图 2-12 吉萨的平顶石室墓（玛斯塔巴，第三王朝）

这种形式成了尔后古王国兴盛时期的 3 座大金字塔的定制。其中以第四王朝第二代法老库夫（Khufu）的金字塔为最大（图 2-13），希腊人称之为齐奥普斯（Cheops）皇帝金字塔，这一工程用了 230 万块平均重达 2.5t 的巨石（石灰岩）干砌而成，塔高 146.4m，底边长 230.6m，塔身斜度 51°52′，表面原有磨光石灰岩贴面已剥落。北面是三角拱形墓门，通过长甬道可到下面的空石室、中间的王妃墓室和上面的藏棺室，藏棺室里放置盛有木乃伊的石棺，下面的墓室可能用来存放殉葬品。这些墓室与甬道都用磨得十分平光的石块叠积而成，紧密无间，显示了当时埃及人的伟大创造力和聪明才智。位于中间的高度略矮的第二座金字塔是库夫之子、法老哈夫拉（Khofra 或 Chephren）的陵墓，其前面多了

图 2-13　吉萨的三座金字塔（第四王朝，公元前 2680～前 2565 年）

一个高 20 余米，全长约 70m 的"斯芬克斯"狮身人面像（彩图 2-2），头像为哈夫拉，主体用整块岩石雕成，狮爪是石砌。最前面的第三座金字塔是孟卡拉（Menkaura 或 Mycerinus）的陵墓，其前还有 3 座小金塔是为皇后所建的，很显然，其尺度更加小了。

　　作为一种建筑艺术，金字塔所具有的庄严、伟大、对称、均衡等因素，与周围的自然环境相配合，构成了一个浑然和谐的整体。

　　中王国时代开始，埃及的中央集权统治逐渐垮台，金字塔式的国王陵墓被地下墓室与崖墓（石窟墓）所替代，于是昔日的陵墓建筑失去了它的光彩，继之而起的是神庙建筑。

　　新王国时代是埃及的全盛时期，神庙建筑得到了充分发展。其中最大的是卡纳克阿蒙神庙（The Great Temple of Ammon），它是底比斯卡纳克地区一组庞大建筑群中的一部分，其周围有孔斯月神庙和其他小庙，并有斯芬克斯大道与附近的缪特女神庙和在卢克索的阿蒙神庙（彩图 2-3）相连。卡纳克阿蒙神庙是所有太阳神庙中最大的，始建于中王国时代，之后在新王国的第十八王朝吐特麦斯一世时代重建，后又经多次增修和改建。如吐特麦斯二世和阿明霍特普三世时代的石门、谢提一世至拉美西斯二世时代的多柱大厅等。多柱大厅（柱子是埃及神庙的特征）是该神庙的主神殿，宽103m，进深 52m，面积达 5000m^2，厅内有 16 列共 134 根巨柱，柱身为红花岗石，中央两列 12 根莲花式柱高 20 余米，直径为 3.6m，用来支承中间的平屋顶。两边柱子较矮，高只有13m，直径 2.7m。神殿内的所有柱子和梁枋以及壁面刻满彩色阴刻浮雕，石柱排列如林，光线阴暗，气氛神秘（图2-14）。

图 2-14　卡纳克阿蒙神庙多柱大厅
（第十九王朝，公元前 1318～前 1237 年）

9

埃及历代法老墓都以石窟墓的发展为主，将崖岩深深掘入，挖成石窟，入口总是设计成非常隐密，而神庙则建在稍远的地方。德·埃·巴哈利建筑群即是如此，它由两座陵墓兼神庙组成，即曼特赫特普庙（Mentuhotep，第十一王朝）和哈特谢普苏庙（Hatshepsut，第十八王朝）。前者把传统的金字塔与底比斯的崖墓（石窟墓）相结合，后者利用地形而建，规模相当宏大。在背景山岩的衬托下，显得十分和谐。

　　在掘岩而建的神庙中，以阿布辛贝尔（Abu Simbel）的拉美西斯二世神庙最著名。崖岩边四尊20m高的法老巨像占满立面，而他家属的小雕像只及到他的腿部，这些雕像代表了埃及雕刻身体成垂直状和手法古拙简括的普遍性特征。然而埃及的浮雕手法却比较活泼，尽管早期的纳美尔石板浮雕还不十分典型，但到了盛期的阴刻浮雕却相当具有埃及的特征了。这些浮雕是在凿光的壁面上刻成，人像通常表现为侧面的头像（圆雕是正面的），身体的双肩及上段是正面像，而腿和脚可以是侧面的。这就是埃及雕刻所谓"正面律"的特征。埃及人是否很早就对人体知识有所了解，因为人体的上段（胸部）无法扭转，而腰部和颈部的扭转是非常灵活的，这种独特形式的表现，丝毫没影响人像表现的正确性（彩图 2-4 及图 2-15、图2-16）。

图 2-15　纳美尔石板
（上埃及征服下埃及，公元前 3200 年）

图 2-16　埃及浅浮雕

　　埃及在建筑和雕刻方面既然有那样伟大的成就，在室内装饰方面自然也很发达。在古王国时代的贵族墓里就发现了大量的装饰壁画。美杜姆之依特尔玛斯塔巴中的群鹅装饰图就非常有特色，几只鹅虽是用平涂着色手法，但却非常逼真，丝毫不感觉矫揉造作（图 2-17）；而撒哈拉法老悌的玛斯塔巴中那种对日常生活场景的描绘，则采用着色与浮雕相

图 2-17　美杜姆的依特尔玛斯塔巴之"群鹅"（第四王朝，公元前 2700 年前后）

结合的手法（图 2-18）。中王国时代的墓室壁画则较前期有了流畅幽雅的感觉，题材范围更大，叙事性也加强了（图 2-19）。到了新王国时代，墓室壁画更流露出细腻完整的作风，但对人物的刻画与古王国时代的纯朴、深刻相比，却不免显得有点装模作样（图 2-20）。总之，这些装饰壁画尽管色彩较简单（蓝、红、黄为主），形式也一直保持永久不

图 2-18　撒哈拉法老悌的玛斯塔巴室内壁画
（第五王朝，公元前 2500 年前后）

图 2-19　底比斯的安特福格墓壁画"舞女"
（第十二王朝）

变的"正面律"，内容除了叙事，也就是对人、动物、植物和花草的描绘，但作为几千年前的艺术来说，其内容、形式及色彩能达到如此境地，仍然令人为之赞叹不已。

　　这里必须特别指出的是，埃及建筑中有关柱子的颇具匠意的做法，其形式几乎都以莲花、纸草或棕榈等植物为主，这些柔弱的植物，被古埃及的匠师们精雕细刻后显出其独立和完善的一面，从而使它在建筑中的作用逐渐消退，当我们观赏它们时，似乎感觉不到上面的压力（图2-21）。

　　另外，埃及的建筑大多采用巨石建造，其构造与木造的相似，同时砖造建筑也很发达，故很早就已使用拱门及螺栓。在第三王朝的陵墓及神殿的顶棚上都有使用，而外部却没有发现使用。

二、古美索不达米亚

　　美索不达米亚的文化发源于底格里斯河与幼发拉底河流域一带（今伊拉克）。公元前 3000 年代，苏美尔人和阿卡德人创造了这地区的文化，并在两河流域下游建立了许多奴隶制的城邦。尔后逐渐向上游发展，到公元前 18 世纪汉谟拉比统一了该地区，建立古巴比伦王国，经历数百年的兴衰，于公元前 7 世纪被亚述人所灭。公元前 9 世纪，上游的亚述人开始强大，到公元前 8 世纪中叶建立起南北统一的亚述大帝国。公元前 7 世纪，迦勒底亚人联合北方的米太人征服亚述，建立了"新巴比伦王国"。直到公元前 538 年又为波斯所灭。由于美索不达米亚地区掌权者及民族的交替非常频繁，注定该区域的文化必须借由与外国的交易来拓展生路，它在建筑装饰方面的成就不仅影响到东方，还西传

图 2-20　赛窦一世墓室壁画
（第十九王朝，公元前
1318～前 1304 年）

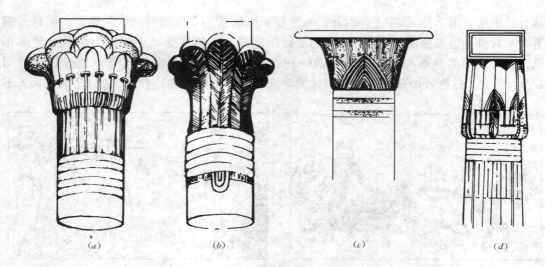

图 2-21　古埃及的石柱

（a）莲花式；（b）棕榈叶式；（c）纸草花式；（d）纸草束茎式

到小亚细亚、欧洲及北非，对以后的拜占庭和伊斯兰建筑也有很大影响。

古美索不达米亚早在城邦时代，就能以生砖作为建筑材料并显示出重装饰的特色了。两河流域历来缺石少木，在建筑上表现为从夯土墙到土坯砖和烧砖，并发明用沥青作为粘结材料，采用穹窿与券拱结构。特别是后来创造了用作墙面装饰的彩色琉璃砖，是建筑装饰方面的重大贡献。

苏美尔和阿卡德人的建筑是以神庙、宫殿和观象台为主，建筑有台阶、栏杆和木柱，木柱有时包以铜皮，墙壁则加以装饰。早期有一种塔庙建筑称为"吉库拉塔"（Ziggurat），此建筑外墙以土砖为建材，外观很象层层向上递减的阶梯状金字塔，神殿建于台基上，最高一层为观象台（图 2-22）。据说汉谟拉比时代的古巴比伦城曾经是商业与文化的中心，但其建筑今已无存。

在建筑装饰上真正有过辉煌的是亚述和新巴比伦时代。考古学家们在古代亚述的主要城址——阿淑尔、卡拉赫、尼尼微（苦邑吉克）、都尔·少鲁金（赫沙巴德）等处都有发掘，尤以萨尔贡二世（公元前 722～前 705 年）的王宫（都尔·沙鲁金城）最为著名。它是建筑在边长为 300m 用 7 层石块垒起来的 2m 的基座上，并排列整齐高达 14m 的建筑物，内有 210 间大厅和 30 个庭院。王宫正面的一对塔楼突出了中央的拱形入口。宫墙满贴彩色琉璃面砖，并和巨大的雕像、精美的浮雕相配合。在宫殿门口有象征智慧和力量的"人首牛翼像"守护着，此像有 5 腿，无论从正面还是侧面，看起来都很完整，其雕刻手法显示出写实、严谨的特色。这种特征就是在稍晚的浮雕艺术上也有所表现，只不过其手法更见灵活、细腻（图 2-23）。

在亚述亡国后，新巴比伦成立，首都巴比伦城再度繁华起来。巴比伦城有一座巨大的宫殿残址，其中豪华的宝座大厅长 60m，宽 20m，其周围有许多房间。宫殿墙壁上装饰着彩色琉璃砖，在正面墙壁上至今还保留着用浅蓝色、青色和黄色琉璃砖砌成的圆柱和柱头痕迹。王宫东北角，是有名的空中花园。其旁边是著名的伊什塔门（Ishtar gate 献给伊什塔女神之门），这座拱形构造的门保存完整，高达 12m，左右建有门塔，外壁均以彩色浮

图 2-22　乌尔纳姆的塔庙建筑（公元前 2100 年左右）

图 2-23　尼尼微（苦邕吉克）锡纳切里布宫殿的雪花石骨板雕刻
（亚述王国后期，约公元前 8～前 7 世纪）

雕琉璃砖装饰，其外表壮丽无比（图 2-24）。

公元前 6 世纪，波斯王朝崛起成为横跨欧、亚、非三洲的大帝国。他们尊重不同民族的风俗习惯，并行温和政策，不仅接纳亚述及新巴比伦的艺术传统，也采纳希腊及埃及等远方的文化习俗，并将其融为独特的波斯文化。此时宫殿的特色：建筑在高台上的宫殿、大厅、起居室及中庭石柱林立，壁面常有浮雕。萨桑王朝时的波斯，除了受希腊、罗马的影响外，同时还受到拜占庭初期文化的影响。建筑上，为了建造顶棚，不只使用木梁，同

图 2-24　新巴比伦城之伊什塔门
(a) 复原的伊什塔门 (公元前 605～前 562 年左右);
(b) 伊什塔门正立面; (c) 伊什塔门彩色浮雕琉璃砖的动物图像;
(d) 伊什塔门彩色浮雕琉璃砖的雄狮像

时也能以石块砌筑拱形构造，因而促成了连接拱形构造所不可或缺的螺栓制造技术。据推断，这项技术很可能学自罗马（图 2-25、图 2-26 和图 2-27）。

三、埃及与西亚的住宅

埃及地处沙漠边缘，且气候干燥，木材稀少，故建筑以砖为主要材料。公元前 19 世纪的卡汗、及前 14 世纪的特勒·埃尔—阿马尔那（Tell el-Amarna）等古代都市，都有当时的住宅残迹。这些住宅与埃及统治阶层的住宅差距很大。

上流阶层住宅有高大的围墙，并在腹地设有小神殿，其后还有庭园，中间是大小不同

14

的住宅。住宅区可分为入口大厅、中央大厅和个人房间等3部分。中央大厅为住宅的中心，其顶棚较其他处高，并有高窗，与现在的起居室相似。四周有住房、浴厕、厨房等。上流阶层人士在室内都已使用椅子，日常生活中椅子一般没有靠背，用餐桌则极为简单，是一张长方形板加四脚做成。在典仪时，则会用装饰豪华的扶手靠椅。这从图唐哈门法老墓出土的家具、宝石箱、内棺等上面就可以看出其当时的加工技术和装饰技巧了（图2-28）。而此时的平民住宅，大多以土和芦苇建成，内部没有隔间，全然是一个大通铺，也没有窗户，通风和采光完全凭借出入口。

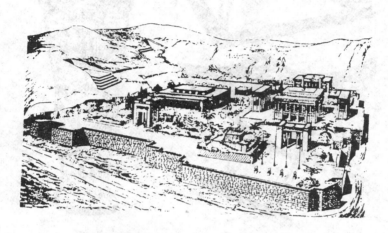

图 2-25　波斯普摄波里斯宫殿（公元前 518～前 460 年）

图 2-26　波斯普摄波里斯宫
殿大流士王接见厅边的阶梯和浮雕

图 2-27　波斯萨桑王朝泰西封宫
（公元 4 世纪，它是亚述和拜占庭建筑的结合）

　　美索不达米亚的富人住宅大多是砖造的长方形建筑，外壁没有窗户，仅有一个入口，中央大厅挑空以便采光、通风，并用作通道，以便通向四周的房间（图2-29、图2-30）。美索不达米亚的富人所用家具基本与埃及人相似，然而有相异的地方是，他们在椅子、餐桌、床的脚架上，饰有盘旋状的花纹。

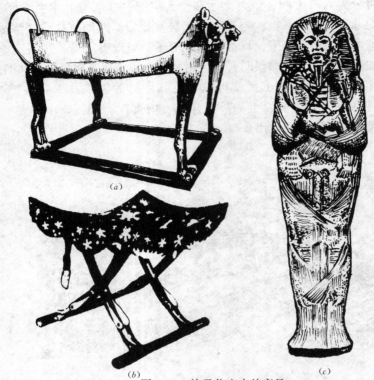

图 2-28 埃及住宅中的家具

(a) 图唐哈门法老墓出土的镀金狮形榻（第十八王朝，公元前 1350 年左右）；
(b) 图唐哈门法老墓出土的折叠式椅子；(c) 图唐哈门法老墓内棺

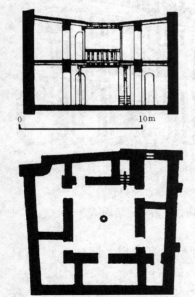

图 2-29 乌尔纳姆中层阶级住宅剖面、
平面（公元前 2100～前 1750 年左右）

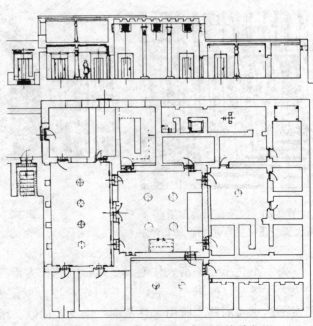

图 2-30 特勒·埃尔—阿玛尔那的贵族住宅
（埃及公元前 1365～前 1348 年左右）

第3节 希腊太古——"爱琴文化"时期

在早些时候，人们对希腊太古时代的认识仅限于神话传说阶段，直到 19 世纪，希腊太古时代才有真实的历史显现出来。人们一般把公元前 3000 年至公元前 1100 年之间的希腊文化称为希腊太古——"爱琴文化"。而期间又可分为以西克拉底斯群岛为中心的金石并用时代的早期（约公元前 2600～前 2000 年）；以克利特岛为中心的青铜时代的中期（约公元前 2100～前 1400 年）；以迈锡尼为中心的铁器时代的晚期（约公元前 1600～前 1125 年）。古代爱琴文化是以爱琴海区域为中心，包括西克拉底斯群岛及爱琴海诸岛屿、希腊半岛和小亚细亚西海岸地区。

一、西克拉底斯文化

西克拉底斯的早期文化是以西克拉底斯群岛为中心包括克利特岛、希腊本土及小亚细亚西岸等地存在于爱琴海最发达的新石器阶段的文化。这个时期，石器的制造达到了成熟的地步，出现用贵重的黑曜石所制造的小石刀、青铜及黄金饰品等。氏族社会也逐步过渡到奴隶社会。

大约到公元前 2000 年左右，由于都市国家仍处于对立状态，建筑方面表现为用生砖筑成的巨大的城墙以及堡垒。宫殿也为主厅式，长方形的大厅里安装有火炉，很可能是当时首领的住宅或者也兼做宗教典仪场所，这种建筑正是尔后的希腊正厅式建筑的雏形。

这时期还发现有许多实用器具及工艺美术品。如有一些粗制的造型为人面和鸟嘴的陶器，许多黄金制品和青铜器，还有一件铅质小裸妇像，而容器上大多有几何形装饰纹样。

二、克利特文化

克利特文化（米诺斯文化）贯穿于爱琴文化的第二阶段。当克诺索斯的米诺斯国王统一克利特后，便放弃了城墙建筑。在克利特也没有神庙和陵墓，建筑上虽受埃及影响，但仍保持自己的独特风格，以国王的威望与来世的神秘为建造目标。克利特地处欧、亚、非三洲的交通中枢，海上贸易非常发达，也有利于文化的沟通，这些因素导致了米诺斯文化的高度发展。

这里的发掘物以克诺索斯的米诺斯王宫（始建于公元前 1600～前 1500 年左右）最具代表性。该建筑依山而建，规模宏大而复杂，高台上为双层建筑，甚至有 3 层、4 层。王宫以中央的长方形内院（东西 27.4m、南北 51.8m）为中心，四周布满各种房间，有柱廊、国王大殿、王妃寝宫、浴室、礼拜堂、工房及库房等，在其西北面是国王的可容纳500 人的剧场。宫中柱子上粗下细，柱头、柱身或黑或红，别具一格。整个建筑群由于高低、迂回、宽窄不等、大小不同之错综配合给人以"迷宫"之惑。再加上浮雕、壁画装饰，使整个宫殿建筑的布置看起来俊秀得体，富于变化。

装饰壁画应是这个王宫建筑的主角，在宫殿内四处可见，一般都画在涂了灰泥的壁面上。题材大多为宫廷贵妇、海洋动物及花草禽兽，不但线条流利，而且表现出高度的写实技巧和优美的动感。这与工于技法的埃及作品不同，这些壁画让人看后有栩栩如生之感。如国王大殿的壁画，描绘了躯干和脚象狮子，羽翼和嘴象鹫的怪兽伏在百合丛中。百合花一般象征王权，整幅壁画与靠墙设置的国王石膏石宝座及祭司的长座相互衬托，极有象征意义。另一处王后寝宫的海豚和玫瑰花饰带也带有生动有趣之特征，甚至还洋溢着热烈亲切的情调。至于王宫的浮雕，也完全可以和壁画相媲美，大多都表现出生动有力的写实风格（图2-31、图2-32、图2-33、图2-34）。

图 2-31　米诺斯王宫内院柱廊（公元前 1600 年前后）

图 2-32　米诺斯王宫内院柱子和浮雕

图 2-33　米诺斯王宫国王大殿装饰壁画

图 2-34　米诺斯王宫王后寝宫装饰

　　克利特文化的另一个发现是发掘到的大量陶器及实用工艺品，这些陶器除了其实用价值外，更高的是它的艺术价值，其中早期的卡马列斯式为最佳，这些陶器有非常薄的外壳，制作十分精巧，纹样则为抽象的流线装饰彩纹。中后期还发现许多比真人还高的大陶缸，上面浮雕着凸起的几何花纹，此外还有绘着章鱼、鱿鱼、海藻等海洋动植物的瓶子，以及被称为宫殿式的，即以极为形式化的装饰纹样构成的陶器。在克诺索斯出土的大口小底陶缸极有特色，两边各有一短耳，黑色的背景上绘着白色、红色、橙色的植物纹样。工艺品则发现有小陶塑、酒杯、滑石器皿、珠宝和黄金饰品等（图2-35）。

图 2-35　克利特文化时期的陶器

（a）卡马列斯风格的早期彩盘（公元前 1800 年左右）；（b）卡马列斯风格的鸟嘴壶（公元前
1800 年左右）；（c）章鱼纹水壶（公元前 1500 年左右）；（d）布满乳房的女邪神像（陶制，
公元前 1500 年前后）

三、迈锡尼文化

公元前14世纪左右，自北方南下的亚该亚人（希腊人）征服了克利特岛。又于公元前12世纪左右，征服了小亚细亚西海岸，这就是传说中特洛依十年战争的时代。亚该亚人在毁坏原有宫殿的同时，也受到了克利特文化的感染，并把爱琴文明的中心移到了希腊南部，历史上就取其中一个城市迈锡尼之名，称此时代的文化为迈锡尼文化。而这期间也数公元前14世纪到12世纪这一阶段的文化最为辉煌。

迈锡尼建筑的特色可以从发掘出来的迈锡尼卫城、迈锡尼穹窿大墓和泰林斯卫城等看出来。

迈锡尼卫城周围约1km，城墙用大石块垒成，通过一狭长的过道能到达巨石筑成的城门，门宽约3m，上有独石门梁（门楣）和一个三角形拱券（也称叠涩券，这种形式在迈锡尼相当多见），拱券间有两个相对侧身而立作护柱状的狮子浮雕，这城门因此也得名"狮子门"（图2-36）。卫城里有宫殿和住宅，其形式为长方形正厅式，这种形式在泰林斯建筑上体现得更清楚。

图2-36　"狮子门"（迈锡尼卫城，
约公元前1250年）

泰林斯卫城位于一山岗顶上，城墙厚约8m，宫殿建筑群在其南部。宫殿有一个三面围有柱廊的内院，有配备彩色陶浴盆的浴室，中间是正厅（Megaron迎宾厅），其宽约10m，有一面为敞廊，内有柱子4根，上盖呈三角形的屋顶，从入口经过前室就可到达带有火炉的主室。主室周围有大理石彩雕带装饰，柱子和米诺斯王宫的上粗下细圆柱相似，具有明显的克利特文化成分。这种于正厅中配列柱子的形制，也正是以后希腊神庙建筑的基础（图2-37）。

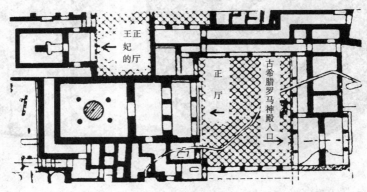

图2-37　泰林斯卫城内宫殿平面图（约公元前1300年）

迈锡尼文化深受克利特的影响，然而也更庄严而雄伟，较之克利特优雅奔放的风格，让人略感生硬。这在迈锡尼的一些圆形穹窿上表现得更为透彻（图2-38、图2-39）。

图 2-38　迈锡尼早期国王圆墓　　　　　　　　　　图 2-39　迈锡尼圆墓石碑浮雕装饰

　　在迈锡尼和泰林斯也还发现许多装饰壁画、实用器具和工艺品。壁画都表现为平涂的、明快的、极具装饰味的风格。陶器等实用器具的花纹以海栖动物和植物为多，也有做得非常精致与写实的浮雕金杯（图 2-40、图 2-41）。

图 2-40　迈锡尼出土的杯　　　　　　图 2-41　迈锡尼黄金杯（公元前 1500 年左右）

　　迈锡尼时代，当公元前 1100 年左右，随着多利安人的入侵，迈锡尼的光辉破灭，古代的爱琴文化也宣告结束。

第 4 节　古代希腊的建筑装饰

　　古代希腊的版图大致包括巴尔干半岛南部，爱琴海诸岛，小亚细亚沿岸以及东至黑海、西到西西里的广大地区。古代希腊的民主政策与自由精神孕育了该地的光辉文化，并奠定了西方文化中理性特质的基础。在造型艺术方面也于匀称与谐调的精神中寻求一种理想的美，并为后来的西方文化留下古典美的典型。就希腊文化而言，已脱离以神和国王权威为主题的表达，首次进入以人的肉体之美或精神内容为主题的表达，使神话题材隐喻现实生活成为可能。

　　自多利安人入侵后，希腊本土的文明出现了三四百年的真空状态。"荷马时代"的社会基础十分落后，又多战事，文化自然也很不发达。直到公元前 800 年左右，希腊半岛上才形成了 30 多个城邦式的奴隶制王国，这些王国发展很不平衡，但借着海上贸易的优势，文化逐

图 2-42 双耳陶罐（公元前 800～前 700 年）
（a）陶罐上的几何纹样装饰；
（b）哀悼死者纹样

步得到繁荣，渐渐地形成了自称为"希腊"的统一民族和民族文化。希腊的建筑按其文化史的发展可分成古风时期(公元前 8～前 5 世纪)、古典时期(约公元前 5～前 4 世纪)、希腊化时期(公元前 4 世纪末叶～公元前 1 世纪)3 个时期。

希腊早期的造型艺术起始于公元前 9 至 8 世纪，在装饰着简单几何纹样的陶器上，他们把哀悼死者的场面也按程式化的构图描绘了上去，哀悼者举手向头，整齐地排列于左右两侧，风格极其简约古朴（图 2-42）。这种风格也体现在希腊早期的建筑中。而且从这哀悼场面上我们也能感觉到，希腊人已经从对神灵和王权的描绘中逐渐摆脱出来。在古风时代初期，希腊人的建筑可能还是砖木结构，其形制类似古爱琴文明时代的正厅式，直到公元前 600 年，才发展成用石头建造的围柱式，其风格表现为整体的简朴与和谐。此时的神庙建筑基本已具备了自己的形式，这时期的宅邸与宫殿都未遗留下来，而遗留下来的这些神庙上的装饰也极少，我们从一些陶制的复制品中能略见端倪（图 2-43）。

希腊神庙建筑的外观与造型皆有所规制，而各部份造型的尺寸比例也有标准可循，故表现的范围稍受限制，但是却也因而更见深度。这种圆柱构成的体系称为柱式，通常由柱子（柱础、柱身、柱头）、檐部（额枋、檐壁、檐口）和台座等 3 部分所构成，各部分之间和柱距均以柱身底部直径为模数形成一定的比例关系。一般可分为"多立克式"(Ordine Dorico)、"爱奥尼式"(Ordine Ionico)和"科林斯式"(Ordine Corintio)3 种形式，也包括女像柱式。

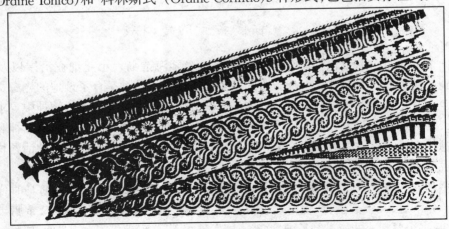

图 2-43 古风神龛陶制山花装饰（公元前 6 世纪末）

"多立克式"为最古老的柱式，一般不设柱础，直接立于三级台基上，柱身上细下粗，向上收杀的外形线略有微凸，上有16～20条并列的半圆形凹槽，柱高约为柱底直径的4～6倍，柱颈之上有凸圆线脚和柱头方板，上承并行平排而成的额枋，额枋之上是檐壁。檐部高度约为整个柱高的1/4，柱距约为柱径的一倍半，早期的檐壁（陇间壁）不作装饰，后来则成了高浮雕装饰的位置，破风饰以高浮雕或圆雕。

"爱奥尼式"较之前者略微晚些，其差异之处是有柱础，柱身修长，凹槽也较多，一般有24条，柱身向上减杀的直线一般无弧度，柱高约为柱底直径的9～10倍，柱头上有一对圆形涡卷，额枋有3层，其上檐壁只作平带或安置装饰雕刻，檐边部分也有用齿状和珠带作装饰的。檐部高度约为整个柱高的1/5，柱距约为柱径的两倍。

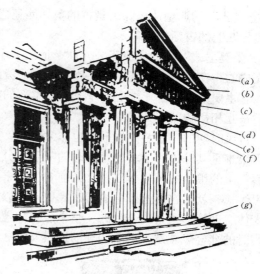

图 2-44　希腊神庙各部分名称

（a）檐口；（b）檐冠；（c）三陇板，两三陇板之间是陇间壁（嵌板），整个这条水平带是檐壁；（d）额枋（楣线）由双层石头组成；（e）柱头顶板；（f）凸圆线脚（柱帽）；（g）台座

而"科林斯式"的柱头犹如满盛卷草的花篮（毛茛叶饰），柱身更细，高度大约是柱径的10倍，其他基本与"爱奥尼式"相同（图 2-44、图 2-45）。

一、古风时期

神庙在古希腊被认为是神灵的居所，庙内常放置神像作为人们膜拜的对象，而这种膜拜仪式一般在庙外举行，沐浴在阳光中的神像使膜拜者为之神往。希腊神庙一般以内部的正殿为主体呈长方形状，早期的神庙一般不大，据推测，是由厅堂式（megaron 美加仑）为基础发展起来的围柱式建筑，材料运用上仍然是木柱和生砖。最古老的神庙遗迹是位于奥林匹亚的赫拉神庙（公元前 8 世纪末）。大约公元前 600 年左右，希腊人开始用石头仿造这些简单的建筑物，以致于到后来的建筑物上还保留着原来木结构的样子。这个时期最重要的成就是完成了希腊神庙建筑中最主要的两种形制，即"多立克式"和"爱奥尼式"。"多立克式"约完成于公元前 7 世纪初叶，它兴盛的地区是意大利南部、西西里岛及希腊本土。它是以多利安人的农业经济为基础，体现其民族精神的产物，具有端庄、硬朗、朴实而和谐的风格（彩图 2-5）。

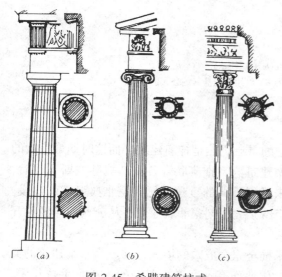

图 2-45　希腊建筑柱式

（a）多立克式；（b）爱奥尼式；（c）科林斯式

23

"多立克式"的典型遗构除了最古的奥林匹亚之赫拉神庙外，还有帕斯土姆的波赛顿神庙和奥林匹亚的宙斯神庙等。

"爱奥尼式"大约完成于公元前7世纪下半叶。它是以工商业经济为基础的爱奥尼人所完成的，在风格上体现了该民族自由、活泼的精神，较之"多立克式"有轻快、秀美之感。它主要分布于小亚细亚西岸，希腊本部的阿提加和爱琴海诸岛屿。这两种建筑形式到了后来互相影响，直到融为一体。

古风时期的建筑装饰据推测也非常辉煌，但当时的宫殿、邸宅建筑都没有保存下来，所以很难觅其踪迹。所幸的是此时的陶器十分发达，从早期的几何风格到受到东方文化影响后产生的黑绘式风格，以及公元前6世纪末兴起的红绘式风格，都具有很高的成就。所谓黑绘式，就是在陶土红色的器皿底壁上绘以黑色的形象。而红绘式则与此相反，陶瓶上的人体、动物形象是陶土色的，整个瓶身却敷以黑色。这些陶器上的绘画，每一幅都反映了当时的社会风貌及人们对装饰的推崇（图2-46、彩图2-6、彩图2-7）。

(a)   (b)

图 2-46 希腊陶器
(a) 黑绘式陶罐（约公元前530年）；(b) 红绘式陶盆（约公元前480年）

二、古典时期

在整个古典时期的前一半时间内，建筑中的重点仍然是神庙建筑，而这时期最伟大的成就，则是公元前5世纪中叶以后的雅典卫城建筑群。雅典联合各城邦战胜波斯入侵后，利用胜利者的盟主地位，以掠取的大量财物来进行雅典的重建，尤其是雅典卫城的建设。当时的执政者伯里克利斯把这项伟大的工程交给了大雕刻家菲底亚斯，从公元前448年开始，直至伯罗奔尼撒战争以后才停止。

雅典卫城建筑将古风时期以来的建筑技术推至完全成熟的境地，并成为希腊建筑的典型代表。雅典卫城建在一陡峭的山岗平台上，仅西面有一通道，卫城的中心是手持长矛，身披戎装，高达9m的雅典娜普鲁马可斯铜像（菲底亚斯作，原迹已毁）。建筑群布局自由，高低错落展现了极富变化的优美配置。雅典卫城由4种建筑组成：一是位于西端陡坡上的卫城山门（公元前437～前432年），主体建筑为"多立克式"柱，内部有"爱奥尼式"，北翼是展览室，南翼为敞廊，两翼体量较小，使山门更显壮观。二是位于山门左边

图2-47　雅典卫城山门（公元前437～前432年）

的胜利女神尼克小庙（公元前425年前后），其内殿前后均有由四根"爱奥尼式"柱组成的门廊，庙很小，与山门右边保持平衡。三是位于帕特农神殿之北的伊瑞克先神庙（公元前421～前405年），它由3个小神庙、2个门廊和一个女像柱廊组成，其造型精巧秀丽，构图独特且比例和谐，与帕特农神庙的巨大体量形成对比。四是雅典卫城的主体建筑，也是希腊神庙建筑中最典型的帕特农神殿（公元前447～前432年），它为歌颂雅典战胜侵略者的胜利而建，是供奉雅典城的保护神——战争女神雅典娜的神殿，是雅典人民崇高精神的集中表现（图2-47、图2-48、图2-49、图2-50、图2-51以及彩图2-8、彩图2-9、彩图2-10）。

帕特农神殿由建筑师伊克梯诺斯（Ictinus）和卡里克拉特（Callicrates）设计，是一个简单的长方形"围柱式"建筑（基座长72.2m、宽33.6m），建在一个三层台座上，其间有小间级以利人登踏，三层台座水平直线微向上凸，台座上神庙的外围有高10余米的"多立克式"列柱56根，列柱除中间

图2-48　雅典卫城之胜利女神尼克小庙
（公元前425年左右）

25

图 2-49　雅典卫城之伊瑞克先神庙（公元前 421～前 405 年）

图 2-50　伊瑞克先神庙的女像柱廊（公元前 413 年左右）

两柱垂直外，其余微向内倾，间距也是越往边处越小，粗细则是边角处较其余略粗，这刚好矫正了人们的视差。列柱上檐部总高有 3m 多，东西两端各有角度为 13°的人字形破风（山花）。正殿向东，内有双层叠柱回廊和菲底亚斯用象牙与黄金雕成的雅典娜巨像。后面是国库和档案馆，内有 4 根"爱奥尼式"柱子。材料除屋顶用木外，全部为白色云石，有些部位还有装饰花纹与赋色，再加上菲底亚斯的弟子们在破风、间壁等处的雕刻。这一切构成了一幅神圣、庄严的壮丽画卷，直到今天仍是完美无比的杰作。

伯罗奔尼撒战争以后，希腊建筑的风格就转向纤巧与秀丽。"爱奥尼式"建筑大为流行，在此基础上发展起来的"科林斯式"建筑也应运而生。在古典时期晚期，建筑又向着剧场、议事厅和陵墓、纪念亭等方面发展。有名的有伊比道乐士剧场和狄奥尼索斯剧场等。陵墓方面则以小亚细亚哈里加纳苏的毛索留斯墓较为著名。

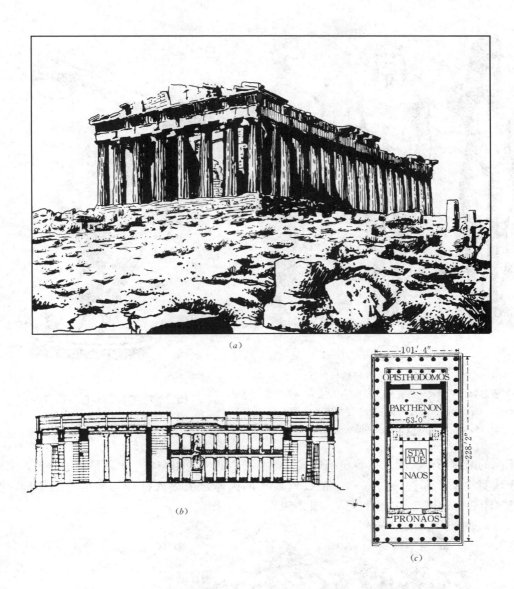

图 2-51 雅典卫城之帕特农神殿

（a）帕特农神殿（公元前 447~前 432 年）；（b）帕特农神殿之纵剖面图；

（c）帕特农神殿之平面图

　　希腊的雕刻在这时期达到了空前的辉煌。尽管在古风时期还与古埃及雕刻十分接近，但那种侧重于人体之美的表达，显然是自然主义的写实手法，这在古典时期的少年雕像上看得更清楚，其技艺已经相当精湛，四肢的刻画已略显动态。这种运动力量的表现在米隆的作品上尤为成功（图 2-52、图 2-53）。至于菲底亚斯及其学生们在雅典卫城建筑上的装饰雕刻就更让人震惊了。帕特农神殿的东山花是圆雕群像雅典娜之诞生，西山花雕刻的是智慧之神雅典娜与海神波赛顿争做雅典保护者的故事，小间壁（嵌板）上有各种反映战争场面的高浮雕，柱廊内部的饰带是用浅浮雕形式描绘的雅典娜之节日大游行场面，雕刻内容之丰富、技巧之生动与写实，着实令人为之感叹。这些雕刻与建筑整体相配合，均采用

27

图 2-52　少年雕像

（a）姿态为"平面式"（约公元前 600 年左右）；（b）丰满的轮廓
取代了"平面式"（约公元前 530 年左右）；（c）雕像已略显动
态（约公元前 480 年左右）

图 2-53　米隆的"掷铁饼者像"
（公元前 460～前 450 年）

了不同的雕刻形制，无论内容还是形式，都与神庙的主题相吻合。尤其是神的形象，都取之于现实生活，那种透过衣衫之褶纹所显示的肉体之美令人神往与陶醉（图 2-54、图 2-55、图 2-56、图 2-57、图 2-58、图 2-59）。

图 2-54　帕特农神殿东侧三角楣墙（东山花）圆雕——"三女神"
（公元前 442～前 432 年）

图 2-55 帕特农神殿东侧柱廊浅浮雕——坐在椅上的众神
（公元前 448～前 433 年）

三、希腊末期——希腊化时代

公元前 4 世纪末叶，随着亚历山大大帝的军事扩张，希腊的领地扩展到埃及与印度西部等地区，由此，希腊文化也不断向东扩散，与东方文化结合后，又产生新的文化。故历史上又称此时期为希腊化时代。

这时期的建筑也有了更进一步的发展，各地都建有希腊风格的都市，相应的广场、学校、商店、街坊、会堂、住宅、养老院、风塔、灯塔等应运而生。至于神庙建筑，其局势开始缩小，形制也由过去的围柱式变为仅在两端立柱了。而此时还产生了新形式的神坛建筑，象帕加蒙的宙斯神坛就是较典型的。希腊建筑的特色，还一直影响到以后的罗马。至于雕刻方面，那种古典时期的庄重、和谐与比例适度的理想美已完全被非常写实的那种宁静的世俗之美所替代，较著名的有米罗岛发现的阿芙罗迪特像（图 2-60、彩图 2-11）。另外，受希腊化时期文化影响的佛教，这时也远播到印度和中国等地。

四、希腊人的住宅

希腊城市的建筑都以广场为中心，周围则设立议事厅、体育馆、竞技场、剧场和商店、神庙等等。此时的广场布局反映了希腊化时代

图 2-56 帕特农神殿西山花圆雕——带翼信使"伊里斯"（公元前 437～前 432 年）

29

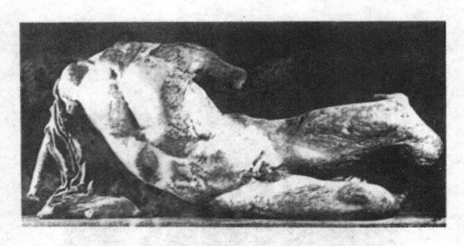

图 2-57　帕特农神殿西山花圆雕——"河神伊索斯"
（公元前 437～前 432 年）

手工业和商业发达的经济文化现象，对以后的罗马广场也造成一定的影响。

希腊人虽然建造了许多公共建筑，但是一般市民的生活仍是十分简朴的。古风时期的居住形式是由前厅与后厅所构成的，即所谓的厅堂式住宅。前厅是起居室和餐厅，后厅的中央设火炉，用作寝室。古典时期的住屋则有了变化，四周为鲜少开口的墙所围，并设一内院以利于采光与通风，各自独立的房间围绕内院布置，内院一侧是敞廊（图 2-61）。

图 2-58　胜利女神尼克庙檐壁高浮雕——系鞋带的雅典娜（公元前 410～前 407 年）

图 2-59　赫格索墓碑浮雕
（公元前 420 年左右）

都市比较富裕的市民阶层，男女生活方式有所差异，往往是男的在外工作，女的负责家事，这可以从家具的形式上看出端倪，男子喜欢休闲式的躺椅，前面放一张三角小桌或三腿小桌，边休息边可以进食。女子则喜欢方便家事的小椅子。古典时期椅子的腿常常外翻，与椅背形成连续曲线。家庭用家具还包括装饰扶手椅、皮革编成座垫的四脚椅、收藏衣物和贵重物品的柜子等。床上往往有极厚的床垫及长枕，床头做有浅浅的扶手，其形式犹如现代床。希腊市民对生活环境一般只注重机能而不重视装饰（图2-62、图2-63、图2-64）。

图 2-60 米罗的阿芙罗迪特
（米罗的维纳斯女神像，
希腊末期）

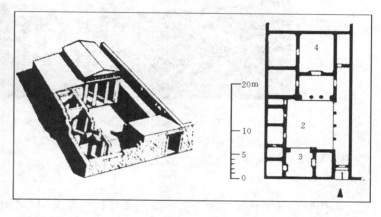

图 2-61 普列安尼的住宅（约公元前 3 世纪后半叶）

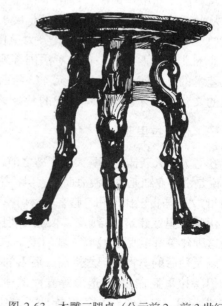

图 2-62 椅子和小桌图（约公元前 475～前 450 年）　图 2-63 木雕三腿桌（公元前 2～前 3 世纪）

图 2-64　床与小餐桌图（约公元前 350 年左右）

第 5 节　古代罗马的建筑装饰

古代罗马的文化最早源于由小亚细亚迁移到意大利半岛中北部的伊特拉里亚人，以及随后而来的希腊人的文化，他们在公元前 9 至 3 世纪所创造的文化成了后来罗马文明的先导和主要成分。

在意大利半岛中部有一族拉丁人，他们在公元前 5 世纪起就建立了共和制（据传说其祖先是希腊十年战争时一位特洛依亡命英雄的后代），公元前 3 世纪他们征服了全部意大利，从此一直到公元前 1 世纪中叶是属于罗马共和国时代。到公元前 30 年，罗马成了横跨欧、亚、非三洲的大帝国，其势力范围包括今意大利、西西里岛、希腊、小亚细亚半岛、非洲北部、西班牙、英国、法国等地区。在公元初期的两个世纪，罗马国势强盛，是文化艺术的鼎盛时代，及至公元 476 年西罗马被日尔曼人灭亡，进入封建中世纪后，古典主义的文化艺术才逐渐被中世纪的基督教艺术所替代。

一、伊特拉里亚

在意大利人迁徙定居意大利半岛之前，伊特拉里亚人已先一步定居在意大利半岛中北部，据传说是由小亚细亚西端渡海而来。伊特拉里亚人在约公元前 9 世纪左右，形成其独特的文化（他们的文化与古巴比伦和希腊有着密切关系），而全盛时期则是在公元前 6 至 3 世纪左右。

伊特拉里亚建筑受希腊影响颇多，但其石造的拱形结构以及屋脊装饰是希腊建筑中未见的，这种建筑都散见于城墙、城门或下水道等遗迹。如公元前 4 至 3 世纪的乌尔塔拉之拱门，以及稍后的奥古斯都之拱门，后者的檐壁以下部分是伊特拉里亚时期的石块干砌拱门。

伊特拉里亚在装饰、造形等方面的遗迹，以遗留在罗马北方的塔尔奎尼亚（Tarquinia）、塞尔维特里（Cerveteri）等贵族地下墓室中的壁画、陶器和雕塑品为代表。其中的壁画大都采用单线平涂着色手法，不仅描绘的轮廓正确，而且物象的动态处理也很生动。装饰的纹样，又颇具希腊作品的风格，有些陶器上的乐器样式与希腊作品上的很相似。其青铜像及陶塑也都表现出非常写实与生动的风格（图 2-65、图 2-66、图2-67）。

图 2-65　塔尔奎尼亚的"鬼之墓"壁画
局部（公元前 4～前 3 世纪）

图 2-66　卡毕托利诺的母狼（传说其上吃狼奶的孪生
兄弟——罗慕洛和利姆是罗马人的祖先，即特洛依亡
命英雄的后代，约公元前 500 年）

图 2-67　塞尔维特里夫妻陶棺（公元前 550～前 520 年）

二、罗马

　　罗马人于公元前 6 世纪末放逐了伊特拉里亚王，建立共和制。在公元前 3 世纪时，差不多征服了整个意大利，接着连破迦太基与马其顿，至公元前 2 世纪中叶，全部地中海域归罗马所有。然而，由于内乱与权力争斗频繁，罗马帝政直到公元前 30 年才宣告成立。之后直到所谓的五贤君时代为止（奥古斯都、提度、图拉真、哈德良、马尔苦士·奥勒略等），大约 2 个世纪，罗马帝国持续和平，贸易昌盛，文化繁荣。

　　虽说古代罗马的文化承袭了伊特拉里亚的遗产，但也受到希腊文化的很大影响。希腊经常是以现实为根基，寻求超越现实的理想世界，相对的，罗马人企图总其大成，但终究未能达到超越现实的思想或创造。这是因为罗马自建国以来，绵延数百年的战争，使他们未能在民族文化上有所创新，而所谓的民族特色，是致力于努力吸收应用异国文化，并将其发扬光大为荣耀。因此，产生了实用主义以及现世享乐的作风。

在早期——共和时代的建筑上，罗马人的那种英雄气概以及现世享乐的性格在神庙、竞技场或角斗场、剧场、浴场、巴西利卡（basilica 长方形会堂）以及公路、桥梁、城市街道等方面展露无遗。后来的帝国时期，又转而对权力、功德进行炫耀和歌颂，建有许多雄伟壮丽的凯旋门、纪念功柱、神庙和广场等等。此外，剧场、浴场等亦趋于更加宏大和华丽。

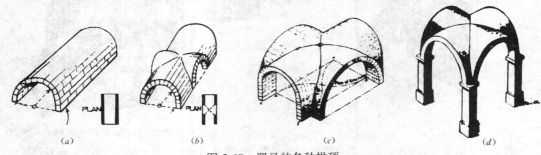

图 2-68　罗马的各种拱顶
（a）筒形拱；（b）、（c）、（d）交叉拱（其中 b、d 又称十字拱）

罗马建筑在材料上除了砖、木、石外，还表现出对天然混凝土的运用，混凝土是由罗马地方特产火山灰、石灰、沙等混合而成。在建筑构造上，由于拱形建筑与穹窿大厅建筑法的创造，使得柱间宽的大型建筑成为可能，尤其是发展了梁柱与拱券结合的体系。另外，罗马人还在古希腊柱式的基础上，发展出"塔司干柱式"、"多立克柱式"、"爱奥尼柱式"、"科林斯柱式"和"组合柱式"，并且创造了"券柱式"。此外，在理论方面维特鲁威的著作《建筑十书》也为建筑由实践上升为理论打下了基础（图 2-68、图 2-69、彩图 2-12）。

罗马建筑的穹窿结构最具代表的是万神庙，这一神殿原建于公元前 27 年，经火毁后于哈德良时代按原来形制重新修建。它的主要部分是一个内径与高度皆为 43.3m 的大穹窿顶，就好比正方形中的一个内切圆，顶上则开设一个直径为 8.9m 的圆形天窗作采光之用，使内部空间看起来特别宽敞空阔，也使四周的华丽装饰一览无遗。它的前门为希腊式门廊，正面有 8 根科林斯式无槽石柱，上承人字形山花，从外表看就好象一个头顶穹窿的大圆柱与希腊式大门廊的结合体（图 2-70、图 2-71）。关于圆剧场

图 2-69　罗马券柱式

图 2-70　罗马万神庙（公元 118～128 年）

图 2-71 罗马万神庙内景

或角斗场的代表应推罗马可里西姆大剧场（Colosseum 角斗场或斗兽场），其为长径 189m，短径 156m，高 48m 的露天椭圆形建筑，据估计可容纳 5 万名观众；内里分别由中央的表演区、周围的观众席和下面的地下室 3 部分组成；外观分 4 层处理，底下 3 层为连续的"券柱式"拱廊，各层的柱式都不同，由下而上依次为"塔司干式"、"爱奥尼式"和"科林斯式"，第 4 层为"科林斯式"壁柱墙；该建筑结构为罗马建筑中常见的混凝土筒形拱和交叉拱，这对内部所需的纵横交错的交通系统特别适宜，而建筑场内设有 80 个出入口，很便于疏散（图 2-72、图 2-73）。用作集会、娱乐和生活可容纳数千人的大浴场遗迹也有不少，最著名的是卡拉卡拉浴场，在大约 400m 见方的空间内可容纳 1600 人同时沐浴，是融合了图书馆、剧场、竞技场，并且设有冷、温、热三大水浴特点的综合性娱乐设施。其地面的锦砖镶嵌也很有特色，形式多样，内容丰富（图 2-74、图 2-75、图 2-76）。

罗马建筑的特色还反映在一些公共广场群方面，其建造特色与希腊广场一样，是市民聚会和交易的场所，也是城市的政治活动中心。在罗马帝王广场群当中，规划最完善的是图拉真大帝的广场，有作为审判和交易用的长方形会堂（basilica 巴西利卡），也有凯旋门、纪功柱、图书馆以及神庙，广场布置井然有序。长方形会堂（巴西利卡）内部常被两排或四排柱子纵分为 3 部分或 4 部分，中央高且宽的称为中厅，两侧窄而且低，称为侧廊，建筑两端或一端常有半圆神龛，图拉真巴西利卡和君士坦丁巴西利卡是古代罗马巴西利卡的两

图 2-72 罗马可里西姆大剧场
（大角斗场，公元 69～79 年）

图 2-73 可里西姆大剧场第二层
的交叉拱形回廊

图 2-74　奥斯蒂亚之奈波都浴池（黑色和
　　白色锦砖镶嵌地面，公元 120 年左右）

图 2-75　罗马卡拉卡拉浴场温
　　水浴大厅复原（约建于公元 215 年）

个典型，所不同的是，君士坦丁巴西利卡由 3 个十字拱组成，南北侧廊为筒状拱。罗马巴西利卡的形制对以后中世纪的基督教堂和伊斯兰清真寺皆有一定影响(图 2-77、图 2-78、图2-79)。

图 2-76　卡拉卡拉浴场锦砖镶嵌地面

图 2-77　罗马君士坦丁凯旋门（公元 315 年）

　　罗马建筑的遗迹，也散布于意大利以外的各地，在今天的法国、比利时、莱茵地区以及瑞士等，也建立了不少罗马城市。法国尼姆就有圆形剧场和水道桥，尼姆的迦尔桥是为供应城市生活用水而建的输水道，桥分上、中、下 3 层，最上层安置水管（图 2-80）。

图 2-78　罗马图拉真纪功柱
（公元 114 年）

图 2-79　君士坦丁巴西利卡北侧筒状
拱内有格形花格装饰

图 2-80　法国尼姆的迦尔桥（公元前 1 世纪末）

　　在罗马的社会文化生活中与建筑的发展同样盛况空前的是当时的雕刻艺术，据传说当时罗马市街中所装置的公家雕像数目之多差不多达到了令人不能置信的地步，只可惜几乎全部都为后世所毁，从共和时期的雕像上我们可以看到，那种严峻、冷酷的表情较之于希腊雕刻的典雅、秀丽是大异其趣的，这在后期的雕刻上表现得更为充分，特别是对人物性格和精神面貌（理想神态）的刻画可谓维妙维肖（图 2-81、图 2-82）。

三、罗马的住宅与装饰

　　古罗马以实用主义为原则，使得市民的家居生活变得更加丰富多彩。街市布局讲究规划，坚实的道路四通八达，连接于各大都市，方便行人和马车通行。大规模的供水设施和暗渠下水道伸延到城市的各个角落，别墅花园中都装有喷泉。大量的壁画、雕刻和工艺品的发掘，充分说明了古罗马不仅在城市住宅方面非常发达，而且在文化生活方面

图 2-81　凯撒像
（公元前 1 世纪）

37

也极为活跃。

在住宅方面，罗马人最初也是和伊特拉里亚人一样，住在中庭式的单纯住家中，之后才渐渐改为希腊时期的豪华型中庭式住宅。从那些在公元79年被维苏威火山吞没的庞贝城（Pompeii）、赫库兰尼姆城（Herculaneum）及斯托比城（Stabiae）的遗迹中可以看出，有些住宅的规模是相当豪华的。庞贝城的潘萨府邸就是一例（图2-83、图2-84）。其一进入口的中庭上方有一矩形采光口，与之相对应的是地上的水池，这个房间主要用于接待客人，周围则是客房、餐厅以及阅览室；内里还有起居室、寝室、主人房间等等；再往里是花园中庭（内院）。室内地板取自埃及、叙利亚、意大利的不同花色大理石，壁面以灰泥涂刷后，绘上壁画。

图 2-82　奥古斯都复制像
（具有人神合一的理想神态，
公元1世纪初）

图 2-83　庞贝城广场入口

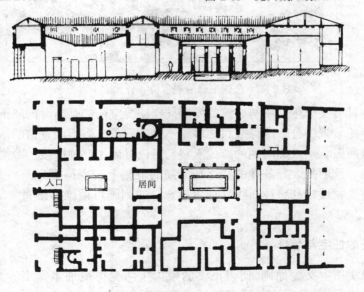

图 2-84　庞贝城潘萨家的平面、剖面图

关于庞贝城等处发掘的大量装饰壁画（实际上是墙面装饰与绘画相结合），艺术史家根据4个不同的发展阶段分为"四种风格"。当然，此前的一些更古老的发现应该是这4

个不同阶段壁画创作的前源，它一方面与本土的伊特拉里亚文化有血缘关系，另一方面也明显地带有希腊文化的印记（彩图 2-13）。所谓第一风格，又称镶嵌风格或外包风格（图 2-85），主要指流行于公元前 2 世纪至公元前 80 年左右的装饰风格，其特点是在墙上或柱子上用灰泥塑好各种间隔细部，造成墙面或柱子似乎真的由抛光的彩色石板镶嵌相拼而成，各部分之间有明显的凹沟，墙面无任何绘画；第二风格，又称建筑风格（图 2-86），流行于公元前 80 年到公元元年左右，在平整的墙面上用色彩描绘出各个具有立体感的建筑细部，并用透视法造成室内空间比实际上要宽敞得多的视觉效果，此风格的墙面中央，

图 2-85　庞贝"第一风格"墙和柱子装饰（注意其柱子的
仿大理石相拼，公元前 2 世纪左右）

图 2-86　庞贝"第二风格"装饰（约公元前 60 年）

常安排场面较大的情节性绘画；第三风格，又称埃及风格，流行于公元元年到公元 63 年大地震，因为埃及已成了罗马帝国的行省，自然会有某些因素出现在罗马艺术中，此时的风格主要强调平面感和纯净的装饰，并与建筑处理紧密结合，造成舒适典雅的建筑空间；第四风格，常称为庞贝的巴洛克，主要是从地震以后直到公元 79 年火山爆发，装饰具有深度感和复杂感，通过各种景物的描绘，使空间有种捉摸不定的幻觉，此时安排在墙面上的绘画，也

(a)　　　　　　　　　(b)　　　　　　　　　(c)

图 2-87　罗马人的家具

（a）石桌；（b）铜制执政官坐椅；（c）石椅

具有一定的空间感和动感,色彩也比较鲜艳。庞贝城的这些装饰和绘画,受到希腊风格的影响当是无庸置疑的,但我们也要看到它所取得的可喜成就,无论色彩或质感、体感或者精神刻画都达到了一定的高度(彩图 2-14、彩图 2-15、彩图 2-16、彩图 2-17)。

除以上所谈庞贝城的上流阶层的住宅和装饰比较发达外,相对的许多普通市民住宅却非常糟糕,大多数市民是住在砖砌的粗糙的高层集合住宅中。另外,上流阶层住宅中的家具除了木材和大理石材料外,也有铜制家具（图 2-87）。

第 6 节　封建中世纪的建筑装饰

由于战事频繁、政权腐败、经济倒退、反奴隶制斗争迭起和外族趁机入侵等原因,罗马帝国盛极而衰。罗马皇帝君士坦丁于公元 330 年迁都于拜占庭（今土耳其的伊斯坦布尔）,

图 2-88　罗马裴达尼的早期基督教
地窟走廊装饰（约公元 4 世纪）

命名为君士坦丁堡,又于公元 4 世纪末分裂为东西罗马两个帝国,西罗马帝国定都拉温那,后于公元 476 年亡于日尔曼人之手,奴隶制度随之宣告结束。东罗马帝国虽然直到公元 1453 年才为土耳其人所灭,但到公元 7 世纪时随着奴隶制的逐渐消亡,也完成了封建化的过程,自此,西方的主要地区都进入了封建中世纪。到了公元 14 世纪,资本主义的生产方式首先在意大利萌芽,而就整个欧洲来说,一直到公元 17 世纪的英国资产阶级大革命,才算结束了封建中世纪的历史。在建筑装饰上,我们把公元 1 至 14 世纪这段历史统称为封建中世纪（历史上一般习惯把公元 5 世纪至 14 世纪称为封建中世纪）。而在公元 10 世纪以前这段所谓封建黑暗阶段,称为早期基督教时期；公元 11 世纪开始到公元 12 世纪这个阶段,称为“罗马式”时期；公元 13、公元 14 世纪称为“哥特式”时期；在

图 2-89　吉吾尼奥哈库大理石雕刻石棺（约公元 4 世纪）

（a）

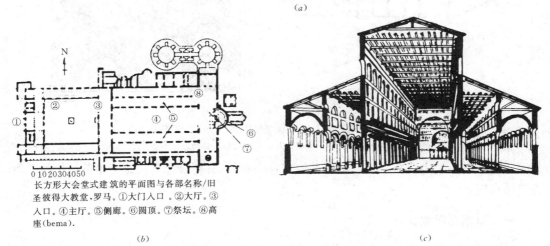

长方形大会堂式建筑的平面图与各部名称/旧
圣彼得大教堂，罗马。①大门入口。②大厅。③
入口。④主厅。⑤侧廊。⑥圆顶。⑦祭坛。⑧高
座（bema）.

（b）　　　　　　　　　　　　　　　　　　（c）

图 2-90　罗马梵蒂冈的圣彼得老教堂（约建于公元 333 年）

（a）圣彼得老教堂复原；（b）平面及各部分名称；（c）圣彼得老教堂内部

图 2-91　罗马圣康士坦娜墓（集中式，公元 350 年前后）

（a）圣康士坦娜墓内部（筒形拱回廊在柱子外围，上有装饰）；（b）圣康士坦娜墓外立面；（c）回廊顶上的锦砖镶嵌图案

公元 4 世纪以后发生在东罗马的则称其为"拜占庭"；并把公元 7 世纪产生的"伊斯兰教"也包括在内。

一、早期基督教文化

早期的基督教文化，在公元 2 至 3 世纪，古罗马文化极盛之时，就已经以罗马为中心开始萌芽了。但是，这个一向就为皇帝所仇视的基督教文化，之所以得以广泛传播，主要原因还是君士坦丁大帝在公元 313 年时对其的肯定。之后，教堂愈建愈甚，渐渐地，以基督教为中心的文化便形成了。这种文化到了封建割据阶段又逐渐趋向没落，只是到了公元11世纪，才重新繁荣起来。

（一）装饰

在纪元后的300年间，基督教还没有合法地位，信徒们活动的场所是非常隐蔽的"卡塔康堡"地下墓窟（Catacomb）。当时罗马人视墓地为神圣之处，所以这些地窟才免遭侵害。地窟一般有1～3km长，原先这种宗教视装饰艺术为奢侈品，与基督教的禁欲主义不能相容，但一旦发现能作为宣扬其教义的有力手段后，便逐渐接受了。地窟四壁皆有在涂好灰泥的底子上绘上鸟兽、植物或人物的装饰，有的是用石灰做成的浮雕装饰，也有在石棺上雕刻浮雕等，这给基督教极其干瘪的文化增添了许多趣味（图2-88、图2-89）。

（二）建筑

公元4世纪基督教合法化以来，罗马帝国境内便开始大肆兴建基督教建筑，其类型分为巴西利卡式（长方形会堂）、集中式和十字形平面式。

巴西利卡式教堂是让信徒们作礼拜用，其形制是来自罗马的审判和交易用会堂，即古罗马的"巴西利卡"（长方形会堂）。巴西利卡式的代表，首推圣彼得老教堂（圣彼得教堂之前身）。君士坦丁大帝约于公元333年开始兴建此教堂，教堂完全采用了以古罗马为基础的巴西利卡式形制。末端有一大型半圆壁龛，内设主教的宝座和大型中央祭坛，位于中央较高的主厅用于庆典仪式，两侧是由拱廊和柱子组成的较低的侧廊，上面设有高窗和裸露的木屋顶，侧廊作仪仗行列的通行道，屋顶作平直的斜坡滚水式（图2-90和彩图2-18）。

集中式的造形变化有圆形、方形、多角形等多种方式。十字形也是后来发展形成的。多用作洗礼堂或圣堂，建筑物的中央是巴西利卡式的主厅，其外侧的圆则相当于侧廊，中央屋顶挑高，以利于采光，此形式后来成了拜占庭建筑的主流。以上3种形式的遗构有：圣康士坦娜墓（君士坦丁女儿之墓，后改为教堂）、圣沙皮娜教堂、哥拉·普拉西弟亚墓等，（图2-91、图2-92）。

(a)

(b)

图2-92　罗马圣沙皮娜教堂（公元422～432年）

（a）圣沙皮娜教堂长方形主厅（内有从古典建筑上拆下的美丽柱子）；（b）圣沙皮娜教堂大理石装饰局部

二、拜占庭

自公元 330 年罗马皇帝君士坦丁迁都于拜占庭后，这里便滋生出一种独具风格的基督教艺术。这种艺术虽然必须以基督教的形式和题材为主导，但却是较广泛地和古代希腊罗马的艺术传统以及东方文化相联系着。这即是后来的拜占庭艺术，在公元 6 世纪时，达到了最盛。受它影响的地区以巴尔干半岛为中心，包括小亚细亚、地中海东岸及非洲北部。

（一）建筑装饰

拜占庭教堂建筑可以说是古代希腊罗马的柱式及穹窿与古西亚的砖石拱券的综合。其解决的方式是，在正方形的外接圆平面上，搭建半球体的建筑，再依底部四方形的四边，将半球体的突出部分削掉，如此，就成了以 4 根柱子与 4 个拱形物支撑穹窿顶的方法了，而覆盖在支点上的三角形曲面壁，则称为"三角帆拱"（Pendentive），（图 2-93）。拜占庭建筑的穹窿处理与古罗马穹窿不同，古代穹窿顶是由墙壁支撑的，而拜占庭的穹窿顶则是由独立的支柱利用帆拱形成的。因此，它可以成组的穹窿集合在一起，其类型与基督教早期一样，分别是巴西利卡式、集中式（中央有穹窿）和十字形平面式（中央及四翼有穹窿）3 种。此外，拜占庭教堂建筑的外部看起来都很朴素，而内部的装饰却极尽华丽灿烂之能事，把细碎的彩色大理石、珐琅和琉璃的镶嵌发挥到了极高的境界。这种特有的建筑形式与镶嵌装饰相结合的风格构成了拜占庭艺术的主要特征。

堪称拜占庭建筑杰作的是君士坦丁堡的圣索菲亚大教堂。建筑平面为"巴西利卡式"，中央部分覆盖着直径为 32 多米的大穹窿，穹窿底部密排着许多窗洞，穹顶高 55m，通过

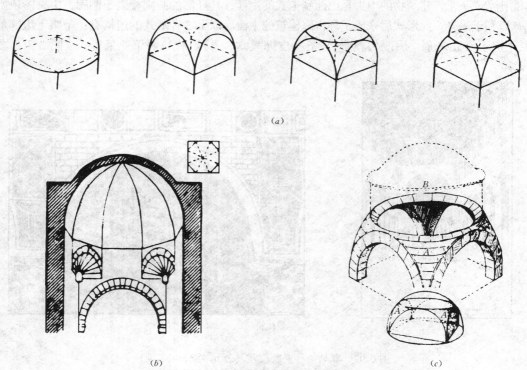

图 2-93 拜占庭建筑结构说明图

（a）三角帆拱形成过程；（b）拜占庭抹角拱；（c）拜占庭帆拱（A 是帆拱，B 是穹窿）

44

(a)　　　　　　　　　　　　　　　　(b)

图 2-94　君士坦丁堡的圣索菲亚大教堂（公元 532~537 年）
(a) 圣索菲亚教堂外观；(b) 圣索菲亚教堂的浮雕柱头及锦砖穹顶

(a)

(b)

图 2-95　拉温那的圣维达尔教堂（公元 532~548 年）
(a) 圣维达尔教堂外景；(b) 圣维达尔教堂拱门上扇形装饰

45

帆拱支承在 4 个大柱墩上，前后接合上两个较小的半穹窿，创造了一个广阔而高大的椭圆形大厅。建筑材料主要是砖，外表涂上红白相间的朴素线条，至于内部的柱身、柱头，则采用各种色彩丰富的石材，壁面更以金银的彩色玻璃，镶嵌得毫无空隙，许多是有关圣经和使徒传记的镶嵌画。公元 15 世纪后土耳其人占领时在其四角增建了尖塔（图 2-94）。

这时期的"集中式"教堂代表，是位于拉温那的圣维达尔教堂，是皇帝查士丁尼为了纪念光复拉温那而建的，外表很简单，巨大的八角形包围着中央带圆顶的八角形，中央核心坐落在拱券和柱子上，柱子上有彩色浮雕的华丽装饰，柱头为斗形，其中的重叠复斗式，上面有卷草和双兽浮雕纹样。此外，一些大理石和锦砖镶嵌也极具水平，图案相当繁复并具有动感。还有些镶嵌画是描写查士丁尼皇帝和皇后及其侍从们的场面，镶嵌画是在黄色的底子上用各色玻璃并杂以金块而成，形成了金光闪闪、富丽堂皇的效果（图2-95）。

到了后期，集中式的建筑逐渐增加，巴西利卡式渐渐式微。后来为了多加几个穹窿顶，使穹窿体积越来越小，中央大穹窿变成了几个小穹窿群，并着重于装饰。这时期的代表作有意大利威尼斯的圣马可教堂，为了使穹窿外形高耸，在原结构上加建了一层鼓身较高的木结构穹窿，其内部的顶棚、四壁、地板，皆有豪华镶嵌装饰。俄罗斯的葱头式穹窿发展于公元 15 世纪时期，其代表首推圣巴西勒教堂。

（二）家具陈设

这时期的椅子和桌子大部以希腊、罗马的样式为主，其中有许多已由曲线形式转变为直线形式。而从拜占庭的宫殿或教堂中所见的东方的装饰风格，也对家具产生了极大的影响，材质为木材、金属、象牙等，饰以金、银、宝石或者玻璃镶嵌或者浮雕。

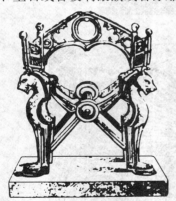

图 2-96　达哥培耳的青铜椅
（公元 7 世纪）

图 2-97　马克斯米尼亚纳斯的主教座椅
（象牙制，拉温那，公元 6 世纪）

达哥培耳（Dagobert）的青铜折叠椅完成于公元 7 世纪左右。马克斯米尼亚纳斯的主教座椅（东罗马帝国的象牙王座）则全用象牙制成，用于授冠仪式等正式仪典上，是保留至今的唯一的一把椅子，其上有精美的雕刻。拉温娜的圣阿玻利纳教堂有一幅镶嵌画"最后的晚餐"，上面描绘了基督教徒们坐在长榻上围绕一半圆桌吃饭的情景，按罗马习惯，他们一条胳膊靠在长榻上，用另一只手吃东西，桌面上覆盖着一块简单的桌布，长榻的端部有装饰图样。

另外，拜占庭时期的织画十分发达，其上的动物图案姿态幽雅，就象拜占庭人的生活。经文书籍（其中的"细密画"很精彩）、珐琅器之类的工艺品也非常多，其装饰纹样大多和当时的建筑室内装饰图纹差不多，有十字架、鸽子、羊、几何图形、连珠纹、绳纹等（图 2-96、图 2-97、图 2-98、图2-99）。

图 2-98　圣阿波利纳教堂的镶嵌画"最后的晚餐"——
桌子和长榻（拉温那，公元 532～549 年）

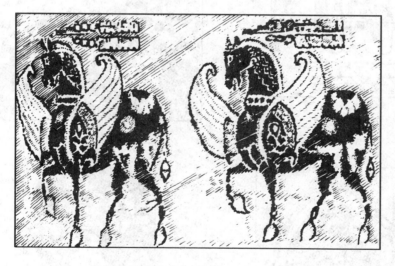

图 2-99　拜占庭织画局部（公元 8 世纪）

三、伊斯兰教

公元 7 世纪，由阿拉伯的穆罕默德所创始的伊斯兰教，在极短的时间内便扩大了势力，东及印度，西至西班牙，成为横跨欧亚非三洲的大帝国。

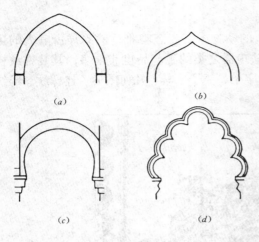

图 2-100 伊斯兰建筑的拱（券）构造

(a) 尖顶拱；(b) 葱形拱；(c) 马蹄拱；(d) 多叶拱

伊斯兰教帝国的奠基之地，乃是古代西亚、希腊、印度等先进文明古国的文化发祥地，由于当地人民各自秉承了古老的传统，而且更积极地深入掘取，故终能完善地相互融合，继而创造出具有强烈东方色彩的文化。

伊斯兰教建筑的特征，与其宗教性质有关。他们并无特定的祭典，而是以共同礼拜为主要祭礼行为的宗教，故清真寺（Mosque 又称礼拜寺）对信徒而言，除了是信仰的场所外，也是生活的中心。寺院建筑的基本形式为立方体上加盖穹窿，并有许多形式多样的拱券（图 2-100）。清真寺的正面墙壁皆面向圣地麦加（麦加克尔白为伊斯兰教的最高圣地，其东墙上镶有一块被认为是神圣的黑石），同时，壁上还有凹槽，用来指示礼拜的朝向，堂前则备有泉水，以供信徒净身。此外，为了告知礼拜的时间，寺院的一些部分也设立高塔。

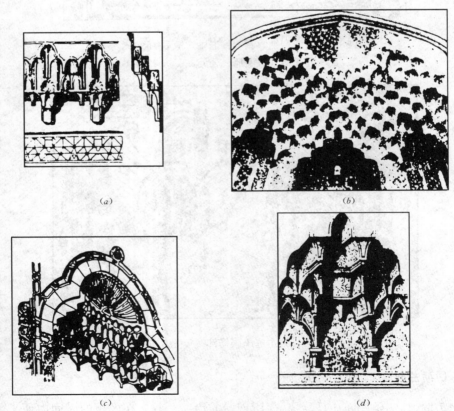

图 2-101 伊斯兰建筑的钟乳拱饰（垂水饰）

(a) 阿尔汗布拉宫钟乳拱；(b) 伊斯法罕皇家清真寺钟乳拱；(c) 钟乳拱出挑；(d) 钟乳拱出挑点

48

建筑内外的壁面，最具特色的是华丽而复杂的彩色琉璃砖与大理石等装饰，还有精工细镂的雕饰也随处可见，地板则以地砖或大理石镶嵌，且上覆盖图案美丽的地毯。而在一些墙面与柱子上还装饰一种称为"钟乳拱"（Stalactite 或称垂水饰）的饰物，它由一个个层叠的小型半穹窿组成，结构上起出挑作用，而从它别具一格的形态上来说，还是起装饰作用，那种虚幻缥缈的气氛充斥其间（图2-101）。早期的阿拉伯帝国建筑有耶路撒冷的圣岩寺（奥马尔清真寺）、大马士革大清真寺、萨马拉的大清真寺以及科尔多瓦的大清寺等等（图2-102、图2-103、图2-104）。

图 2-102　耶路撒冷圣岩寺
（公元 688～692 年）

图 2-103　萨马拉大清真寺（今伊拉克，公元 848～852 年）

在西班牙的许多城市，都能看到伊斯兰教建筑，其中尤以格拉纳达的阿尔罕布拉宫（Alhambra）为最著名。它是格拉纳达山头一组大宫堡中的一部分，由 2 个大院（狮子院和玉泉院）和 4 个小院及周围的房屋组成。其拱券组合，墙面与柱子上的钟乳拱和铭文饰，都已达到登峰造极的水平。其中最受赞赏的是狮子院，内有 124 根纤细的白色大理石柱，支承着周围的马蹄拱回廊，墙上布满精雕细镂的石膏雕饰。中央有一座由 12 头古拙的石狮组成的喷泉，水从狮口喷出，流向周围的浅沟（图2-105）。

在公元 14 世纪以后的奥斯曼帝国时期，推翻了东罗马帝国的土耳其人入主君士坦丁堡后，即以圣索菲亚大教堂为蓝本，建造了阿赫默德一世清真寺（彩图2-19）。他们善于把征服的阿拉伯文化作为自己的文化，于是土耳其伊斯兰教建筑也遍及小亚细亚和东欧部分地区。至于中世纪的印度既有原当地民族的建筑，也有伊斯兰教建筑（彩图2-20）。

而住宅之内则盛行铺设地毯席地而坐的生活方式，房间的一隅常常垫高后作为床。由于地处温热带干燥地区，故多以中庭式（内院）家居为主，且常于中庭设喷水池，以利室内凉爽。值得一提的是，伊斯兰教一向严禁偶像崇拜，在寺院建筑上，一般很少看见有关人或动物的雕刻或绘画。所以，几何纹样成为抽象形态的图案及文字的装饰化等用法，在当时相当发达，"蔓藤花纹"成了伊斯兰教造形文化的主要特色。

(a)

(b)

图 2-104　科尔多瓦大清真寺（西班牙，公元 785～987 年）

（a）科尔多瓦大清真寺内景（柱子上有双层重叠马蹄拱，红砖和白云石交替砌成）；

（b）科尔多瓦大清真寺早期的装饰局部（上有蔓藤花纹）

四、罗马式

公元 11 世纪始，欧洲的封建制度到了完成阶段，经济有了发展，而此后的多次十字军东征和东方商路的逐渐发达，对东方文化起了刺激与影响作用，从而动摇了基督教所固

图 2-105　格拉纳达阿尔罕布拉宫（西班牙，公元 1338～1390 年）

（a）阿尔罕布拉宫狮子院；（b）狮子院拱廊构造；（c）阿尔罕布拉宫中的交织纹装饰；

（d）阿尔罕布拉宫中浴室的采光（拱顶上开星形洞）

有的宗教教条，于是艺术开始有了繁荣趋势和生机，渐渐形成了颇具特色的基督教文化，这即是所谓的"罗马式"（Romanesque）。

西欧在一度统一后又分裂成为法兰西、德意志、意大利和英格兰等十几个民族国家，具有各国民族特性和地方色彩的文化在此时已相当发达，"罗马式"促使这些多样性文化不致分散而处于独立状态，并加强相互间的交流，最终使其融合成为一强势文化，与当时的拜占庭文化和伊斯兰文化遥遥相对。

（一）建筑装饰

"罗马式"风格的建筑早在公元 8 世纪末、9 世纪初的查理大帝时就已肇始了，当时所建的亚琛（Achen）宫廷建筑群即是一例（图 2-106），其材料都是现成的古罗马建筑构

图 2-106　德国亚琛宫廷的帕拉丁小
教堂内部（内部为八角形，类似圣维
达尔教堂，具有拜占庭风格）

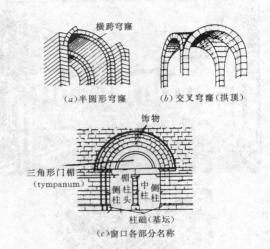

图 2-107　罗马式建筑的基本
结构与名称

件，在形式上也仿效罗马时代（实际上还受拜占庭及东方风格的影响），然而由于历史原因，这种"古罗马的复兴"转瞬即逝，这就是"罗马式"一词的由来。

到了公元 11 至公元 12 世纪，"罗马式"教堂建筑开始普遍盛行，其基本形式为巴西利卡的基础上发展而成的十字形。而建筑内部空间已从早期的组合木屋，改为以石制拱顶覆盖，这时期教堂建筑的顶棚，是在罗马时期建筑屋顶的正方形平面上，加盖隧道式的交叉拱顶（图 2-107）。教堂的主厅部分则是单元正方形交叉拱顶的延续，侧廊部分是 1/4 的正方形延续。这些正方形的 4 隅即是立柱之处，使得整座建筑呈现出主厅高而侧廊低的形状。然而，在建造石造的交错拱顶时，两条棱线若采用罗马式的椭圆形，则施工不便且架构不稳固，因而将此棱线改成半圆的拱形，便产生了中央部分挑高的新式拱顶。且由于棱线不是很明确，故在棱线下方加上条状的装饰性肋骨拱（ribbed vaults），以使棱线与柱子产生对比。至于墙壁，则增加厚度以支撑拱顶，柱子加粗以增加稳固性。而为了维持墙壁

图 2-108　意大利比萨大教堂（公元 11～14 世纪）

(a)

(b)

图 2-109　比萨斜塔

（a）斜塔（顶层为钟楼）；（b）斜塔上的连环
拱廊局部（其雕刻和拼色都相当精美）

图 2-110　法兰西北部的
圣埃提安教堂内部
（6 肋拱交叉穹顶，始建于
公元 1068 年）

图 2-111　英国达拉姆教堂内部
（交叉穹顶，公元 1093～1113 年）

53

图 2-112　凡宙雷圣马特来因
教堂拱形门面雕饰
（公元 1120 年前后）

的强度，窗子也没能开得很大。如此便有了较广阔的壁面，也因此产生了在涂了灰泥的墙上绘制壁画的可能。外壁上则装饰并列的拱顶，即所谓的连环拱廊（arcade）。在当时建造得最华丽同时也是最有代表性的连环拱廊是位于意大利西海岸，以斜塔著称的比萨大教堂。

比萨大教堂由教堂和斜塔以及洗礼堂组成，洗礼堂位于教堂前面，与教堂同处一条中轴线，斜塔（钟塔）高 56m，在教堂末端一侧，其形状与高度均与洗礼堂不同，但体量正好与它平衡。教堂正面有 3 个铜门，铜门上的雕塑描述了圣母和耶稣的一生，上部为 4 层精美的连环柱廊，其顶上和两侧还有怀抱婴儿的圣母和天使等雕像。3 座建筑的外墙均以白色和红色相间的云石（大理石）砌成，整个建筑群看起来既和谐又富于变化（图2-108、图 2-109、彩图 2-21）。

“罗马式”建筑在欧洲各地皆有各种独特风格产生。意大利除了受古罗马及初期的基督教影响外，在很大程度上还受拜占庭的影响，尤其是内部装饰仍以镶嵌艺术为重，并有湿壁画产生。法国的北部多为大会堂式（巴西利卡）建筑，南部则多为古罗马式建筑。并多用“透视门”（一层层逐渐缩小的圆拱集合起来而有深度的大门，“罗马式”时期是一层层的几何图形带状装饰，“哥特式”时期往往是一串串的圣徒像，最中间的半圆形门楣上是有关基督和使徒内容的浮雕）。

图 2-113　法国阿拉斯圣脱洛菲姆教堂西大门（公元 1170～1780 年）

54

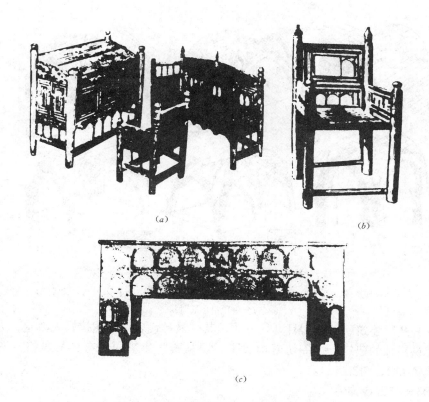

(a)

(b)

(c)

图 2-114　罗马式家具（约公元 13 世纪）
（a）瑞典桌椅；（b）瑞典椅子；（c）瑞士箱柜

图 2-115　雷凯斯文托斯的祈祷用王冠
（公元 7 世纪后半叶）

图 2-116　阿尔萨斯的圣赛文
教堂大门（公元 12 世纪左右）

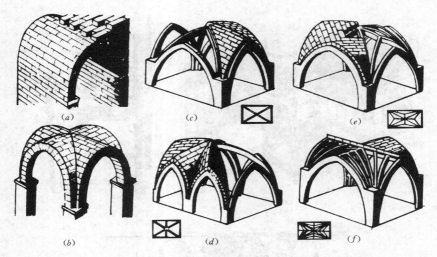

图 2-117　罗马式与哥特式建筑的拱顶（穹窿）比较

（a）半圆形（筒形）拱；（b）交叉式拱；（c）四分肋骨拱；（d）尖顶六分肋骨拱；

（e、f）尖顶星形肋骨拱

英国的"罗马式"建筑，又称为日耳曼形式，其中最具代表性的达拉姆大教堂，为西欧最先采用肋骨拱拱顶的建筑。这一切就构成了"罗马式"建筑同中有异的风格（图 2-110、图2-111、图2-112、图2-113）。

（二）家具与五金饰件

"罗马式"的家具种类颇多，桌、椅、床及箱柜皆有，大多以木材为料，少有石材或金属。其形式与风格深受"罗马式"建筑影响。家具的特征在于很少有所谓的装饰，都体现出整体构造的完美性。而家具拥有者也仅限统治阶级，普通人只能把简单的箱柜类器具兼作椅子、桌子和床等。至于皇族里的座椅，无论椅脚或靠背，都模仿"罗马式"建筑中石造连环拱的形式。珍宝箱柜是直线形的，柜脚为雕花板状，功能除收藏物品外，还兼具座椅及睡卧之用，是当时颇为时兴的做法。

在当时的教堂及修道院中，大多拥有打造金、银、铜、铁等的工房，较典型的有西哥德王雷凯斯文托斯的祈祷用王冠等。在一些教堂的门、窗上也有锻打的涡卷形铁件。另外，这时的拜占庭及伊斯兰风格的室内纺织品也被广泛地用在石造建筑中。而装饰纹样大多采用毛茛、忍冬、葡萄等植物图纹和基督教的象征物十字架、鸽子等图纹，此外锯齿纹、Z字纹和格状纹也较多（图 2-114、图2-115、图2-116）。

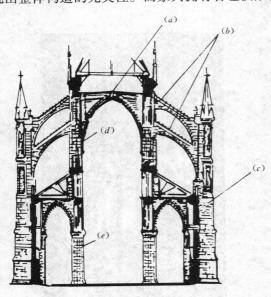

图 2-118　哥特式教堂的剖面与名称

（a）拱肋；（b）飞扶壁上的飞券；（c）飞扶壁上的墩柱；

（d）高窗；（e）连拱

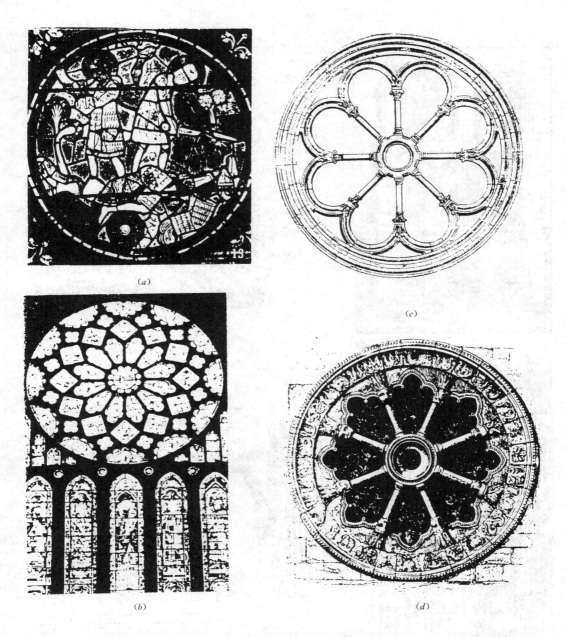

图 2-119　哥特式教堂彩绘玻璃及花窗

（a）夏尔特大教堂彩绘圆窗（选自"罗兰之歌"）；（b）夏尔特大教堂彩绘玻璃；（c）约纳省（法国）某
教堂西立面玫瑰窗；（d）肯特郡（英国）巴夫列斯敦的玫瑰窗

五、哥特式

所谓"哥特式"，是公元 12 世纪末叶首先在法国开始，随后于 13、14 世纪流行于全欧的一种建筑形式。这一名词源自文艺复兴时期意大利人的"野蛮的哥特人的建筑"一语，显然这是极其不公平的，因为"哥特式"的艺术实是封建中世纪最光辉与最伟大的成

图 2-120　巴黎圣母院（约公元 1163～1250 年）

（a）巴黎圣母院正立面；（b）巴黎圣母院侧景；（c）巴黎圣母院主厅；（d）巴黎圣母院侧厅
束状柱与圆柱；（e）巴黎圣母院南横厅扶壁上的浅浮雕

就，从内容到形式都具有很高的价值，它是当时人们智慧的结晶，尤其是在建筑工程技术
和装饰手法上都达到了惊人的高度。

(a)　　　　　　　　　(b)　　　　　　　　　(c)

图 2-121　亚眠主教堂（始建于公元 1220 年）
（a）亚眠主教堂正立面；（b）亚眠主教堂南袖廊大门中柱人像装饰；
（c）亚眠主教堂南侧廊门廊上的假花格窗装饰

图 2-122　夏尔特主教堂（约公元
1134～1507 年）

图 2-123　索尔兹伯里大教堂（公元
1220～1270 年）

图 2-124　索尔兹伯里大教堂僧侣室

12世纪下半叶，法兰西、德意志、意大利等国封建诸侯的势力渐衰，王权逐渐伸张，而借着工商业的发达和城市的繁荣，市民阶层终于摆脱了封建诸侯的束缚，获得自治权。这使类似行会组织的专业艺匠们有了从事教堂建筑与装饰的权利。在文化方面，教会尽管是处在领导地位，但也失去了过去垄断一切的大好形势，市民进出教会愈来愈频繁。都市里建立了许多在当时为权力象征的市政建筑与钟楼等公共建筑，而今日我们所见到的欧洲城市，以大教堂与市政建筑为核心的都市景象，即是建立于这个时期。而在这个时代中扮演重要角色的，还应属基督教建筑。

（一）建筑装饰

"哥特式"建筑风格完全脱离了古罗马的影响，最能显示其特征的构造是肋拱穹窿（ribvault）、尖顶拱（lancet arch 尖券）、飞扶壁（浮拱壁 flying buttress）、以及束柱、玫瑰窗、花窗棂等。虽然这几种建造技术并非哥特式建筑所特有，然而哥特式建筑的特色就在于将这些技术综合起来，使之较罗马式建筑更加精致且雄伟壮丽。

交叉拱顶在肋拱穹窿中极为发达，这在罗马式的末期已有出现，由于四边都为半圆拱顶，故各柱子间必须等距才行。然而，在哥特式建筑中，借着尖顶拱的应用，使得建筑高

（a）

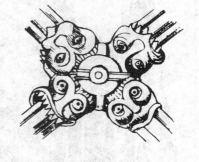

（b）

图 2-125　英国"哥特式"建筑拱肋交叉处的花饰
（a）圣奥尔本修道院的凸雕花饰；（b）埃尔克斯顿教堂的凸雕花饰

60

度可以不必考虑柱子间距，而有固定高度。由于尖顶拱的建筑技术，使得施工更为简单，因而，这一时期的建筑较以往更大更高，也因此必须加强中廊扶壁（墩柱 buttress）的支撑强度，使得扶壁在建筑的外观上，成了不可忽视的重点。为了使施工更容易进行，便必须增加肋骨拱（rib）的数目，渐渐地，肋拱结构的发达，相应地使墙壁结构方面的功能性降低，因此，墙壁上的窗户即倾向于大型窗。窗户采用彩绘玻璃，可见当时窗饰之发达（图 2-117、图 2-118、图 2-119）。

彩绘玻璃是"哥特式"时代装饰方面的一大成就。它一方面是建筑技术上的进步所带来的功能上的优越性。大面积的玻璃给室内以更多的光亮，给艺匠们有施展才华的机会，透过彩绘玻璃射入的斑斓华光，使教堂内更添一份庄严与艳丽，似乎可熔化坚硬的云石。另一方面，作为建筑设计的关键性要素，彩绘玻璃也强调了建筑立面上几何图形的表现力度，极大地丰富了装饰语言。这种玻璃画最初都是画着蓝色调子的圣经故事，到了后期则用红色调画些圣者像，最后成了紫色而又简单的几何形画面。至于"哥特式"建筑上的装饰雕刻，更是达到了空前繁荣的地步，是"罗马式"时代无法所比拟的（彩图 2-22、彩图2-23、彩图 2-24）。

"哥特式"的建筑遗构现存者相当多，法国很早即已在北部盛行，南部则是"罗马式"建筑较盛行。初期的代表作是位于巴黎的巴黎圣母院。作为"哥特式"建筑主要元素的飞扶壁，可能是第一次以无比大的尺度出现在巴黎圣母院上，扶壁将骨架拱的侧推力从墙体分担过来，大大地减少了墙的厚度，逐渐地以彩色玻璃代替砌石，从室内看好象墙已消失，从外表看，那一簇簇冲天而起的飞扶壁和墩柱，令人眼花缭乱。而它的立面又是如此的沉静与平衡，它以一个庞大的体量掩盖了主厅和侧厅的不同高度，三个逐层缩小的"透视门"把人领向室内，横越立面的是一列列雕像和连拱饰，中间的大圆窗把光线引入室内，立面两边的塔原是用来承载尖顶的，但尖顶一直未完成。立面上的水平线和垂直线通过交叉把建筑紧密地联系成一个整体，看上去相当壮观。法国的"哥特式"建筑较典型的还有亚眠主教堂（Amiens）和夏尔特主教堂（Chartres Cathedral），前者中厅高度比巴黎圣母院高，为 43m，后者有两尖塔，建造时间相差 400 年，形状各异（图 2-120、图2-121、图2-122）。

英国的"哥特式"建筑受法国北部影响较多。其特色是纵深长，宽度较窄，由于整体发展较慢，因此柱子的间距较窄，且拱顶的高度也未挑高。然而，由于在屋顶较低的十字交叉处建有大钟楼，因而从远处看很显眼。另外，英国肋拱的使用非常发达，这正是与法国"哥特式"的差异之处。特别是多拱肋，在相交处有凸雕花饰，拱顶上还有华丽的装饰图形，后来还发展出垂直式拱顶及扇形拱顶。典型遗构有索尔兹伯里大教堂。

德国由于盛行"罗马式"建筑，故"哥特式"建筑大约出现于公元 13 世纪中叶，较有代表的是科隆大教堂。意大利为最晚采用"哥特式"的国家，其建筑没能充分显示"哥特式"的内在特征，建筑往往表现出壁面大而窗口小，其中以米兰大教堂最具代表性（图 2-123、图2-124、图 2-125、图 2-126、图 2-127、图 2-128）。

（二）家具与陈设

"哥特式"时期的家具已逐渐趋向豪华。那种框架式的家具已流传开来，这使家具在

图 2-126　英国威尔士主教堂主厅拱顶装饰花纹

图 2-127　英国沃里克郡比彻姆礼拜堂
（此为后期垂直式拱顶，
即向扇形过渡的第一步）

外观上进行雕刻装饰成为可能。

　　"哥特式"家具的特色，就在于强调垂直性的对称形式以及豪华的雕饰，其中吸收了许多建筑上的构思。框架上雕刻莨苕、唐草、涡漩、S 形等花纹，面板上则流行皱折、叶簇形、火焰形等装饰花纹。特别是皱折式花纹，最能强调"哥特式"装饰的垂直效果。家具中椅子有兼具坐与藏物的功能，豪华的有高靠背，或带顶篷。箱柜类家具有时也兼作桌子、座椅和床。另外，这时也已出现装饰柜、以及带篷盖的床。

　　这时期的室内壁面都喜欢蒙上丰富多彩的带图案的织物，它们被缝在一起成条带状，另外，床上织物也有图案，这给室内增添了不少亲切的气氛。此外，装饰织画也慢慢开始盛行，题材都以家属象征图纹和圣经故事为主（图 2-129、图 2-130、图 2-131）。

六、中世纪的住宅

（一）城堡

　　早期的城堡一般建在山顶的要塞之地，沿城筑有木栅，并在中央造一座高楼作为要塞。而公元 10 世纪以前，高楼还是木构建筑。到 12 世纪下半叶之后才开始普及石造

图 2-128　英国剑桥国王学院教堂扇形拱顶

图 2-129 "哥特式"时期家具

(a)圣品柜(约公元 1200 年);(b)床(约公元 15 世纪);(c)法国箱柜(公元 15 世纪);(d)法国教堂
坐椅(公元 15 世纪);(e)葡萄牙高背靠椅(公元 1470 年左右);(f)西班牙立柜(公元 15 世纪末)

图 2-130　法国卧室的陈设布置（取自"细密画"）

图 2-131　约翰启示录织画（公元 1357～1384 年）

城堡，但遇紧急情况时期，仍以木造高楼作要塞。这种高楼要塞一般为 3 至 4 层，出入口在二楼或三楼，楼层之间用木梯作连结，在紧要关头可随时收起木梯。第二层作仓库，2 至 3 层为起居室、礼拜堂、房间、厕所等，第四层为城主及其家人的寝室。墙壁非常厚，窗户少，不易通风，个人隐私更没有保证。

之后，在这种居住环境不良的高楼附近，城主们又另建一幢 2 层住宅，第一层是仓库、第二层主要作大厅和起居室，外接有遮雨篷的出入阶梯。大厅的中央是火炉，两边各有家族房间和厨房，至此，个人的隐私尚未能充分保证。

中世纪时，虽已出现了许多城市，但还以壕沟和城墙团团围住，以确保能防御外敌。法国的卡尔卡松城即是保存最完整的大规模城堡环绕的防御城市（图 2-132）。

（二）城市

中世纪的城市家居有木造也有石造。而一种称为半木结构（木架间砌砖）的小房子甚为流行，这种住宅在英国、法国、德国、荷兰等地到处可见。一楼为店面、工作间、厨房，二楼则是主卧室，三楼以上为下人的寝室，紧靠街面的往往是房屋的山墙，这给街道增色不少。

64

至中世纪末期，随着人口增加，此类建筑便往上发展，自2层以上一般都要伸及街面。

　　此时的市民住宅多集中在狭小的地方，而贵族的住宅则能建在宽广之处，过着舒适的生活。住宅有中庭，窗上有玻璃，室内通风采光都较好，每个房间具有相对的独立性，使个人隐私得到了保障。现存遗物中最完整的是法国商人雅克·科尔的住宅（图2-133、图2-134、图2-135）。

（a）

（b）

图 2-132　法国卡尔卡松城（公元6～13世纪）

（a）鸟瞰；（b）碉楼

图 2-133　德国中世纪街道景观

图 2-134　德国半木造住宅

(a)   (b)

图 2-135 法国布鲁日雅克·科尔住宅
（a）雅克·科尔住宅鸟瞰图；（b）雅克·科尔住宅中央庭院

图 2-136 布鲁日市政厅（始建于 1376 年）

（三）公共建筑

以手工业和商业为生活支柱的城市居民，于12世纪时获得了自治权，并开始由市民中选择市长及其他要员。于是为了市政推行，有了市政厅的建筑，为了工商业行会的业务推行，在市场旁比邻建起了工会大厅。市政厅因是用于进行行政上的通知，故面向广场而建，且设计一凸出的阳台，而为了凸显市政的权威，更兴建高耸的塔楼。到中世纪末期，甚至有比教堂更为壮观的市政厅。

始建于公元1376年的布鲁日市政府，其外墙立面装饰着丰富的雕刻，壁面上的龛中原来都有人像，建筑物左右对称，第二层的尖拱形窗高于第一层，加强了垂直向上感，使建筑物看起来既统一又富于变化，是典型的"哥特式"风格。中世纪的市政厅，往往会面向市中心广场并建一高耸的塔楼，佛罗伦萨的维其奥宫即是其中之一，而与威尼斯的圣马可广场面对面而建的总督宫，则是明亮而开放，白色大理石的美，充分展示了威尼斯风格的"哥特式"建筑风貌（图2-136、图2-137、图2-138）。

图2-137　佛罗伦萨维其奥宫
（1299～1310年）

(a)

(b)

图2-138　威尼斯总督宫（敞廊部分建于公元14～15世纪）
（a）威尼斯总督宫外景；（b）威尼斯总督宫临海部分敞廊立面

第 7 节　文艺复兴时期的建筑装饰

中世纪的欧洲，完全处于基督教会与封建主义的支配下，随着工商业经济的不断发展，资本主义首先在意大利萌芽。在新的经济形势下，人们渴望自由，崇尚科学，希望实现以人为中心的真正自由的人本文化。欧洲在开始有这种动向后，即试图去了解古希腊、古罗马文化的精神，并在继承古典文化的基础上掀起了新的文化运动，这一连串文化的复兴与再生，我们称之为"文艺复兴"。这项运动为近代的欧洲带来了巨大的影响。

文艺复兴运动，是 14 世纪下半叶至 16 世纪率先在意大利开始而又遍及欧洲各地的一场文化变革。至 15 世纪初活跃于佛罗伦萨，而后迅速传到罗马与威尼斯，到 16 世纪，已远播法国、德国、荷兰、西班牙、英国等地。意大利原本就是古罗马的中心舞台，由于浸润在古罗马的光辉遗迹中，自然就成了古代文化复兴的主角。这时期都以王侯、贵族的宫殿或住宅等世俗性建筑的建设为中心，展开室内装饰、家具、以及陈设等方面的活动。

文艺复兴运动的发展，每个国家或地区在年代上有所不同，作品的风格也因各地的风土人情而有所差异，然而，各地的作品背后，都蕴含着共同的人文主义思想，以及以古典美为理想，秩序严谨与协调的特征。

一、建筑与室内装潢

宫殿、城楼、宅邸、别墅、医院、剧场、市政厅、图书馆等世俗性建筑的兴盛，取代了宗教建筑一统天下的局面，这些建筑大量采用古希腊、古罗马建筑的各种柱式，并且融合了拜占庭和阿拉伯的建筑结构，而整体建筑设计的基本原理是对称与均衡，建筑的外观呈现明快而笔直的线条，尤其是借着笔直的架构来强调水平的特性，如水平向的厚檐、各楼层之间的台口线等，窗口及出入口均采用水平线、垂直线、圆弧、山墙等几何图形设计，并且每个部分都联系于一个统一的尺寸，建筑物在整体上特别注重所谓合乎理性的稳定感。

室内装潢上仿造古罗马的手法，地板主要是以大理石、锦砖、上釉磁砖、拼木板等镶嵌拼贴，壁体主要以单缘颈柱、圆柱、台口线等构成，壁面则装饰绘画与雕刻，重要的房间中全部以织画或挂毯装饰。顶棚的构造不同于屋顶，顶棚多为木造，或是灰泥平面顶棚、尖形顶棚或穹窿顶棚，上面大多装饰豪华的绘画或雕刻，与建筑在整体上达到了完美的和谐。

此时的建筑，无论在构造或构思上，都朝着复杂且精致的方向发展，因此这一时期从事建筑的人，都必须具备广博的学识与素养，以及对美感的敏锐度。于是，一些与从前那些拥有专门技术的工匠全然不同的"艺术建筑家"开始出现了。从此开始，设计者与施工者便各自分离开来。此外，那些从实践上升到理论的建筑家也产生了，在这一领域颇有建树的当数阿尔伯蒂，他的十卷《建筑论》把实用、经济、美观相结合而又统一的原则提到了理论高度，这是此前所没有的。

(一) 意大利

早期的文艺复兴建筑从佛罗伦萨开始。由布鲁涅列斯基（Brunelleschi）设计的佛罗伦萨主教堂是首先在古典的十字形平面上架构出大穹顶的作品,他在交叉处建立了一个八角形穹顶,周围有多个较低的小礼拜堂环抱。其厅堂并未用繁杂的拱墙,而是将支撑的构架巧妙地隐藏了起来,完美地解决了承载大型圆顶的困难课题,是一个划时代的杰作。他的另一些代表作是育婴院、圣劳伦佐教堂以及圣葛洛齐修道院的伯齐礼拜堂。伯齐礼拜堂室内的壁柱、拱顶、闪亮的陶片和浮雕片等装饰都极具个性(图2-139、图2-140、图2-141)。

图 2-139　佛罗伦萨主教堂全景
(八角形穹顶由布鲁涅列斯基设计)

　　早期的建筑师还有米开罗佐和上述提到的阿尔伯蒂。还有一位曾和布鲁涅列斯基一道参与佛罗伦萨主教堂建造的雕刻家吉布尔提,他为佛罗伦萨洗礼堂东门作的装饰浮雕——"天国之门",堪称惊世之作。在当时代表上流社会的贵族与富豪们,为了夸耀其社会地位及品味而建造豪华的宫殿,宫殿除了是贵族们日常生活的居所外,同时也是多彩多姿的社交或商讨大事的场所。米开罗佐的美弟奇府邸(也叫吕卡弟府邸),就是一典型的宫殿建筑,其立面用水平台口线分为三层,底层用粗糙的剁斧石建造,二三层石块缩小,上部为较厚的挑檐。与其他宫殿别墅一样,其平面为长方形,中间有大庭院的设计(其后还有一花园),形成一开放式空间。科林斯式柱廊环绕底层布置,上部主要楼层开设成组的窗户,中央立有珠串式小圆柱。与粗糙的立面相反,室内则做了精致奢华的装饰,在美弟奇卧室及其他一些房间都有壁画装饰,米开罗佐的这一作品是后来在佛罗伦萨建造这类建筑的典范,并影响到下一世纪(图2-142、图2-143)。

图 2-140　伯齐礼拜堂室内
(布鲁涅列斯基,1429 年)

　　文艺复兴盛期建筑的中心移到了罗马,也是以教堂、宫殿、府邸、别墅为主。在风格上则追求宏伟、雄壮与朴素,对古罗马的风格有了更大的兴趣。这时期最著名的建筑物是由大建筑师伯拉孟特(Bramante)于 1506 年设计的圣彼得大教堂,该建筑于圣彼得大教堂旧址动工后,至完工约历时一个半世纪,主持该建筑管理的除伯拉孟特外,相继还有拉菲尔(Raphael)、米开朗基罗(Michelangelo)等数名建筑师。米开朗基罗抱着"要使古代希腊罗马建筑黯然失色"的宏愿进行工作,虽然在他有生之年并没有完成,而那高达 138m、直径 42m 的大穹窿顶却是按

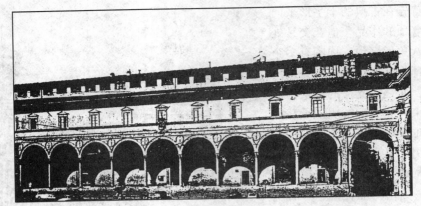

图 2-141　佛罗伦萨育婴院（布鲁涅列斯基，始建于 1419 年）

(a)

(b)

图 2-142　美弟奇府邸（米开罗佐，1444～1460 年）

（a）美弟奇府邸外立面；（b）美弟奇府邸内院

70

(a)　　　　　　　　　　　　　　　　(b)

图 2-143　佛罗伦萨洗礼堂东门镀金浮雕（吉布尔提，1429～1452 年）

(a) 镀金浮雕——"天国之门"（共有 10 块镀金浮雕板，描绘了旧约故事）；

(b) "天国之门"——"雅可布和伊索"（10 块浮雕板之一）

他的设计完成的（图 2-144）。米开朗基罗的代表作还有西斯廷教堂穹顶、卡比多广场等。在他设计的西斯廷教堂穹顶上有九幅创世纪的壁画，另外，他的许多雕刻作品早已蜚声世界。伯拉孟特的代表作品有位于蒙多里亚圣彼得修道院的坦比哀多，这是他在罗马的第一个建筑，上有一球形穹顶，有一圈由 16 根多立克柱子组成的回廊支撑着，交替饰以三陇板和嵌板的檐壁（图 2-145）。

　　拉菲尔在装饰上具有典型性的是他为梵蒂冈凉廊作的 13 间拱廊装饰，每间拱廊包括一个带有 4 幅壁画的拱顶。拉菲尔总共设计了《旧约全书》中 52 个场景，即人所共知的拉菲尔圣经。在拱腹和壁柱表面上是装饰性的人物和拉毛粉刷的奇异图案，增添了一种华贵的装饰性格调。凉廊的地面是用具有彩色图案的"玛裘黎卡"（意大利的一种瓷器装饰风格）瓷砖进行的丰富的装饰。而在完成这项工程的同时，拉菲尔等人还在佛罗伦萨完成了立面只有两层的（一般为 3 层）潘道菲尼府邸，此建筑采用了粉刷与隔石的结合，反映出文艺

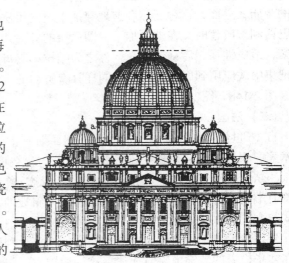

图 2-144　圣彼得大教堂穹顶

（米开朗基罗，1546 年）

图 2-145 蒙多里亚的圣彼得修道院的坦比哀多
（罗马，伯拉孟特 1502～1510 年）

图 2-146 潘道菲尼府邸
（佛罗伦萨，拉菲尔等人，1516～1520 年）

复兴盛期在手法上的探求（图 2-146、图 2-147）。

在文艺复兴后期，建筑师帕拉第奥在基督教巴西利卡式圣乔治奥·马觉利教堂设计中创造了一种新的，可行的立面解决办法。中央主厅在立面上做成很高，侧厅则做成较宽且矮的神庙式立面，这种互相和谐地穿插重叠的手法，是帕拉第奥的特有标记。他在对维晋寨巴西利卡改建时又在外围加了一圈两层的券柱式围廊，由于外围立面看起来细腻，有条不紊，适应性强，后从者甚众，称之为帕拉第奥母题。他的另一代表作维晋寨圆厅别墅试图把集中式应用到居住建筑中也同样具有鲜明的个性，对以后英国的邸宅建筑具有深远影响（图 2-148、图2-149）。

（二）法国

自 16 世纪初期远征意大利后，弗朗西斯一世就开始招揽达文西（davinci）等优秀的艺术家，积极的将文艺复兴风格引入法国。坐落在罗亚尔河流域的布洛斯（Blois）、商堡尔（chambord）、谢农索（Chenonceaux）、亚杰·鲁·黎铎（Azay-le-Rideau）等的城堡和城楼都有端正均称的正立面，烟囱或高窗与大斜坡的大屋顶并置，巧妙地将法国传统的哥特样式与文艺复兴样式融为一体。巴黎郊外的枫丹白露宫与巴黎市内的罗浮宫、土伊勒里宫等，外观造形自不必多说，装饰则属豪华的意大利风格，在其他方面，法国独有的特色也都在才华横溢的装饰上显露无遗，这一切构成了与宫廷生活极为协调的法国文艺复兴风格（图 2-150、图 2-151、图 2-152、图 2-153）。

(a)

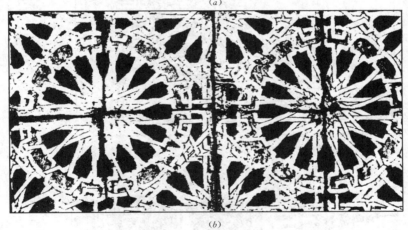

(b)

图 2-147 梵蒂冈凉廊（拉菲尔，1517～1519 年）

（a）凉廊内景；（b）凉廊地面瓷砖图样（玛裘黎卡风格——意大利当时盛行的一种陶瓷风格）

（三）英国

英国的哥特式风格持续了很长一段时间，到享利八世时期——都铎（Tudor）王朝，才开始引进意大利文艺复兴时期的造型，到伊丽莎白一世时期，由于受到荷兰等国的影响，真正的英国文艺复兴形式才开始成熟。王公贵族们纷纷在森林中建造都铎风格的大屋子，后来又渐渐发展成为意大利宫殿式风格的雄伟建筑。这些宫殿或住宅，一楼是主要楼层，建有大厅与餐厅，二楼一般多设有长形画廊，由于大厅或画廊是用作宴会与舞会的重要房间，因而室内装潢极为豪华。在英国，这种风格的建筑有汉普敦宫（Hampton Court Palace）、朗格利特府邸（Longleat）、诺尔府邸等（图 2-154、图 2-155、图 2-156）。

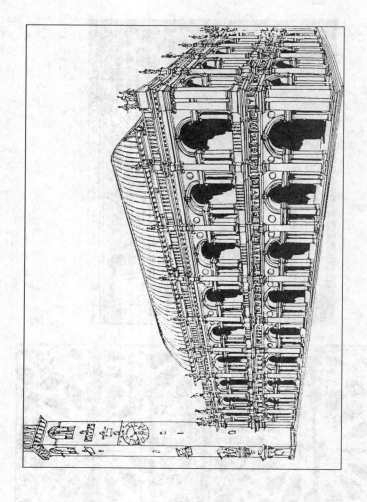

图 2-149　维晋寨巴西利卡(帕拉第奥,1550 年前后)

图 2-148　维晋寨圣乔治奥·马觉利教堂(帕拉第奥
和斯卡莫齐,1566～1610 年)

74

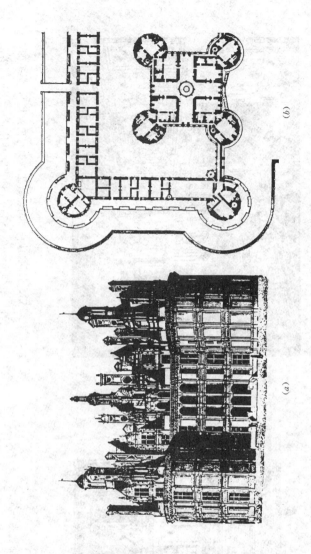

图 2-151　法国商堡尔府邸(1525～1540 年)

(a)商堡尔府邸中央部分立面；(b)商堡尔府邸平面图

图 2-150　弗朗西斯一世的翼屋与大阶梯

(法国布洛斯城堡,1515～1525 年)

图2-153 弗朗西斯一世长廊(法国枫丹白露离宫,集装饰、绘画、雕刻为一体,1533~1540年,乔凡尼·巴蒂斯塔和第·乔考波)

图2-152 巴黎罗浮宫西翼(建筑与装饰融为一体,皮埃尔·勒斯戈尔,始建于1546年)

76

图 2-155 诺尔府邸长廊（此长廊具有隧道效果，常用来聚会、娱乐，1610 年，肯特）

图 2-154 朗格利特府邸（美国威尔特郡，约翰·泰尼爵士，1572～1580 年）

图 2-156　诺尔府邸卧室（此房间装饰并不十分奢华，
顶上的几何图形装饰也透着简洁明快的效果，1610 年，肯特）

（四）荷兰、比利时、德国以及西班牙

由于工商业发达,带动都市繁荣,市中心建设了许多市政建筑,其中荷兰的来登(Leyden)市政厅、比利时的安特卫普(Antwerp)市政厅等建筑,都是北方文艺复兴时期的典型代表。德国的优秀建筑则产生于海德堡(Heidelberg)城的奥享利许大厦。该大厦毫不掩饰地夸大了意大利文艺复兴的形式,其墙面几乎消失在丰富的壁柱和窗龛后(图 2-157)。

西班牙的哥特式形式也持续了很长一段时间,直到 16 世纪,国王菲利普二世时开始建造了埃斯库里尔宫（Escorial）等大型建筑。该建筑打算作为皇家宫殿和行政中心,它那惊人的严肃,几乎象修道院的静休所,是菲利普虔诚的结果。外墙的巨大连绵体显得有些单调,四个方塔稳固地坐落于墙角。宫内图书馆的装饰绝对是文艺复兴风格,而菲利普的书房和卧室装修却只有几幅绘画和几件家具,显得颇为简朴（图 2-158、图 2-159、彩图 2-25）。

二、家具

这时期的建筑与室内装饰给家具的发展带来极大的影响,家具上颇多地采用了雕刻、镶嵌,绘画等装饰技术。在意大利,椅子方面的哥特式箱柜造型已被仿罗马椅子所替代。贵族们一般都使用装饰豪华、造型丰富的椅子,扶手椅的座垫和靠背因都覆盖上羊毛或羽毛填充的垫子,故较中世纪的木板椅坐起来舒适。那种折叠式椅子是仿古罗马执政宫座椅做成,多用于餐厅、书屋、会客厅等房间。另一种称为"卡萨邦卡"的长座椅一般都固定于地板上,上面雕有装饰花纹,用于会客或各种礼仪性场面。此外,当时还流行有顶盖的储藏物品的箱柜,上面满雕豪华的装饰雕刻,并有兽足造型的柜脚。餐厅中的桌子以板状的桌脚支撑,其形式可分为脚架式和四脚固定立式两种。卧床多为平台式,平台的前后皆有取材于建筑立面上的板子,壁面上则多为吊有顶盖的形式。

法国初期的家具形式都为哥特式与文艺复兴的混合,形式大多非常简洁。直至亨利四世时期才确立其文艺复兴的精致造型,且一直延续到路易十三时期。当时,由于上流阶层

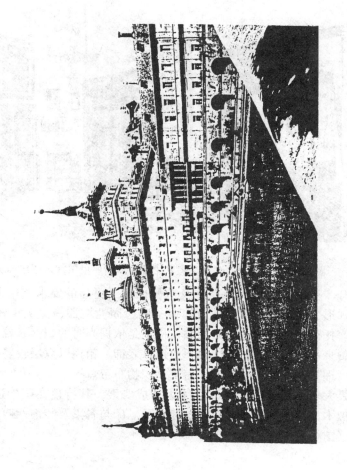

图 2-158　埃斯库里尔宫(西班牙马德里,1563~1584 年)

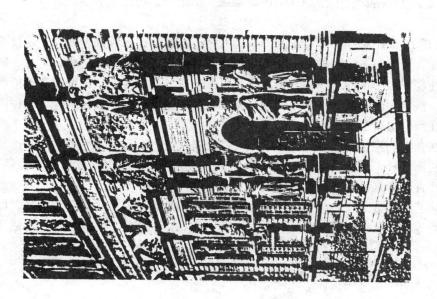

图 2-157　奥亨利许大厦(德国
海德堡,1555~1559 年)

79

图 2-159　菲利普二世的卧室和书房（埃斯库里尔宫，1575年）

生活水准的提升，对家具的种类、品质及造型也有了更高的要求。扶手椅的前脚为圆柱形、后脚为角柱形，底部设有横档，以使椅子的稳固性增加，比例也较匀称。盛行于16世纪的名为卡库托瓦尔（caryatides）的妇人椅，是依据当时的妇女衣着来设计的，其样式为前宽后窄。餐桌往往象建筑一样，底下由连拱装饰。箱柜以双层较多，饰有豪华的花纹及人像浮雕或大理石嵌板。床一般有顶盖下垂织物布帘。

英国的家具大多表现出厚重且以直线为构成要素，其特色在于构造的单纯性与实用性。材料使用橡木，椅子有三角椅及靠背椅多种。床与餐桌及装饰性橱架上的支柱常用瓜状形式作装饰（图2-160、图2-161）。

三、陈设

此时的陈设主要包括日常生活和社交用的挂毯、纺织品、陶瓷玻璃器皿、金属工艺品等。

自14世纪到16世纪是挂毯等纺织品的黄金时代。挂毯除用来装饰壁面外，还具有吸湿、调温等功能，装饰时多为数件一组，非常富丽堂皇。意大利的佛罗伦萨、米兰、威尼斯，都以盛产挂毯闻名。法国则在枫丹白露宫设立工艺房，专事生产室内壁面和桌椅所需的挂毯及其他一些纺织品。西班牙则以波斯风格的地毯、挂毯闻名于世。此外，一种叫蕾丝花边的织物在当时也相当流行。

陶瓷用品在意大利主要以一种"玛裘黎卡"风格较为流行，上有各种槲叶、孔雀羽毛、几何图形装饰纹样，颜色一开始以紫、绿、黄、蓝为主，后来逐渐发展为多种色彩。威尼斯则以盛产各种形式的玻璃制品在欧洲各地备受瞩目。

颇能显示文艺复兴金工特色的制品有餐具、摆饰、暖炉饰品、烛台等日常用品，以及刀、剑、甲、胄等等。装饰图案多采用树叶、蔓草纹样，奇异图纹、人物头像、神话等等（图2-162）。

图 2-160　意大利、英国、荷兰的家具

（a）卡萨邦卡（意大利佛罗伦萨，16 世纪）；（b）柜子（意大利托斯卡纳，1550 年）；（c）小扶手椅（佛罗伦萨，16 世纪）；（d）有顶盖卧床（英国伊丽莎白时期，16 世纪）；（e）装饰性橱架（英国，16 世纪后期）；（f）扶手椅（荷兰，17 世纪初）

图 2-161　法国的家具

（a）立柜（法国，16 世纪末）；（b）餐桌（法国，16 世纪后期）；（c）双层橱柜（巴黎，1550 年）；

（d）卡库托瓦尔（妇人用椅，法国，1575 年前后）；（e）扶手椅（法国，16 世纪后期）

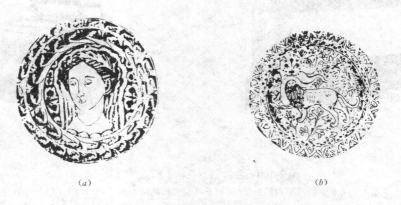

图 2-162　意大利佛罗伦萨的陶瓷（15 世纪左右）

（a）贵妇图案圆盘；（b）狮子花纹圆盘

第 8 节　17 世纪的欧洲

17 世纪的欧洲，是一个大动荡的时代，资产阶级民族、民主革命的运动在蓬勃地发展着。17 世纪初叶，荷兰（尼德兰）反西班牙的战争取得了最后的胜利，资产阶级掌握了政权。1640 年，英国爆发了资产阶级大革命，标志着欧洲的封建统治行将结束。法国在 16 世纪末爆发了 36 年的宗教大战，到了 17 世纪，王权逐渐强大，国内推行重商主义政策，对外加紧掠夺，为王室建立绝对君权专制奠定了经济基础。西班牙由于"无敌舰队"覆灭后，丧失了海上霸主的地位，国力大衰，宗教势力得到发展。德国在遭受了"三十年战争"的劫难后，国土四分五裂，城市经济大为衰落，封建势力顽固地维持下来。而此时的意大利，由于商路的转移，城市手工业的萎缩，加上不断遭受外国的入侵，失去了原先的经济优势，反宗教改革势力抬头，教皇拥有最高的权力。

一、巴洛克

17 世纪的欧洲，尽管社会经历了许多风云变化，但在政治上和文化上，都是处于一个朝气蓬勃的时代，在文化史上，一般把 17 世纪称之为"巴洛克"时代。"巴洛克"（Baroque）这一名词原是出自中世纪逻辑学上三段论法，在意大利文中的意思是"变形的珍珠"。18 世纪末新古典主义理论家开始用来嘲笑 17 世纪意大利的艺术、文学风格，认为它背弃了生活及古典传统，从此"巴洛克"成为风格的名称。它泛指 17 世纪意大利的一种艺术风格，及受意大利影响的欧洲各国相类似的风格。其特点是一反文艺复兴盛期的严肃、含蓄、平衡，倾向于豪华、浮夸。善于运用矫揉造作的手法来产生特殊效果，常采用不对称的构图、不规则的曲线，强调动感，表现过于想象、故作庄严和狂妄的热烈情调。

巴洛克艺术最早见诸于意大利滋长起来的建筑作风上，16 世纪末期米开朗基罗的建筑与雕刻，即已有了巴洛克的倾向，17 世纪后期则达到了顶点。建于罗马梵蒂冈的圣彼得大教堂，除了是天主教教会的权威代表外，也是巴洛克造型的象征。米开朗基罗的大圆顶、马德诺（Carlo Maderno，1556～1629 年）的巴西利卡式厅堂与大门廊、贝尼尼（Giovanni Lorenzo Bernini，1596～1680 年）的广场柱廊与厅堂内的祭坛华盖等等，都表现出令人陶醉且激昂的戏剧性效果（彩图 2-26、彩图 2-27、图 2-163）。这种令观赏者为之瞠目结舌的

图 2-163　罗马圣彼得大教堂祭坛华盖（铜制，高约 95 英尺，1624～1633 年，贝尼尼）

豪华，不仅仅是表现在 17 世纪的教会建筑或其内部装潢上，还表现在王公贵族的宫殿和其室内装饰或家具等方面。

巴洛克的建筑、室内装饰、家具等使用夸张的形式而全不管其功能，主要是为了显示拥有王公贵族的社会地位及品味，也就是只注重装饰性而已。此外，绘画与雕刻也是教会或宫殿用来提高装饰性的有效方式，采用的主题多以历史、神话、肖像等为主。

始于罗马的巴洛克艺术，后来逐渐推移到意大利各个城市，到了 17 世纪后期，法国创办了绘画、雕刻和建筑学院后，它又和学院派结合起来，而成为宫廷建筑的主要风格了，尔后在佛朗德尔（Flanders）地区、德国、西班牙及英国也跟着流行起巴洛克艺术。特别是法国路易十四的凡尔赛宫建筑，更是涵盖了建筑、室内装饰、家具、日用陈设等所有的范畴，形成统一且典雅的风格（这时期的艺术也有泛称之为"古典主义"的）。所谓的巴洛克风格，我们也可将之视为是盛行于 17 世纪到 18 世纪初期，欧洲各国教会或宫廷中的贵族艺术形式。

二、建筑

巴洛克建筑是从文艺复兴时期的建筑样式上发展起来的，但思想出发点却与人文主义截然不同，它不遵守古典造型法则和对称性的原则，在造型上颇讲究自由。其建筑的正面常舍弃古典的柱式，强调柱子的疏密与重叠。采用波浪形曲线与曲面，断折的檐部与山花，来助长立面与空间的凹凸起伏感和动感。在教堂与宫廷建筑上，为了显示统治阶层的权威，特别将建筑的规模扩大，为了制造神秘的宗教气氛和追求豪华感，则采用透视与增加层次的手法来表现空间的深度。此外，更借着壁面上的大量绘画与雕刻装饰，使得巴洛克建筑的装饰性效果进一步提升，我们可以从当时的教堂与宫殿上了解到巴洛克建筑的造型特征。

17 世纪的意大利为欧洲各国中，建造教会建筑最盛行的国家，至于奠定巴洛克样式的，则是卡罗·马德诺于罗马所建的圣苏珊那教堂。其特色可见于借着立面上的凹凸所形成的明暗变化，成对的科林斯式列柱以及两边的涡卷装饰。这种教堂建筑典型的还有圣卡罗教堂、以及康帕泰利的圣玛利亚教堂，这两座建筑外形效果有些相似，前者的外形显得更加活泼，波浪形檐部的前后与高低起伏，凹面、凸面与圆形倚柱的相互交织，使这座规模不大的教堂显得非常生动。内部空间也很富动感，尤其顶棚为几何形的藻井式，使室内光影变化强烈（图 2-164、图 2-165）。而马德诺在圣彼得大教堂的正面构成中，采用了贯穿一楼与二楼的巨大列柱，同时自两端分别采用单顶盖柱、

图 2-164　罗马圣苏珊那大教堂
（1597～1603 年，卡罗·马德诺）

84

图 2-165　罗马圣卡罗教堂（1638～1667 年，波洛米尼）

（a）圣卡罗教堂外景；（b）圣卡罗教堂平面图；（c）圣卡罗教堂内部穹顶；（d）圣卡罗教堂主厅

半圆柱、圆柱等，以强化立体感，并且在台口线地带配置雕刻，使得巴洛克的造型更加显著。

　　另一方面，贝尼尼借着在圣彼得大教堂前的广场，建造了一个由 284 根列柱所形成的圆形巨柱廊，柱廊的设计完全体现了教会的要求，仿佛是教皇伸出的两只手，将信徒们拥入自己的怀抱，创造了一个极富戏剧性的空间。象这一类雄伟、豪放的教会建筑，在德国也极为常见，德累斯顿（Dresden）的佛拉文教堂，即是典型的巴洛克风格。英国的圣保罗大教堂据说也是在参考了圣彼得大教堂的设计以后才建造出来的（彩图 2-28）。

(a)

(b)

(c)

图 2-166　巴黎凡尔赛宫（法国，始建于 1661 年）
(a) 凡尔赛宫鸟瞰；(b) 凡尔赛宫中央南端；(c) 凡尔赛宫大理石院北方正面

　　其次，就宫殿建筑来看，在意大利境内，贵族们自文艺复兴以来，已盛行建造宫殿，渐渐地，其建筑的规模越来越大，建筑正面的装饰愈来愈豪华。贝尼尼设计的奥迪卡契宫殿，即是具备了南方民族明朗、动感且豪华的巴洛克式建筑的典型。

　　在法国，教会建筑的风潮渐退，建筑的中心移至宫殿及城市的宅邸。自路易十三至路易十四时期，借着国力的充实，及中央集权制的确定，建造了许多宫殿及邸馆。路易十四时代的法国"巴洛克"建筑风格，是在这位绰号"太阳王"的雄心奢望与笛卡尔的"唯理论"哲学思想支配下形成的。故这个时期的风格也有称之为"古典主义"的，它排除了对意大利的模仿，而特别显出了建筑的宏伟与节奏感。这时期以路易十四在巴黎郊外建造的凡尔赛宫与其花园为最豪华，这不仅在法国，甚至在全欧也是代表巴洛克式宫殿最豪华的建筑。这个宫殿为路易十四与贵族们行宫廷生活的所在，所以建筑与装饰及各种艺术皆融为一体，成为当时充满格调与权威的宫廷生活之舞台。该建筑原为法国国王的猎庄，1661～1665 年才为建筑师勒伏所扩充，并于 1679 年又为亚尔杜安·孟萨（Jules Hardouin Mansart）所完成，花园则是在 1667 年由勒诺特设计建造，内部装饰工作为勒勃仑担任（Charles Le Brun）。凡尔赛宫包括宫殿、花园与放射形大道三部分。立面为纵、横三段处理，上面缀有许多装饰与雕刻。内部装饰更是极尽奢侈豪华之能事（图 2-166）。凡尔赛宫的建筑形式，后来为欧洲各国的宫廷竞相模仿。

三、室内装饰

（一）意大利

意大利在 17 世纪所建造的宫殿和邸馆中，室内的空间皆很大，并与用来装饰的雕刻和绘画等融为一体，产生出奢华的装饰效果。宫殿中，特别重视大厅与寝室的装饰。壁面常饰以壁柱、波浪型曲面、壁面、挂毯等，屋顶则以屋顶画与重复花纹构成，而地板是彩色大理石的拼贴（图 2-167）。

图 2-167　意大利罗索府邸卧室（1671 年，日努阿）

（二）法国

法国巴洛克风格的确立，直到 17 世纪后期，凡尔赛宫的室内装饰、家具、日常用品有了统一的风格后，才算完成。路易十四为了制作凡尔赛宫的室内装饰品，任命宫廷画家勒勃仑掌理一切。勒勃仑潜心研究了意大利的古典艺术和文艺复兴时期的美术工艺，并将其研究成果体现于凡尔赛宫的室内装饰、家具、日常用品的制作观念上。宫殿的室内装饰中，自天顶壁画到挂毯、家具、及日常用品，都是在勒勃仑亲自指导下完成的。由他参与装饰工作的有凡尔赛宫的皇家礼拜堂、战争之厅、镜厅等，这几个厅堂皆以端庄的古典式为基础，加以巧妙地利用了巴洛克的装饰（图 2-168、图 2-169、图 2-170、图 2-171）。

图 2-168　法国凡尔赛宫的皇家礼拜堂内景
（也称路易十四式，勒勃仑）

图 2-169　凡尔赛宫战争之厅中的
"战神路易国王"浮雕

图 2-170　凡尔赛宫镜厅（1678 年始建，孟莎和勒勃仑）

（三）英国

英国的巴洛克风格在上流阶层盛行的时期，大约是在查理二世、詹姆斯二世、威廉三世以及安妮皇后时期，大约从 1660 年到 1714 年这么一段时间。这时期的英国深受法国及荷兰巴洛克建筑的影响。怀特豪尔宫（Whitehall，伦敦白堂）原计划建造规模巨大的宫殿，因经济原因和后来革命的爆发则建成了大宴会厅，建筑分上下两层，上层为宴会厅，下层为服役房间。该建筑既受法国巴洛克影响，也有明显的意大利文艺复兴的手法。开口部分有带状雕刻装饰、波浪状装饰、山墙等，外立面上的柱子和壁柱在室内都做了重复，室内顶面与墙面交界处的连续图形装饰是该建筑的最大特征。另外，威尔顿宫双立方体大厅的室内设计也都具有巴洛克的奔放与华丽（图2-172）。

图2-171　凡尔赛宫内的使节梯（小空间里的楼梯做得也很气派，1671年，勒伏和勒勃仑）

（四）德国

德国在"三十年战争"后，重新掌握政权的贵族们，一窝蜂地建造法国式的巴洛克风格宫殿。从平面设计来看，中间建有一大厅，于左右两边设置必要的房间，整体上是大厅为主导的形式。室内装饰多用雕刻，摆置镀金桌子，以及覆盖有碎花图样面层的蒙面扶手椅等。室内豪华程度令人为之目眩。其间并没有在法国巴洛克风格中所见的统一形式。或许杂乱无章的装饰方式，正是德国巴洛克风格的特色。

四、家具与陈设

（一）家具

意大利的家具主要反映出重雕刻的特征，其表面多

（a）

（b）

图2-172　伦敦白堂宴会厅（1619～1621年，英尼哥·约尼斯）
（a）白堂宴会厅立面（版画）；（b）白堂宴会厅内景

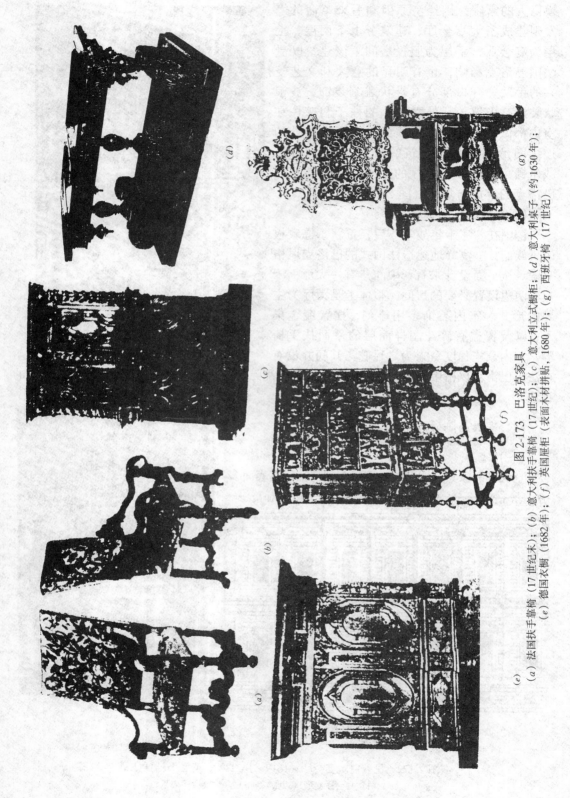

图 2-173　巴洛克家具

(a) 法国扶手靠椅 (17世纪末); (b) 意大利扶手靠椅 (17世纪); (c) 意大利立式橱柜 (约1630年); (d) 意大利立式橱柜 (17世纪); (e) 德国衣橱; (f) 英国匣柜 (表面木材拼贴, 1680年); (g) 西班牙椅 (17世纪)

90

叶形装饰及雕像，衣柜衣橱的两端还有饰柱。意大利的巴洛克家具一般都为雕刻家及建筑师所制造。

法国路易十四时期的家具，由于主要都是王公贵族在使用，故造形或装饰上都极力强调拥有者的地位与格调。家具采用金属、象牙等镶嵌，巴洛克式的扶手椅，木质部分皆有雕刻及镶嵌，座垫和靠背则包裹花草纹样的华丽织物。

英国家具的材质由原来的橡木改为核桃木，表面善做精细拼贴等。德国家具也以雕刻及镶金为主（图 2-173）。

（二）陈设

17 世纪室内陈设的发展也是非常辉煌的。用来装饰室内壁面的挂毯等织物在当时相当发达，一般由画家绘制底图，再由织工把原画再现出来，只有画家与织造师通力合作，才能获得具有一定艺术性的挂毯。当时的挂毯，不仅是用来单独观赏，更重要的是必须考虑挂毯本身在其所在环境中是否与其他陈设物品相协调。

17 世纪的玻璃工艺品，以威尼斯与德国为中心，逐渐繁荣开来。当时以威尼斯的蕾丝玻璃、釉绘玻璃，以及刮雕玻璃表面产生花纹的钻石点雕玻璃制品影响较大。

此外，这时期的陶器也有了相当大的发展，荷兰的德弗特陶器，在继承意大利玛裘黎卡陶器的基础上，还吸收了中国青花瓷器、唐三彩的风格，在室内摆设，能增添一份惹人喜爱的优雅。

第 9 节　18 世纪的建筑装饰

在整个 18 世纪，从政治和经济的形势上看，德意志和意大利仍然处于分散状态。尼德兰的海军和经济优势已被英国夺去。西班牙自"王位继承战争"以后，是一个弱国，直到本世纪末，资本主义才有所增长，阶级矛盾也随之激化。英国自 10 世纪中叶资产阶级革命以后，工业和农业发展较快，同时由于向美洲殖民，掠夺了殖民地的财富，也大大地增加了国库收入。因此，在这个资本主义突起的国度里，文化艺术有了良好的基础，再加上过去一个多世纪的滋养，到了此时，室内装饰等方面已在欧洲有所抬头了，而此时英国的殖民地美国，在没有独立前，其经济、文化受英国的影响较多。

18 世纪的法国与其他欧洲国家相比形势上略有不同。17 世纪末，路易十四继位后，法国在各方面的发展都达到了高点。但这种形势并非一直稳固，战争的失利、经济的衰落，使法国的专制政体出现了危机。路易十五在位期间，王室贵族和新兴的资产阶级似乎厌倦了过去的王权生活，转而去追求更新奇、更有意味的艺术样式，贵族宫廷里到处弥漫着荒淫萎靡的生活风气。

一、洛可可与新古典主义

"洛可可"（Rococo）名称来自法国路易十五统治时期，建筑上所使用的装饰样式名称，其贝壳状的外形，由于与凡尔赛宫中装饰庭园岩石的"人造石"极为相似而得名［Rococo 是法文"岩石"（rocaille）和"蚌壳"（coquille）的复合字］。其特征表现为纤细、轻巧、华丽和繁琐的装饰性，喜用 C 形、S 形或漩涡形的曲线和轻淡柔和的色彩。"洛可可"风格主要流行于路易十五时代，因而又被称作"路易十五式"除了法国本土外，并未对欧洲各国产生重大影响。

洛可可风格涉及的领域主要是建筑、室内装饰、以及实用艺术，尤其在家具、丝织品、瓷器、漆器等工艺品方面，还或多或少地受到东方中国风的影响。相对于巴洛克风格的庄重与动感，18世纪的洛可可风格，表现出一种少有的轻快与优雅。在路易十四去世后，法国艺术上那种故作宏伟与壮穆的巴洛克风也随之没落，路易十五时代的贵族们在巴黎市内购置舒适的任宅，享受不拘形式、自由自在的社交生活。贵族们在住宅建筑上，舍弃了沉重的巴洛克装饰、均衡对称的做作设计、枯燥繁琐的线条。在室内装饰上以多变的波浪纹曲线为主势，用镶嵌画以及许多镜子形成了一种轻快、闪耀而虚幻的装饰世界。洛可可时代的室内装饰已失去了往日注重格式与夸耀权威的特质，贵族们为了营造沙龙式的愉悦生活，便开始注重必要的设施与美感的追求。

自由奔放的洛可可风格随着时间的推移，渐渐流于官能性质，就象晶莹光滑的瓷器那样，最终显出其脆弱易碎的本性，到了18世纪中叶逐步走向颓废。而这时以法国为中心的"启蒙运动"的掀起，使善变的法国贵族开始将喜好转移到设计极为体面且适度的新古典主义风格上，而造成这种古典主义风格流行的契机，是意大利的庞贝城、赫库兰尼姆城等古代遗迹的发掘，与由美术史学家温克尔曼（Winckelmann，1717～1768年）发起的古代美术的学术研究，以及年轻人对希腊、罗马热衷的旅行热潮。

新古典主义重视理性，但已不是过去古典主义先验的几何学比例和形式教条，而是功能与真实。新古典主义重视实用性，重视感情与个性，强调在新的理性原则和逻辑规律中，解放性灵、释放感情，利用简单严峻的几何形创造动人心弦的作品，象这种新的时代背景下古典主义的全盘复兴，不只出现在法国，在英国、德国、荷兰、意大利等欧洲诸国，甚至新大陆的美国也有这种复兴倾向。

二、室内装饰与家具

（一）法国

随着"太阳王"路易十四1715年的去世，自凡尔赛宫那种充满夸耀的宫廷生活中解放出来的贵族们，开始在巴黎市内购置规模较小的宅邸，在宅邸中设置称为"布托瓦"的沙龙社交厅，过着极其优雅的社交生活。这种精细雅致的，用来进行社交生活的上流社会宅邸，我们称之为别墅或别馆，其重点并不在建筑的外观，而是在于室内装饰、家具、日用品等的美观与舒适。

这种建筑在室内往往用金子作装饰，四壁又饰以玻璃镜子，造成空间被扩大的光辉灿烂的虚幻感觉，如巴黎吐鲁斯府邸（法兰西银行）的陶利大厅即是一例，其大厅装饰的绘画都出自名画家之手，和壁龛中的镜面相间布置，绘于外侧墙上的绘画则与窗户相间布置。这些早期的洛可可装饰风格在巴黎埃夫留克斯府邸的大使沙龙中，也都有体现，墙面上的嵌板、镜面、白色和金色的色彩搭配，都极有意味，壁面的部分直线因素也反映出早期洛可可的轻松与优雅，这个房间后来成为蓬皮杜夫人的沙龙（图2-174、图2-175、图2-176）。

由法国建筑师杰尔曼·布弗朗（Germain Boffrand，1667～1754年）所设计的苏比斯府邸，为法国洛可可风格住宅的典型代表。建筑室内的整体架构，皆遵照洛可可的装饰要

图 2-174　巴黎吐鲁斯府邸之陶利大厅
（1718～1719 年，法兰克斯·安东尼·瓦西）

图 2-175　巴黎埃夫留克斯府邸之大使沙龙
（1718 年，阿曼德·克劳德·毛里特）

图 2-176　巴黎贝尔西一座府邸中的精
美装饰（早期的洛可可风格）

求。装饰带及饰柱已自白壁面消失，墙壁是曲面形向上延伸到顶棚，所有直线及有角的
形，都自室内剔除，木板拼贴的墙壁上以灰泥涂布，其上以复杂的 C 字形涡漩、花边饰
环，叶状装饰，以及贝壳形式等的精致重复图纹装饰，器具面板皆涂成象牙白，而在重复
图纹的部分以镶金装饰。房间的尺寸缩小了，古典的装饰也去除了，壁面上增加画有田园
生活的圆形图画。在蔓藤花纹的木板拼贴地板上，则铺上样式华丽的地毯，这种洛可可风
格的室内，予人一种官能的美（图 2-177）。

(a)　　　　　　　　　　　　　　　(b)

图 2-177　巴黎苏比斯府邸（1730～1740 年，布弗朗）
(a) 苏比斯府邸的楼阁；(b) 苏比斯府邸的楼阁室内装修

洛可可风格的特征就在于打破了文艺复兴以来的对称性原则。房间的平面设计舍弃了正方形，取而代之的是椭圆形或八角形，甚至有四个角削圆的八角形房间。这个时期的建筑、装饰、绘画与雕刻皆能融为一体，充分具备了提供人们生活享乐的功能。洛可可风格除了室内装饰、室内设计方面外，也影响到建筑和广场设计等方面。布弗朗和高尼设计的南锡广场就是这时期的代表作。

路易十五时期的家具特色，在于曲线优美、纤细的重复图纹装饰，精巧的镶金黄铜外观与木板拼贴细工，并且还纳入了中国和日本的漆绘与花草图纹的装饰手法。

以弯曲的流线形构成的扶手椅与长椅，妇女用化妆台、小型整理柜及有盖的办公桌等等，优美的造形与使用的方便性极为协调，展现出华丽的洛可可风格。此时的卧床也已放弃了巴洛克的沉重样式，改以适应沙龙气氛的轻快优雅造形，并以使用的目的，分为多种（图2-178）。

图 2-178　法国洛可可式的家具（18 世纪）
（a）橱柜；（b）挂毯画屏风；（c）木板拼贴细工与镶金化妆台；（d）玛利·蕾丝金丝卡王妃的椅子

约于 18 世纪中叶在欧洲掀起的新古典主义热潮，在英国建筑师罗勃·亚当（Robert Adam）古典风格的室内装潢与家具作品的影响下，使法国的装饰性艺术自 18 世纪后半期开始，渐渐转到古典形式上，洛可可自由曲线的构成，渐又变为以对称与严格的比例为基础的直线构成。轻快的重复图案虽然为当时保留，但室内装饰也已改用建筑形式的构成方式。壁面以重复图形分隔成长方形，其中并加入花圈、月桂树、乐器、胜利纪念碑等装饰。安裘·贾克·迦布里尔（Ange Jacques Gabriel，1698～1782 年）所设计的凡尔赛小特里阿农宫（Petit Trianon），即是以新古典主义的风格为依托的代表性建筑。其室内的装潢与家具，都是依从明晰的直线及对称法则来完成（图2-179）的。

新古典主义的家具也是由严格的比例与直线所构成，装饰的主题采用科林斯柱式、带状重复图案，月桂树、橡树等的叶子。桌、椅、床的脚架，则变为雕有沟槽的圆形直线式脚架。家具的表面装饰舍弃了会产生凹凸的雕刻，改以木板拼贴，镶嵌与漆等（图2-180）。

（二）英国

在 18 世纪上半叶的英国，确立了君主立宪的内阁制，王权大为削弱。大资产阶级和新贵族获得了大批土地，开始兴建大量的庄园府邸，其中有些规模甚至超过了王宫，这些

图 2-179　路易十六时期的室内装饰与家具（1775 年前后，新古典主义风格）

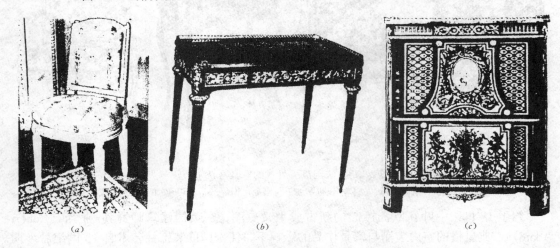

(a)　　　　　　　　　　　　(b)　　　　　　　　　　　　(c)

图 2-180　新古典主义风格的家具（18 世纪下半叶）
(a) 路易十六时期的用餐椅；(b) 桌子（里兹内尔，宫廷家具制作师，1780 年前后）；
(c) 橱柜（里兹内尔，1790 年前后）

庄园府邸大都采用文艺复兴后期的帕拉第奥样式。初期凡布娄设计的布朗汉姆府邸是受法国巴洛克时期的古曲主义风格影响，以古典的理想和科学实用性为原则的设计（彩图 2-29），而帕拉第奥风格的典型代表当推切斯威克府邸。在室内装饰上，威廉·肯特（William Kent，1685～1748 年）对古罗马文化的崇拜表现得异常强烈。在休顿大厦的卧室装饰上，其卧室设计的丰富和复杂扩展到了每一个细节，卧床的华盖完全是以古典柱式檐部为基础的。肯特的霍克海姆大厦门厅装饰，又吸收了古罗马帕拉第奥的建筑要素，其材料的丰富，空间的复杂，在英国也是无与伦比的（图 2-181、图 2-182）。

　　由于受法国建筑师梅索尼埃的非对称性的洛可可风格影响，英国有些室内装饰出现巴洛克与洛可可混成的状况。洛可可风格后来发展成以花纹装饰、叶形图纹、贝壳等，与复杂的 C 字形漩涡图纹组成的左右对称且极均衡的装饰样式。

图 2-181　休顿大厦卧室局部　　　　　　图 2-182　霍克海姆大厦门厅（始
（1722～1732 年，威廉·肯特）　　　　　　　　建于 1734 年，威廉·肯特）

　　伦敦著名的家具制作家汤马斯·齐潘多尔（Thomas Chippendale，1718～1779 年），自 1740 年前后开始，就已将洛可可风格应用于他的室内装饰及家具设计中了。他所设计的木板拼贴"铜鼓式"曲面衣橱和书桌及桃心木的镂空椅背椅子等，虽没有法国家具的豪华，却展现了轻快简洁的造形，是一种与市民生活极为协调的家具。在 18 世纪中叶后，人们向往自然和中世纪的牧歌式生活，醉心于东方的异国情调。齐潘多尔又把家具设计成具有东方中国风格的样式。而此时，哥特式风格也被人广泛地应用在建筑及室内装饰的设计中，威廉·肯特也是使哥特式建筑与室内装饰普遍流行的建筑师之一（图 2-183）。

（a）　　　　　　　　　　　（b）　　　　　　　　　　　（c）

图 2-183　英国齐潘多尔的家具

（a）小型整理柜（1771～1773 年）；（b）中国风格的卧室（18 世纪）；（c）镂空靠背椅（桃花心木，18 世纪）

　　18 世纪后期，古典风格的设计，在来自苏格兰的建筑师罗伯特·亚当（Robert Adam，1728～1792 年）的推动下渐渐展开。他于 1758 年自意大利回到英国后，就积极展开采用古罗马与文艺复兴时期的古典形式的建筑和室内装潢设计。西昂府邸是亚当早期的一幢重要建筑作品。大厅被设计成罗马帝国式高敞的四方形，以较宽的檐线将空间分为上下两部分，檐线下面由高大的绿色云石柱来支承，柱头上立有镀金雕像，四周壁面满是富丽堂皇的几何形图框及卷草装饰，地面的彩色镶嵌图案尤为引人注目，其风格完全是新古典主义的（彩图2-30）。亚当于1770所完成的奥斯塔雷邸的室内装饰及家具，是依据新古典主义风格所设计的最著名也是最有影响的作品。这府邸的寝室、餐厅、以及大厅中，洛可可的装饰形式都已有意被去掉，顶棚以重复的圆或椭圆的面板所组成，壁面上有古典风格的希腊式饰带，浮雕皆处理成平面，整体色调以浅白色为主。亚当的新古典主义形式，后来为许多建筑师、家具制作师所继承（图2-184）。

（三）德国

德国在进入18世纪后，开始兴建一些重要的建筑。建筑及室内装修装饰设计达到了很高的水平，产生了具有德意志特色的巴洛克和洛可可的混合样式。18世纪下半叶兴起了古典复兴的潮流。普鲁士的腓特烈大帝曾命建筑师诺贝耳斯多夫将波茨坦（Potsdam）的桑苏西（Sans Souci）宫殿建成幻想式的洛可可形式。在德国南方的慕尼黑近郊，则有宫廷建筑师佛朗索·居维利埃（Francois de Cuvillies，1698～1768年）设计了亚玛黎恩堡（Nymphenbury），这座小型别墅建筑被视为典型的德国洛可可建筑，室内交替地设置窗户

图2-184　英国奥斯塔雷邸室内装潢
（新古典风格，1775年，罗伯特·亚当）

图2-185　德国亚玛黎恩堡的镜厅
（1734～1739年，居维利埃）

和大镜子，整个是一个金光灿烂的神奇空间。居维利埃还为这幢别墅设计制作了许多洛可可风格的家具。洛可可式的建筑与室内装饰在德国许多地方都有散见（图2-185）。

（四）西班牙

18世纪西班牙的建筑及室内装饰设计，主要是盛行一种"超级巴洛克"风格，其实际是综合了银匠风格、摩尔人的艺术和洛可可艺术，突出强调戏剧性的视觉效果，表现古

怪奇特的结构、豪华繁复的装饰和神秘的气息。这种风格主要体现在宗教建筑，也影响到世俗性建筑的装饰和设计、典型的有拉·卡都迦教堂的圣器室。世俗性建筑则以西班牙马德里阿兰霍埃斯离宫的瓷器之间最有代表性，其洛可可式的设计完全是受了中国瓷器艺术的影响。

（五）美国

美国在18世纪的建筑并无突出成就。但其家具的的发展还是具有积极意义的。在1776年美国独立前所制作的家具，总称为"殖民时期风格"。起初的风格极其多样化，当勤奋的英国人统治了整个殖民地以后，自17世纪开始，在英国本土流行的家具，也都在以后的二、三年间流传至殖民地。直到18世纪初期为止，英国的文艺复兴与巴洛克风格家具，交替流行着。在当时制作水准尚属低落的美国，家具制作还都简朴。适合殖民地生活的实用家具是，有脚的高脚柜、矮脚柜、与折叠式圆桌等。那种英国的温莎式靠椅，经改良后，在当地也很流行。

18世纪后期，以费城为中心，盛行齐潘多尔等人风格的家具。纽约的家具制作专家邓肯·怀夫（Duncan Phyfe，1768～1854年）则深受谢拉顿风格的影响。到18世纪末期，一种去除不必要的装饰，展现实用功能的夏克式家具，又得到广泛的流行。

三、室内陈设

18世纪的室内陈设，主要是追求一种官能性质的所谓感性的美。有洛可可作风的陈设品，大都具备这种特质。在与室内装饰整体配合时，特别要求协调与统一。随着东方文化的介入，中国与日本的工艺品，特别是瓷器、漆器中所见的自然主义构思，给欧洲人留下了非常深刻的印象，以致在上流阶层刮起一股中国风。他们积极地将之纳入洛可可风格的装饰中，这一举动使整个18世纪的装饰带有一股清新气息。

在纺织品方面，主要是以挂毯、绢织物为主，在室内壁面、家具等上面，都能见到由织或画的豪华挂毯。而绢织品是欧洲长久以来都喜爱的纺织品，也都用于壁饰及家具的覆盖装饰，那种轻快的洛可可趣味，以及中国风格的田园式悠闲，在这些织物上皆有所反映。

陶瓷器方面自荷兰的德弗特引进中国的瓷器样式后，便迅速发展起来。其后，法国里昂的陶瓷在欧洲处主导地位。这种陶瓷在构思上，采用蓝、黄、红、绿等颜色，主题上，则采用中国式的花草图案与中国人物典雅脱俗的游景、以及洛可可绘画的主题。后来，德国曼森的硬质瓷器又受到欧洲各地的喜爱。法国在1756年于塞弗尔设立皇家瓷器制造厂后，发展也很快，那种洛可可式的花纹边饰非常生动，有时在瓷器的中央会植入布歇（法国洛可可风的典型画家）的绘画。英国的陶艺相对地发展较慢。

第10节 19世纪的建筑装饰

1789年法国发生的资产阶级大革命，推翻了严重阻碍资本主义发展的封建皇朝，助长了欧洲各国资产阶级的革命热情，资本主义意识形态的影响日益增长，欧洲各主要国家都进行着资本主义性质的改革。与此同时，北美的资产阶级进行反对英国统治的独立战争，其实质也是资产阶级革命。整个19世纪，资本主义的社会政治制度在欧美大片地区全面地实现和巩固。生产关系的改变，使生产力得到飞跃性的发展，欧美各国均出现了势头迅猛的工业发展浪潮。

起源于英国的工业革命，除了在许多生产范围内，促进机械生产的方式外，同时，也促成科学技术的发达，进而导致生活及文化的领域中，理性主义的普及，再者，昔日里只为少数贵族阶级独占的艺术与工艺，转变成由新上台的中产阶级所掌握，人们普遍开始重视适于日常生活的实用性装饰设计。

19世纪上半叶欧洲的设计意念，由于对希腊罗马古典形式的憧憬，造成了"新古典主义"的盛行，而另一方面，也流行着与之相对抗的，由对中世纪哥特式及东方异国情调的向往所造成的"浪漫主义"。新古典主义是18世纪中叶后兴起和发展起来的，进入19世纪后，继续具有较强的影响。在不同的国家或地区，新古典主义具有不同的含义和表现。浪漫主义形成于18世纪中叶后的英国，19世纪上半叶活跃在一些国家或地区。

至19世纪下半叶，在建筑及室内装潢的范畴中，主流的风格消失了，而且，由于设计师们无法正确地辨认社会的急剧变化，一味地将过去的风格再现，最后不得不倾向于折衷，未能达成统一，结果导致了风格更加混乱的所谓"折衷主义"。随着普通市民在经济生活上的日趋富裕，生活工艺品的需求也随之增加，为了适应急这种转变，手工艺的生产方式逐渐被机械化的生产方式所替代。而在机器工艺日新月异的时候，艺术却一落千丈，市场上到处都充斥着品质低劣的工艺品。针对这种社会状况，提倡中世纪手工艺时代哥特风格的理论家拉斯金首当其冲，为随后兴起的工艺美术运动（Art & Crafts Movement）奠定了有力的理论基础。拉斯金的信徒、这项运动的先驱，是英国工艺家威廉·莫里斯（William Morris，1834～1896年），他反对机器产品，为市民生活品质着想，倡导艺术化的手工制品。莫里斯发起的这项运动不只在英国推行，后来也对欧洲大陆造成一定的影响，及至19世纪末。更造成以比利时与法国为中心，称为"新艺术"设计运动的展开。

19世纪，在建筑装饰与室内设计及工艺设计上，可以说是一个由传统风格转变为近代新风格的激荡时代。

一、建筑

新古典主义在法国兴起于18世纪后期，经过法国大革命拿破仑创建帝国后，将古罗马风格应用在建筑及室内设计上的倾向，便愈来愈强烈，象这种具有强烈复古倾向和拿破仑帝国形象的作品，便称为"帝政时期风格"（Empire Period）。巴黎爱德华广场（戴高乐广场）的凯旋门与马德林大教堂等，都是对古罗马建筑样式考证后，正确地建造出来的（图2-186、图2-187）。爱德华凯旋门高49.41m、宽44.84m，厚21.96m，仿照古罗马凯旋门建造，但造型方正，没有柱子或壁柱，也不加线脚，与古罗马帝国的凯旋门相比较，显得简洁、雄

图 2-186 巴黎爱德华凯旋门
（1806～1836年，查尔格林）

壮而更威风。其四面拱门内刻有曾经跟随拿破仑远征的 386 名将军的名字，门的上端饰有 6 块描绘历次重大战役的浮雕，东西两侧还有 4 个巨大的浮雕群，为雄伟的凯旋门增添了许多光彩。此外，我们还可以在伦敦的大英博物馆、德国的柏林美术馆中，看到一些将古希腊建筑如实再现的建筑手法，美国独立后的建筑风格主要是古罗马和希腊的混合样式，代表性建筑有美国国会大厦（图 2-188）。

图 2-187　巴黎马德林大教堂　　　　　　图 2-188　伦敦大英博物馆（1824～1847 年，
（1806～1828 年，波利·维浓）　　　　　　　　　　　罗伯特·斯米克尔爵士）

　　与崇拜古罗马、古希腊的古典主义相对的，是追求超凡脱俗的中世纪趣味和异国情调的浪漫主义，浪漫主义在英国，反映在建筑上便是哥特式风格的复兴。其中以都铎哥特风格（Tudor Gothic）的英国国会大厦最著名。国会大厦是哥特风格复兴的顶峰之作，整个建筑花费了数十年才完成。建筑平面划分清晰而具有条理，两端的尖塔使建筑物看起来十分均衡，其中一端的塔楼顶上是著名的"大笨钟"，建筑立面垂直线通过尖塔将人的视线导入天空（图2-189）。类似这种哥特式的建筑，在德国和法国也极为常见。而在伦敦，还

图 2-189　英国国会大厦（伦敦，1836 年始建，查尔斯·巴莱和普金等人）

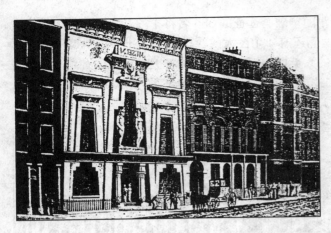

图2-190 伦敦布洛克斯博物馆（1815年）

曾出现古埃及复兴的实例（图2-190）。

到了19世纪后期，随着工业革命的进展，工厂增加了，人口集中拥向都市，工商业的经营者与劳工的生活之间出现了越来越大的差距。在这种剧烈的社会变化下，市政厅、学校、医院、车站、剧场等公共建筑，多方采用文艺复兴、巴洛克、哥特，以及新古典等昔日权威的风格。这个时期的建筑师似乎未能洞悉时代的脉搏，只是一味地满足于折衷地顺应时间与地点的做法，将过去的传统形式套用上去而已，其实质是观念与形式的量的发展，而未有质的飞跃。19世纪后期的欧美，在建筑设计上，形式风格已失去了统一，呈现出混乱的局面（图2-191）。

图2-191 波士顿公共图书馆（文艺复兴风格，美国，1885年，麦克基姆·米特和怀特）

由于生产的机械化，工业和工业技术飞速发展，昔日的主要建筑材料石和砖，已被铁、玻璃、混凝土等新材料所代替，并开始大量地运用在建筑的构造和装饰中。随之产生了新的结构方式和施工技术，这是具有积极意义的一面，它为全新的观念和形式的出现提供了物质和技术的保证。另一方面，少数前卫的建筑师与技术师已经在探索适合社会生活的、合理实用的、近代化建筑设计。1851年，伦敦万国博览会上，佩斯顿（Joseph Paxton，1801～1865年）所设计的钢铁与玻璃的"水晶宫"，以及1889年于巴黎万国博览会所建造的"机械馆"与"埃菲尔铁塔"，都是因新的材料与技术、新的姿态而受到瞩目。

二、室内装饰与家具

（一）法国

19世纪初期法国的室内装饰仍有英国浪漫主义的余波，那种对中世纪牧歌式生活的追忆与思恋，以及东方异国情调的向往，在许多作品中还有出现（图 2-192）。而另一方面，自 1804 年拿破仑称帝以后，到 19 世纪中叶室内装饰及工艺主要以"帝政式"（Empire Style）为主。这种风格以帝国时期的罗马和古埃及时期的装饰理念为蓝本，并纳入拿破仑的政治理想后，由宫廷建筑师皮西亚（Charles Percire，1764～1838 年）与方丹纳（Pierre Fontaine，1762～1853 年）所创始。拿破仑为了向世界炫耀自己的声名与法国的威荣，将枫丹白露宫、玛尔梅桑宫、以及他自己的宫廷，都改成帝政风格。这种风格遵从直线与严格的对称法则，其装饰理念与设计，则采用人面狮身像、纸草、莲花、罗马的鹫、胜利女神、戴护盔的战士、月桂树以及中央有 N 字的花环等。

家具以桃花心木（红木）为材料，形式单纯，表面饰金。卧床的帷幕或垂帘，椅子的坐垫和靠背等，皆采用大红天鹅绒，表面并以华丽的金线绣饰。帝政风格的桌椅、卧床，都是以古罗马的大理石制或铜制家具为标准制作的。这种外观简洁且又实用的帝政式家具，在后来的中产阶级家庭及普通市民住宅中也极为常见（图 2-193、图 2-194、图 2-195）。

图 2-192　巴黎比奥哈奈斯旅馆
内景（1807 年）

图 2-193　拿破仑一世的御座
（法国枫丹白露宫）

（二）英国、德国、奥地利

在英国的 18 世纪末和 19 世纪初，由于在法国帝政式风格的影响下，那种将古希腊装饰理念再现的倾向，在室内装潢与家具上就成了"英国摄政式"（English Regeney Style）。这些装潢与家具大多以希腊的样式为标准，形式简朴而精致（图 2-196、图 2-197、图 2-198）。自 1837 年到 1901 年间的维多利亚女王统治时代，是一个由传统古典形式转变为现代风格的过渡时期。当时古传统的复兴相当盛行，因此，维多利亚初期是以豪华装饰的巴洛克为主，中期以至后期为华丽的洛可可风格及哥特风格，末期则盛行文艺复兴风格。这

图 2-194　拿破仑一世的寝室（法国
枫丹白露宫，19 世纪初）

图 2-195　桃花心木桌子
（法国，1810 年前后）

图 2-196　英国摄政式桌子
（1807 年，汤玛士·郝普）

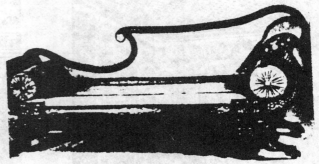

图 2-197　英国摄政式躺椅
（1803 年，谢拉顿）

个时期，由于机械化生产的实现，大量品质低劣的家具与工艺品，虽可成为一般平民住宅的装点，却不适用上流阶层。因此，莫里斯等人推出的手工艺品在当时很受上流阶层欢迎。他们成立公司，专事手工艺基础上的染织、家具、地毯、壁纸等实用艺术品的设计与制作（图 2-199）。

德国与奥地利在 19 世纪前期，也曾流行过帝政风格。然而，在这两个国家中，并不称为帝政式，而是叫作"拜德米亚"风格（Biedermeier Style）（图 2-200）。在拜德米亚风行之时，奥地利的家具制作家迈克尔·索涅特（Michael Thonet，1796～1871年），于 1830 年发明了一种以蒸气将榉木加工为曲木的技术，他将这种技术应用于桌椅的制作上，实现了既轻便又可批量生产的方式。这种曲木

图 2-198　英国宝石镶嵌小橱
柜（1867 年，塔巴德）

图 2-199　莫里斯的室内（莫里斯商行，19世纪后期）

图 2-200　拜德米亚风格的家具（汉堡，1835年前后）

家具首先传遍欧洲各国，后又在美国盛行开来。

（三）美国

19世纪的美国家具，在帝政式风格流行过后，与英国一样，又开始回过头来寻求回复过去形式的保守倾向，同时，也有使用新材料，创造新形式的前卫倾向。19世纪初期，主要流行邓肯·怀夫的"美国仿帝政式"，19世纪中叶则流行哥特风格的室内装潢与家具。到了1860年左右，则流行洛可可风格家具。到了19世纪末，则成了文艺复兴风格、日本风格、以及中国风格的"东方格调"家具盛行一时的状况。与此相对的，是以新英格兰地方为中心的夏克式家具。19世纪后期，美国东部工业地带，出现了以工业材料钢铁来制造的家具（图2-201、图2-202）。

三、室内陈设

法国大革命以后，身为统治阶级的权贵们开始没落，那些由他们资助而繁荣起来的卓越技术与设计，也宣告衰退。面临这种情况，拿破仑在即位的同时，为了使法国这些足以向世人夸耀的传统工艺复生，便积极给予资助，以致那些一度走向衰退的传统工艺，又再

图 2-201　美国夏克式家　　　　图 2-202　美国式帝政风格的椅子
　　　具（19世纪前期）　　　　　　　（美国，1815～1825年）

度复活起来。

　　拿破仑宫廷用的豪华挂毯，室内装潢用门帘、椅套、床毯等，图纹多采用围绕 N 字的玫瑰花饰、鹫形王冠、白鸟棕榈树叶、月桂树、星星、蜜蜂等等。绢织物与蕾丝也在拿破仑的资助下，又开始流行起来。

　　陶瓷的生产也曾一度瘫痪，只有少数几家瓷器工场被保存下来。在 19 世纪前期，法国的塞弗尔以新古典主义为标准，产生出"庞贝风格"或"埃及风格"之称的古典复兴作品。19 世纪中期，曾流行洛可可风格，中期以后则受中国与日本的影响，开始制作以东方风格花草图案为主题的作品。德国的曼森瓷器，曾被英国的韦奇伍德瓷器抢去锋头，但仍保留了中国和日本的传统风格。韦奇伍德瓷器则采用古罗马玻璃浮雕的手法，为黑灰色的无釉质地上面，以古典神话为题材，乳白色浮雕装饰的瓷器及乳黄色瓷器，受到当时人们的好评。此外，金属工艺随着拿破仑帝政风格的流行，也被广泛地用在室内装潢、家具及日常用品的装饰上。

第 3 章　中国古代建筑装饰

在世界建筑史上，我国古代建筑具有卓越的成就和独特的风格，以其鲜明的特点而自成体系。这个体系的形成前后经历了三个阶段，即原始社会、奴隶社会和封建社会。经过漫长岁月的中国古代建筑的主体——木构架建筑体系，在汉代已基本形成，到唐代已达到成熟阶段。由于中国是一个多民族的国家，人口众多，幅员辽阔、南北气候差异大，在主体木构架体系之外又出现了干阑、井干、窑洞、土楼、碉房等其他建筑体系。因为同样的原因，木构架体系自身，在基本构筑形态的共同性基础上，也带有地域性和民族性的差异。但木构架体系始终是我国古建筑的正统，有着极强的生命力、适应性、包容性和独特性。就其独特性而言，首先表现在：创造了与木构架相适应的建筑平面和立面形式。其次，中国古代建筑多以单座建筑组成院落或建筑群体，不论是皇宫还是一般民居无不如此。再次，中国古代建筑虽然构架形式相似，但形象各异，从建筑组群的整体外观到建筑各部位的造型以及色彩处理都各具特色。

建筑修饰在中国建筑特征形成过程中起着至关重要的作用。匠师们利用木构架的特点创造出庑殿、歇山、悬山、攒尖等屋顶形式，又在屋顶上塑造出滴水、勾头、鸱吻、宝顶、走兽等独特的艺术形象。并且在形式单调的门窗上创造出千变万化的花心、裙板式样，对梁、枋、斗拱，柱及台基都做了巧妙的艺术加工，形成了一整套模式化的加工手法。在色彩方面，利用建筑材料的本色美和人工色彩相结合的手法，特别利用琉璃、油漆的不同色彩，创造出中国古代建筑具有鲜明特点的色彩环境。还将绘画、雕刻、工艺美术的不同内容和工艺应用到建筑装饰中，极大的加强了建筑艺术表现力。

建筑装饰使房屋形体具有了艺术的外观形象，建筑装饰使建筑艺术具有了思想内涵的表现力，在中国古代建筑艺术中，建筑装饰成为一个不可分割的很重要的有机组成部分。

第 1 节　上古至商周、春秋战国时期

一、原始社会的居住情况及造型文化

（一）原始社会的居住情况

中国的古建筑起自何时，已无证可考。近年来在我国境内发现若干旧石器时代人类的居住遗址，其中最早的一处是距今约 50 万年前的北京周口店中国猿人所居住的天然山洞。这种曾被用作住所的山洞已发现多处。原始人在洞里躲避风雨，用火来御寒，烧烤食物和抵御野兽。可见天然洞穴是旧石器时代被利用作为住所的一种较普遍的方式。

在我国古代文献中对原始建筑的情况有了一些零星的记载。《韩非子·五蠹》说：上古之世，人民少而禽兽众，人民不胜禽兽虫蛇，有圣人作，构木为巢以避群害，而民悦之，使王天下，号之曰"有巢氏"。《孟子·滕文公》曰："下者为巢，上者为营窟"。人们推测，

巢居可能是地势卑下、潮湿而多虫蛇的地区被采用过的一种原始居住方式。

我国在大约六七千年前进入到新石器时代，在华夏大地上出现了许许多多的氏族部落，目前已发现的遗址数以千计。房屋遗址被大量发现。由于自然条件的不同，营造方式也多种多样，概括的看可分为两种基本类型：一种是长江流域多水地区所见的干阑式建筑；另一种是黄河流域的木骨泥墙房屋。

黄河流域有广阔而丰厚的黄土层，土质均匀，便于挖洞，因此在原始社会晚期，穴居成为这一区域氏族部落广泛采用的一种居住方式。穴居经历了竖穴居、半穴居、最后到地面建筑三个阶段，这三种形式有时单独出现，有时并行。但地面建筑更具有它的适用性，最终取代穴居、半穴居，成为建筑的主流。总的来看，黄河流域的建筑，基本遵循了从穴居到地面建筑的过程。可以说穴居的构造孕育着墙体和屋顶，木骨泥墙建筑的产生是原始人群经验积累和技术提高的充分体现。

干阑式建筑最有代表性的遗址是位于长江流域的浙江余姚河姆渡村遗址。距今大约有六七千年。在遗址的第四文化层，发现了大量的圆柱、方桩、排桩以及梁柱、地板之类的木构件。排桩显示至少有三栋以上干阑长屋。长屋不完全长度有23m，宽度约7m，室内面积达160m² 以上。在石制、骨制、角制的原始工具条件下，木构件居然做出了各种榫卯，有的榫头还带有销钉孔，厚木地板还做出企口。这是已知的在我国境内最早使用榫卯技术的一个实例，它所展示的木构技术水平是惊人的。

黄河中游原始社会晚期的文化先后是仰韶文化和龙山文化。

仰韶文化时期，由于过着定居生活，出现了房屋和聚落。最具代表性的是渭水流域西安半坡村遗址。已发掘面积南北约300多米，东西约200多米，分为三个区域：南面是居住区，包括有46座房屋；北端是墓葬区；居住区的东面是制陶的窑场。居住区和窑场及墓地之间有一道濠沟隔开。仰韶晚期建筑已从穴居过渡到地面建筑，有平面圆形与长方形两种。长方形的多为浅穴，圆形的一般建造在地面上。仰韶建筑的墙体和屋顶多采用木骨架经绑扎后涂泥的做法。室内地面、墙面往往有细泥抹面或烧烤表面使之陶化，为避潮湿，铺设木材、芦苇等作为地面防水层。室内有烧火的坑穴，屋顶设有排烟口。

龙山文化时期的居住遗址，多数为圆形平面的半地穴式房屋，室内多为白灰面的居住面。在这一时期，出现了平面为"吕"字形的双室相联的半穴居房屋。内外两室均有烧火的坑穴，在外室中设有供家庭贮藏的窖穴，窖穴是家庭私有的迹象，而双室相联，其使用功能有了明确的分工。

（二）原始社会的造型文化

生活在距今约50万年前旧石器时代的北京猿人，以天然岩洞为栖息场所，过着渔、猎、采集果实并且较稳定的生活，使用的生产工具是基本没有经过加工的石块和木棒，生产力水平极其低下，其劳动的物质成果仅能维持其自身的生存，并且还要受到来自大自然的灾害及野兽的侵袭，在极端艰难的生活环境中，人类在为满足生存而创造物质财富的同时，也在不断的创造着精神财富。据考古 发现，在北京猿人的遗址中，不但发现了头盖骨的残骨，还有不少石器、海蛤壳、蚌壳和大小不一的砾石，这些骨器被打磨得很光滑，有的砾石还是彩色的，白的、黄的、绿的砾石中间穿有小孔，在穿孔上还发现有人工染上去的红颜色。据种种迹象分析，这些石器、蚌壳、砾石很可能是穿起来挂在猿人身上的一种装饰物。

随着人类社会的发展，在距今约一万年前生产工具有了一定的进步。经过砍砸，打磨过的石刀、石斧、刃口锋利，周身光滑，有的石器口呈对称的流线型，生产工具已初具规模。

随着生产力的不断提高及火的广泛使用，在新石器时代的后期出现了陶器。在考古发掘出土的这一时期的陶器中，其造型都很单纯，一般以圆形为主，以满足生活的实际需要。仰韶文化时期的陶器以红色或红褐色为主，硬度不大。发展到龙山文化时期出现了含铁量高，硬度大的灰陶与表面光亮的蛋壳陶。这种陶器的制造技术为后来建筑上所使用的陶质材料——瓦、砖、井筒、排水沟管的出现准备了条件。人们在陶器上绘制了各种生动美丽的，具有装饰效果的人物、动物、植物纹样和由圆点、钩叶、曲线及各种几何形图案所组成的带状花纹（图3-1）。原始人在创造陶器的过程中，除实现了物质功能外，还要尽可能的使其美观。无疑地，美在当时人们的精神生活中占有一定的地位，而这种对美的追求与向往，对后来的建筑装饰产生了巨大的影响。

图 3-1　仰韶和龙山文化陶器纹样
(a) 彩陶盆口沿和腹部图案；(b) 鱼纹；(c) 鸟纹；
(d) 人面纹；(e) 水鱼鸟纹；(f) 雷纹

就造型文化而言，当首推原始社会带有祭祀性质的建筑。近年考古工作的进展，祭坛和神庙在各地原始社会文化遗存中被不断发现，浙江余杭县的两座祭坛遗址分别位于瑶山和汇观山，都是用土筑成的长方坛，内蒙古大青山和辽宁喀左县东山嘴的三座祭坛则是用石块堆成的方坛和圆坛。这些祭坛都位于远离居住区的山丘上，说明它们的使用并不限于某个小范围的居住点，而可能是一些部落群所共用。所祭祀的对象推测是天地之神、农神等。最古老的神庙遗址发现于辽宁西部的建平境内。这是一座建于山后顶部的，有多重空间组合的神庙，庙内设有成组的神像。根据残留的像块推测：主像尺度比真人大一两倍，

图 3-2　女神庙墙面彩
绘图案残片

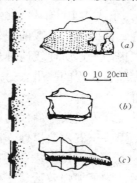

0 10 20cm

图 3-3　女神庙内墙面线脚三种
(a) 线脚上带圆窝；(b) 带状线脚；(c) 半混线脚

非主像的大小和真人相当，塑像逼真，手法写实，有相当高的技艺水平。神庙的房屋是在基址上开挖成平坦的室内地面后，再用木骨泥墙的构筑方法建造壁体和屋盖。在神庙的室内已用彩画和线脚装饰墙面，彩画是在压平后烧烤过的泥面上，用红色和白色描绘的几何图案（图 3-2）。线脚的做法：在泥面上做成凸出的扁平线或半圆线（图 3-3）。

概括的看，在原始社会就已拉开序幕的人类建筑及装饰活动将随着社会的发展而不断发展完善，成为世界建筑及装饰发展史中最绚丽的一朵奇葩。中国历史上第一个朝代——夏朝的建立，标志着奴隶制国家的诞生。从夏朝起经商朝、西周，达到奴隶社会的鼎盛时期。

二、夏、商、周的建筑装饰

（一）夏、商、周的社会及建筑

1. 夏（公元前 21 世纪～前 16 世纪）

我国古代文献记载了夏朝的史实。夏朝的活动区域主要是黄河中下游一带，而中心在河南西北部与山西西南部。夏朝已开始使用铜器，并且有规则的使用土地，积累了丰富的天文历法知识。人们不再消极地适应自然，而是积极地整治河道，防治洪水，挖掘沟洫，进行灌溉，保障了生命安全、农业丰收和扩大生产活动范围。

据文献记载，夏朝为巩固奴隶主阶级的统治，曾修建了城郭沟池、建立军队、制定刑法、修造监狱，为享乐而修筑了宫室、台榭。

在目前已发现的文化遗址中，何为夏朝的遗存，因无文字资料可考，很难确认。

2. 商（公元前 16～前 11 世纪）

公元前 16 世纪建立的商朝是我国奴隶社会的大发展时期，它以河南中部及北部的黄河两岸为统治中心，东达山东、南达湖北、安徽、北达河北、山西、辽宁，西达陕西，建立了一个具有相当文化的奴隶制国家。商朝已普遍的使用青铜器，其制铜业已很发达。随着生产工具的进步及大量奴隶劳动的集中，使建筑技术水平有了明显的提高。

在商朝，我国开始有了文字记载的历史，已经发现的，记录当时史实的商朝甲骨文卜辞已有十余万片。

近年在河南偃师二里头发现了被认为可能是商初成汤都城——西亳的宫殿遗址。夯土台高约 0.8m，东西约 108m，南北约 100m，台上有面阔 8 间、进深 3 间的殿堂一座，周围有回廊环绕，南面有门，殿前柱列整齐，前后左右互相对应，开间较统一，可见木构技术已有了较大提高，这所建筑遗址是至今发现的我国最早的规模较大的木架夯土建筑和庭院的实例。在随后发现的二里头另一座殿堂遗址中，可以看到更为规整以中轴展开布局的廊院式建筑群。

除以上的发现外，关于商代的城址已发现了四座。分别位于郑州商城，湖北黄陂县盘龙城，偃师二里头东五六公里处，河南安阳西北两公里小屯村。

3. 西周（公元前 11 世纪～前 771 年）

周灭商后，为了加强政治、军事统治，在奴隶主内部规定了严格的等级，今称为"周礼"。其建筑也要按着等级建造，否则就是"僭越"。分封王族和贵族到各地建立若干诸侯国来统治全国，建都镐（今西安西南），建东都洛邑（河南洛阳）。其疆城西至甘肃，东至山东，东北到辽宁，南至长江以南。目前西周的都城丰（周文王都城）、镐（武王都城）

尚在探索中，东都洛邑已经发现。

西周具有代表性的建筑遗址有陕西歧山凤雏村和湖北圻春的干阑式木架建筑。

歧山凤雏遗址，是一座相当严整的四合院式建筑，由两进院落组成，中轴线上依次为影壁、大门、前堂、后室。两侧为通长的厢房，将庭院围成封闭空间。房屋基址下设有排水陶管和卵石叠筑的暗沟，以排出院内雨水。墙体全部采用版筑形式，并有木柱加固，屋顶采用瓦覆盖。

湖北圻春西周木架建筑散布在5000平方米的范围内，建筑密度很高。遗址留有大量木柱，木板及方木，并有木楼梯残迹，推测是干阑建筑，类似的建筑遗存在附近地区及荆门县也有发现，因此干阑建筑可能是西周时期长江中游地区一种常见的居住建筑类型。

西周在建筑材料上有了重大的进步，出现了瓦，从而使建筑脱离了"茅茨土阶"的简陋状态进入到比较高级的阶段。在凤雏的建筑遗址中还发现了在夯土或土坯墙上用三合土做的抹面（白灰＋砂＋黄泥），其表面平整光洁。从青铜器"令毁"上，留有柱头和坐斗的形象，说明当时木架技术已有较大进步。

（二）夏、商、周的建筑装饰艺术

夏朝为我国历史上第一个有阶级差别的奴隶制国家，其政治、经济、文化等都很原始、落后。其建筑从结构、材料等方面比原始社会要进步一些，其建筑装饰经历了从无到有的过程。

商朝处于奴隶制上升时期，从出土的青铜器看，制铜业已相当发达，留到现在有成千上万件兵器、礼器、生活用品、工具、车马具等，形制精美，花纹繁密而厚重（图3-4）。

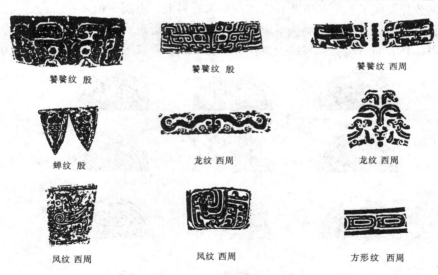

饕餮纹 殷　　　　　饕餮纹 殷　　　　　饕餮纹 西周

蝉纹 殷　　　　　龙纹 西周　　　　　龙纹 西周

凤纹 西周　　　　　凤纹 西周　　　　　方形纹 西周

图 3-4　商周青铜器纹样

在建筑遗址中，在基址的石础上留着若干盘状铜盘、铜栌，隐约可看出盘面上具有云雷纹饰。这些铜栌垫在柱脚下起着取平、防潮和装饰三重作用。根据甲骨文"席作囗"、"宿作囗"及现存的某些青铜器物，推知当时室内满铺地席，人们坐于席上，家具有床、案、俎和置酒器的"禁"（图3-5）。当时人们已经知道用油漆涂抹家具初步掌握了漆器工艺。并且开始用雕刻来美化家具。从陵墓中所发现的随葬品看，不难想象当时宫室内部的陈设相当华丽, 在商代末年, 纣王广作宫室, 大兴土木修建园囿, "南距朝歌, 北据邯郸及沙丘, 皆为离宫别馆"。当时的木架上可能有某些雕饰, 表面涂有红色的颜料, 宫内建筑及家具陈设应极尽奢华, 耗尽了国家财力、物力, 最终被周所灭。

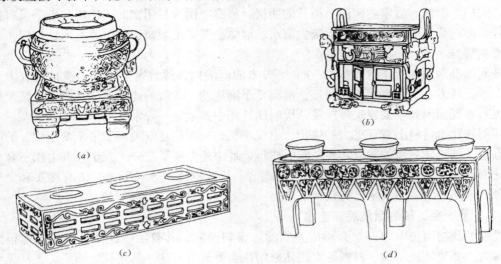

图 3-5　商周家具图样
(a) 令毁; (b) 兽足方鬲; (c) 铜禁; (d) 铜甗

周朝延袭并发展了商的建筑及装饰, 在建筑材料上, 出现了板瓦、筒瓦、人字形断面的脊瓦和圆形瓦钉。瓦的出现解决了屋顶的防水问题, 更进一步促进中国建筑的发展, 东周时的瓦当, 其表面雕塑着饕餮纹、涡纹、卷云纹、铺首纹等美丽的纹饰 (图 3-6)。

图 3-6　河南洛阳东周瓦当、瓦钉

三、春秋战国的建筑装饰及工艺美术

（一）春秋战国时期的社会及建筑

我国的春秋时代存在着100多个诸侯国，由于互相兼并及频繁的战争到战国时代只剩下秦、楚、燕、韩、赵、魏、齐七个大国。随着铁制工具的普遍使用，社会生产力有了极大的提高，促进了农业和手工业生产的发展及分工。商业与城市经济繁荣起来，在这样的社会基础上，首先促进了城市的发展。

春秋时期由于战争的需要，夯土筑城成为当时必不可少的一项国防工程，因此各国均有或大或小的城，出现了齐的临淄、赵的邯郸、魏的大梁、楚的鄢郢，韩的宜阳等人口多工商麇集的大城市。据记载，临淄居民达到了7万户，街道上车轴相击，摩肩接踵，热闹非常。

春秋时期各诸侯国出于政治、军事统治和生活的需要，利用当时的夯土技术，建造了最大的高台建筑，其夯土台高达几米至十几米。

图3-7　战国时期瓦当纹样

春秋墓均为小型古墓，一般为竖穴土坑墓，内有随葬的青铜礼器和殉葬的牲畜。战国时期的陵墓除有地下墓室外，还在地面垒坟、植树，建造有纪念性质的享堂或殿堂。目前已发现的战国墓有：河南辉县固围村魏国王王墓群以及自成系统的战国楚墓。

图3-8　河南信阳战国装饰纹样

（二）装饰及工艺美术

春秋战国的建筑，地面上的部分，没有遗留下来，只有墓址和墓葬，资料很少。据文献记载，只能略见一斑。

西周青铜器上反映的栌斗，在春秋战国时期成为建筑装饰的重要部位。据《论语》所载"山节藻棁"和《春秋榖梁传注疏》所载"礼楹，天子丹，诸侯黝垩，大夫苍，士黈"。证明春秋战国时代已在抬梁式的构架建筑上施彩画，并且反映出，在用色方面的严格等级制度。

春秋战国时期的屋面已大量使用瓦覆盖，无疑屋檐处的瓦当仍然是人们进行建筑装饰的重点，其上的花纹比东周时期的要复杂，立体感更强。已发现的战国时代燕下都的瓦当有20多种不同的花纹（图3-7）。

随着手工业的发展，特别是制铜技术的成熟，青铜器成为人们生活当中不可缺少的器物。这些青铜器被制作得相当精美，上面布满了美丽的花纹。它们不仅是生活中的器皿，而且也是装饰品。

楚国墓葬出土的雕花板和其他纹样的构图相当秀丽，线条也趋于流畅（图3-8）。春秋战国时期制作家具的斧、锯、钻、凿、铲等已经广泛使用，建筑构架中的燕尾榫、凹凸榫、割肩榫工艺也用于家具制作。随着手工业的发展，在木制家具的表面进行漆绘的工艺已达到相当高的水平，在河南信阳楚墓和湖南战国墓葬中出土了大量的漆器家具，如木床、木几、俎、案、箱等（图3-9），做工都相当精致。

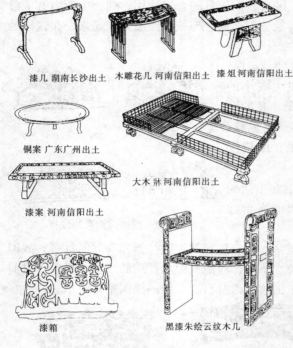

漆几 湖南长沙出土　木雕花几 河南信阳出土　漆俎 河南信阳出土

铜案 广东广州出土

大木牀 河南信阳出土

漆案 河南信阳出土

漆箱

黑漆朱绘云纹木几

图3-9　春秋战国时期家具图样

第2节　秦汉时期的建筑装饰

一、社会及建筑概况

秦朝（公元前221～前207年），是我国历史上第一个中央集权的封建大帝国，它的历史虽然只有短短的十几年，但很多措施，给予后代深远的影响。秦始皇在统一全国后，大力改革政治、经济、文化、统一政令，统一货币和度量衡，统一文字，修筑驰道，通行全国，开鸿沟，凿灵渠，修筑万里长城以御匈奴。为满足穷奢极欲的生活，集中了全国人力物力与六国的技术，用很短的时间，在咸阳附近建筑了规模巨大的宫苑、陵墓，历史上著名的阿房宫、骊山陵，至今遗址犹存。

西汉（公元前206～前8年）的疆域比秦朝更大，开辟了通往西域的中西贸易往来和文化交流的通道。经济发展，城市繁荣，确立了礼制。其城市及宫殿苑囿更加巨大华美，陵墓规模更加宏大。在工程技术方面，建筑的平面和外观日趋复杂，高台建筑日益减少，楼阁建筑逐步增加，并且大量使用斗拱。出现了抬梁式、穿斗式和井干式三种成熟的结构形式。木椁墓逐渐减少，而空心砖墓、砖券墓、石板墓和崖墓等不断增多，可以看出当时砖石结构技术正处于迅速发展的阶段。东汉（公元25年～220年）建都洛阳，其末年，在农民大起义后，东汉灭亡。

秦、汉时期的建筑，除了地下坟墓以外，地上几乎没有留下完整的遗物，可以见到的只是些屋顶上的瓦、屋身上的金石构件。关于当时的建筑装饰情况只能根据遗存文献及想象来推测。以木构架为结构体系的中国古建筑，其屋顶的脊瓦、檐瓦等自商周以来，随着工艺水平的提高，更加精美；主要构件如柱、梁、枋等都是露明的，人们在制作它们的时候都进行了美的加工；作为中国古建筑三个组成部分的台基，也成为人们进行艺术加工的重要部位。与外檐装修相比，内檐装修也毫不逊色，是我国古建筑装饰的重要组成部分。

秦、汉是我国封建社会的形成和发展时期，帝王们掌握着高度的权力，能够调用全国的能工巧匠及各种贵重的材料，为其建造宫殿、园囿及陵墓。出土的大量的手工艺品，精美的青铜器和瑰丽的彩陶，说明古代工匠已经掌握了十分精湛的技艺，已经达到了高超的水平。在这种情况下，可以想象这些高超技艺会同样使用在皇家建筑上，所以有理由相信，秦、汉时期的宫殿建筑除规模巨大外，在装饰上也必然是华丽的。

二、建筑装饰

（一）宫殿

秦始皇统一天下，在咸阳北阪上大建宫室，据《史记·秦始皇本纪》所载："咸阳之旁二百里内，宫观二百七十，复道甬道相连，帷帐钟鼓美人充之，各案署不移徙。"在方圆二百里内，由复道、甬道相联的上百座宫殿，必然组成造型丰富的总体形象。宫室内的帷帐，按古代礼制，室内外都有悬挂，它们虽不是建筑的一个组成部分，但起到了重要的室内外装饰作用。在《三辅旧事》中也有对秦朝宫室的记载："离宫别馆，弥山跨谷，辇道相属，木衣绨绣，土被朱紫，宫人不移，乐不改悬，穷年忘归，犹不能遍"。辇道相联的一座座宫殿，"木衣绨绣"，"木"指建筑中的木构件如柱、枋。木构件上裹着绣有或印有图案的帷幕。"土被朱紫"，当指建筑物的墙，都被涂上了红色，红色是人们用来做建筑装饰的色彩之一，它给人的感受是温暖、热烈，会使人联想到能给人带来光明的阳光和火。红色成为人们最早用于装饰的色彩。在后来的建筑中人们更大胆地，更有节制地运用了红色。

汉高祖刘邦取得政权后，在长安城大规模兴建豪华宫室以镇天下。在公元前200年萧何所建未央宫，极尽奢华。其周回二十八里，在长安城内之西南部。前殿，用名贵的木兰、文杏等木材作房屋的梁、柱、枋、檩、椽等；玉石的门户上缀以金色的门环；墙上用黄金和珍宝、玉石作装饰。

未央宫中，温室殿的墙壁用椒涂，取其温，而气味芬芳，然后绘制了美丽的图案，用桂树做柱子，为取暖 设火屏风，并且用大鸟的羽毛作帷帐。清凉殿中，用玉石作的床涂着华丽的花纹，用琉璃做帷帐。并且用晶莹剔透的玉盘盛冰以降温消暑。

未央宫后宫分八区其中昭阳舍，用白色的玉石作台阶，柱子上套着黄金釭，墙壁用明珠翠羽作装饰。

（二）陵墓

中国历史上最大的陵墓——秦始皇陵史称骊山，在陕西临潼骊山主峰北麓原地上，由三层方形夯土台累叠而成，共高43m。从秦始皇即位初兴工至公元前210年下葬。此陵选地形极好，陵南正对骊山主峰，山势崇峻连亘若屏障，陵北为渭水平原，极目苍茫，旷达开阔。除陵体的地下部分，根据遗存推测，地面当有宏大的供奉和祭祀的建筑群。从文献记载来看，不难想象，其装饰必定极尽奢华。陵内用铜作棺椁，上面绘有天文星宿，以象征宇宙，下面用水银灌注出四渎百川五岳九州，以象征天下，奇珍异宝，充满其中。1974年春，在皇陵东侧1500m处发现了埋于地下6m深的兵马俑，也为秦始皇陵的一个组成部分。一号坑，6400件武士俑组成一个由战车、步兵相间编列的军阵；长124m，宽98m的二号坑，是由战车，骑兵、弩兵、步兵等混合编组的典型军阵，阵前有百余名立姿、跪姿射手。三号坑为军幕。一个完整的军队编列体系。这些兵马俑虽然容貌神情各不相同但都很逼真，被誉为"世界八大奇观"之一。阵列有序，军容严整，是"奋击百万、战车千乘"的秦王朝军旅的缩影。歌颂了秦始皇率军"横扫六合，威振四海"，统一中国的丰功伟绩。也反映了秦始皇的梦想，即在死后依然指挥千军万马，统帅三军，依然作皇帝。

汉墓继承了秦始皇墓的体例，建造大规模的陵墓。陵上有高墙，象生及殿堂，据记载汉陵的正寝还专设宫人如同对待活人一样对待墓主，"随鼓漏，理被枕，具盥水，陈妆具"，每天四次进奉食品，这种做法一直延续到明代，才"无车马，无宫人，不起居，不进奉"而保留了五供台、神厨、神库，转为象征性的奉侍。所以当时整个陵墓周以城垣，设官署和守卫的兵营，附近建陵邑。

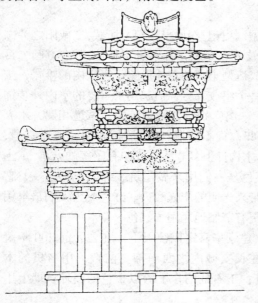

图3-10　四川雅安高颐墓阙示意图

汉朝贵族官僚们的坟墓也多垒土为坟，在墓前有一整套布置。首先为阙两座。"阙"即为"观"。出现较早，文献记载中西周已有阙。由于高耸的观很能显示威风，具有精神威摄作用，后来就移建到宫门、城门或墓的主入口前。汉代阙多为石造，也有木作，其尺度很大，阙的作用，一方面用来标志建筑组群的隆重性质和等级名分；另一方面起着强化威仪的作用，有效地渲染建筑组群入口和神道的壮观气势。这种阙的形式被后来的建筑继承，演化为凹形平面布局的新宫阙，成为宫廷广场的礼制性门楼。汉代墓阙的典型作品——高颐阙（图3-10），其雕刻最为精美。阙后为长长的神道，神道两侧排列石象生，如石羊、石虎、石狮等，在坟前有石造的享堂和石碑。

此外，东汉墓前还有建石制墓表的。立于墓道前端，用作石象生的前导。一般下部石础上浮雕二虎，其上立柱，柱面为倒角正方形，刻有凹槽纹，其上端以二虎承托锥形平板，在平板上镌刻死者的官职和姓氏。

汉代崖墓，一般仿照地上建筑形制，结构上采用梁柱结构，门前入口处雕有双阙，如建于东汉的山东沂南画像石墓，其平面布局复杂，前室、中室中央各建八角柱，上置斗栱，入口处，壁面和藻井均有精美的雕刻。

116

（三）住宅

秦、汉时期的住宅，根据明器、陶屋、画像石、画像砖及文献所载，有这样几种形式，规模较小的住宅，平面一般为方形或长方形，房门开在中央或一边。规模较大的住宅，都是以墙垣构成一个院落，也有两进院落的，形成"日"形布局，其中央的建筑较周围的高大，其院落的整体外观造型高低错落，变化丰富。

具有重要的建筑造型功能的屋顶，其形式丰富多彩，除庑殿顶、悬山顶、囤顶和攒尖顶四种屋顶的基本形式外，还出现了由悬山顶和周围单庇顶组合而成的歇山顶及由庑殿顶和庇檐组合后发展而成的重檐屋顶。屋脊装饰也不尽相同（图3-11）。

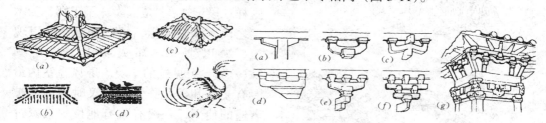

图 3-11　屋顶脊饰

（a）高颐阙屋脊；（b）西城山石刻屋脊；

（c）明器屋脊；（d）武梁祠石刻屋顶；

（e）四川成都画像砖阙屋脊上凤

图 3-12　汉代斗栱

（a）石拍栱；（b）一斗二升栱；（c）一斗二升斗栱；

（d）一斗三升斗栱；（e）一斗三升斗栱；

（f）斗栱重叠出跳；（g）曲栱及其转角做法

斗栱——中国古建筑中独特的结构构件。它除具有结构功能外，同时也是建筑形象的重要组成部分，有极强的装饰效果，根据画像石、画像砖及明器来看，其形式已趋于成熟（图3-12）。

作为外檐装修重要组成部分的窗子，一般为方形或长方形，其造型各异（图3-13）。

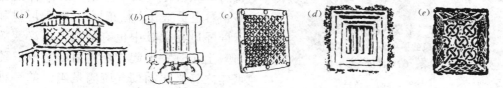

图 3-13　汉代建筑中窗式样

（a）天窗；（b）直棂窗；（c）窗；（d）直棂窗；（e）锁纹窗

这一时期虽然高台建筑已不多见，但房屋下的台基及周围的栏杆都是建筑中的一种极普遍的现象（图3-14）。在住宅建筑中，这一时期的家具已相当丰富，可分为：床榻、几案、

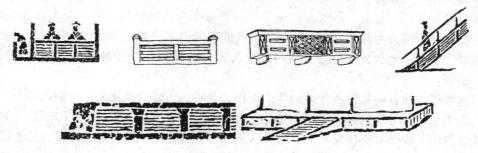

图 3-14　汉代台基栏杆

茵席、箱柜、屏风等几大类。床与榻就其功能而言，作用是不同的。一般榻专指坐具，而床不仅是卧具，同时也可充作坐具，如梳洗床、火炉床、居床、册床等。几是人们坐时凭依的家具，案一般为人们进食、读书、写字时的家具，秦汉时期的几案其形式各异，多为木制油彩淋漆，陶案也很普遍，铜案造型精美。

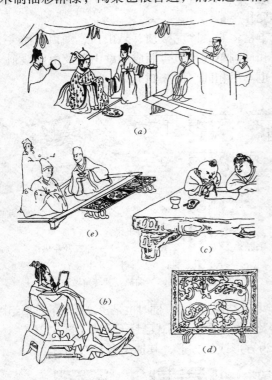

图3-15　秦汉代家具示意图
(a) 带屏风的榻和案；(b) 靠背椅；
(c) 石桌；(d) 漆屏；(e) 榻

在汉代以前，没有椅子和凳子，供坐卧的床榻并不普遍，而茵席成为供人们坐卧的最主要的用具。箱柜的使用始自商周，与椟和匮同意。一般为存贮衣被、书籍之用，其装饰精美。在《韩非子》中有这样一段记述："楚人卖珠子于郑，为木兰之椟。薰以桂椒，缀以珠玉。饰以玫玉，缉以翡翠。郑人买其椟，还其珠……"。可见椟的华美。屏风在室内最具有装饰和美化作用。秦汉时期屏风被普遍的使用，一般有钱有地位的人家都有屏风。屏风的主要功能为挡风和遮蔽，同时更为装饰性的陈设。初时为木作，出现纸以后，以木为框，用纸糊之，也有用锦帛糊的，然后在屏风上描绘图画或写生，人们将这种屏风称之为书画屏风；有一种透雕各种纹样或图案的屏风，称之为雕镂屏风；玉屏风为用玉石作装饰的屏风，在"西京杂记"有这样的记载：君王赁玉几，倚玉屏"；琉璃屏风和云母屏风在文献中也有记载，《汉武故事》上记述：上起神屋，扇屏悉以白琉璃作之，光照洞彻。琉璃是当时的一种

带颜色的玻璃，用这种琉璃装饰屏风，即称为琉璃屏风。屏风一般有单扇和双扇，落地可折叠的屏风叫软屏风，一般最少为两扇，四扇，多者可达十扇。带座屏风也叫硬屏风，一般多为单数，三、五、七、九，各数不等（图3-15）。

从以上的史料来看，中国古建筑的装饰，大体可分为两大类：一类为外部装饰，大多为与构件和实际功能有直接关系的，如屋脊、瓦件、斗栱、门窗、台基、栏杆等；在建造时，使其尽可能美观、堂皇、富丽。这一部分的装饰称为外檐装修。另一类为内部装饰，也称为内檐装修，可分为两部分，一部分为空间的围隔因素，如：天花、藻井、板壁、屏壁、各种罩、隔架及地台，铺地等。另一部分为家具陈设因素，如各种用途的家具、帷幕、字、画等。

利用屋顶形式和各种瓦件所产生的装饰作用，是中国古建筑装饰的一个突出特征，如前所述，用凤凰及其他动物装饰屋脊的做法已相当普遍。人们常说"秦砖汉瓦"，瓦并不是从汉代才有的，这个"秦砖汉瓦"当指秦汉造砖制瓦技术的高超及精美绝伦（图3-16）。

秦汉时期建筑装饰纹样题材丰富多样，大致可分为人物、几何、动物、植物纹样四

类。人物纹样包括历史事迹，神话和社会生活等；几何纹有绳纹、齿纹、三角、菱形、波纹等；植物纹样以卷草、莲花为主；动物有龙凤、蟠螭等。这些纹样以彩绘与雕、铸等方式用于地砖、梁柱、斗拱、门窗、墙壁、天花和屋顶等处（图3-17）。

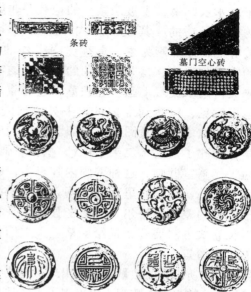

图 3-16　秦汉砖瓦纹样

三、造型艺术

　　壁画属于建筑的有机组成部分，有着极强的装饰效果。秦汉时期，随着厚葬风气的兴起，及墓室装饰的需要。不仅用于宫廷，而且用于陵墓。宫室壁画由于殿堂的宏巨，一般规模都很大。秦代阿房宫，尽管毁于秦末兵火，我们无法再去审视建筑的本来面目和壁画艺术风貌，但近年来考古发掘阿房宫遗址，发现了壁画残片，

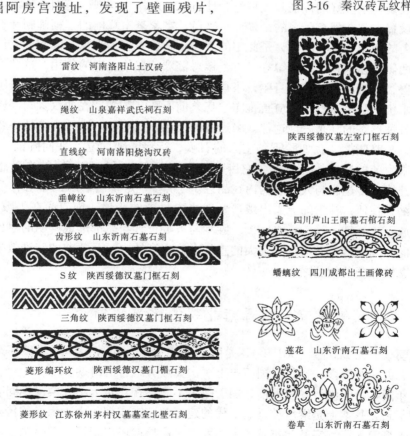

图 3-17　秦汉时期装饰纹样

证明了"木衣绨绣，土被朱紫"的记载并非虚传。从残存的壁画来看，内容多为歌颂秦朝的文治武功的。其表现形式，以圆润、豪放自由的线描为主，色彩有黑、蓝、红、黄等色，以黑彩为主，具有瑰丽肃穆的风格。汉代壁画与"非以壮丽、无以重威"的宫殿相适应，是非常繁荣的。重要的宫殿、衙署墙壁常绘有壁画。汉文帝曾命人在未央宫的承民殿上画"屈轶草，进善旗、诽谤木……"，鼓励臣民分清善恶，大胆向他提意见，以达到维护巩固中央政权的目的。汉宣帝刘询"甘露三年，单于入朝，上思股肱之美，及图其人于麒麟阁"。在后汉书中载有：灵帝"光和元年，置鸿都门学，画孔子及七十二弟子像"。墓室壁画，汉以前的迄今还未发现，留存于现在的多为汉代墓室壁画，这种壁画内容丰富，题材多样，重要的墓室壁画遗存有：洛阳西汉卜千秋墓，洛阳八里台的汉墓，营城子汉墓，山西平陆枣园村，河北望都、辽阳棒台子屯、内蒙和林格尔、河南密县打虎亭等汉墓壁画。洛阳卜千秋墓壁画绘于墓顶部，以长卷式方法展开，描绘了墓主人夫妇在仙翁、仙女的迎送和神异怪兽的陪同下升入天界的情景。

雕塑以前所未有的数量和规模出现于建筑中，在我国是秦汉两代的事情。秦代随着巨型宫室和陵墓的兴建，雕塑不仅出现了大作品，而且艺术手法达到了相当高的水平。秦始皇陵兵马俑的发现，是极好的佐证。大型纪念性石雕，多作为宫殿、苑囿、陵墓等建筑平面布局的特定设置，现在保存最多的是贵族、宫员及富家豪室墓前的享祠碑阙和石人、石兽雕刻，如著名的四川雅安高颐阙，是此中的杰作。石兽中多为天禄、辟邪，它们一般左右对称于墓道两侧或建筑物前，起镇守一方，镇恶辟邪，保佑灵魂的作用。这些石兽是人们想象中的猛兽，具有虎豹一样的身躯，飞鸟般的双翼，狮子般的头部，昂首长啸。汉代石雕中最具艺术价值和艺术魅力的应首推霍去病墓前石雕。艺术家在西汉大司马骠骑将军霍去病墓前用各种形态的马来表现这位威名远震的英雄。"跃马"刻画了战马一跃而起的刹那间的动态，头略侧摆，犹如聆听到主人的召唤，行将嘶啸而立，冲向阵前。"卧马"壮健有力和驯服耐劳的特点十分鲜明，它卧伏的姿态，产生了一种永恒的平静感与肃穆感，它警觉的神情，传达出与人相通的内在品性。"立马"是墓前群雕的中心作品，英雄的乘骑将匈奴踏翻在地，神情间流露出威严及对主人早逝的悲愤，匈奴尚在失败中挣扎，手中武器并未放下，一动一静、一立一倒，胜利与失败，善与恶都形成鲜明的对比，把石雕群的主题推向高潮。这批石雕巨有强大的感染力，丰富的内涵及陵前的装饰效果，是我国古代大型纪念性雕塑的精品之一。

第3节　魏晋南北朝的建筑装饰

魏晋南北朝（公元220年～581年），是我国历史上政治不稳定，战争破坏严重，长期处于分裂状态的一个阶段，也是我国历史上一次民族大融合的时期。

在300多年间，由于经济发展缓慢，加上战火不断，在建筑上不及两汉期间有那么多生动的创造和革新，基本上是继承和延用汉代的建筑及装饰成就。由于佛教的传入及统治阶级利用宗教来麻痹人民，宗教建筑有了大的发展，高层佛塔出现了，并带来了印度、中亚一带的雕刻绘画艺术，而且还影响到建筑装饰，使我国以木构为主的建筑风格特点更加鲜明，更加成熟。

一、寺庙建筑与石窟艺术

佛教传入中国建造了大量的寺院和佛塔，开凿了云岗石窟和龙门石窟。

北魏的著作《洛阳伽蓝记》记述了当时洛阳的40多所重要佛寺，其中永宁寺为最大。按《洛阳伽蓝记》所记载：永宁寺中间置塔，前为寺门，后为佛殿，主要建筑布置在中轴线上。塔居中是因为塔藏的舍利是教徒崇拜的对象，塔成为寺庙的建筑中心和主体。以后建佛殿供奉佛像，供信徒膜拜，于是塔与殿并重，而塔仍在佛殿之前。永宁寺正是这个时期佛寺布局的典型。到隋唐时供奉佛像的佛殿也逐渐成为寺院的主体，因而又出现了寺旁建塔，另成塔院的作法。

其他佛寺，很多是贵族官僚捐献府第和住宅而改建的，所谓"舍宅为寺"。

佛塔本是为埋藏舍利供佛徒礼拜而建。自印度传到中国后与中国建筑形式结合，创造了中国楼阁式木塔，塔内不但供奉佛像，还可以登临远眺。原来印度式的佛塔被缩小后置于塔顶上，称为刹，这种刹既具有宗教意义，同时对塔的形象又起到了装饰作用。永宁寺塔是当时最宏伟的一座木塔。除木塔外，还发展了石塔和砖塔。北魏正光四年即公元523年建造的河南登封县嵩岳寺塔，是我国现存年代最早的用砖砌筑的佛塔。塔平面为十二角形，塔高约39m，底层直径约10m，内部空间直径约5m，壁体厚2.5m。塔身立于简朴的台基上，塔底部，东西南北砌圆券形门，以便出入，其余8面为光素的砖面；其上叠涩出檐，塔身各角立倚柱一根，柱下有砖雕的莲瓣形柱础，柱头饰以砖雕的火焰和垂莲，12面中，正对4个入口的是砖砌圆券形门，其余8面，各砌出一个单层方塔形的壁龛，龛座隐起壶门和狮子作装饰；塔身以上，用叠涩做成15层密接的塔檐。每层檐之间只有短短的一段塔身，每面各有一个小窗。整个塔的外部当时为白色。塔顶的刹，在壮硕的垂莲上，以仰莲承受相轮，全部用石造。塔的整体用和缓的曲线组成，轻快秀丽，塔内为直通顶部的空筒，有挑出的叠涩8层。此塔仅作膜拜，不能登攀观光。

石窟寺是在山崖上开凿出来的洞窟形佛寺，在我国，汉代已有大量岩墓，掌握了开凿岩洞的施工技术。佛教从印度传入后，开凿石窟寺的风气在全国迅速传播开来。最早是在新疆，3世纪起开凿了克孜尔石窟，其次是创于366年的甘肃敦煌莫高窟。以后在甘肃、陕西、山西、河南、河北、山东、辽宁、江苏、四川、云南等地的石窟相继出现，其中最著名的有山西大同的云岗石窟、河南洛阳龙门石窟、山西太原天龙山石窟等。

石窟的布局与外观虽具若干地区性，可是以发展来看，大致可分为三个类型。

第一种类型以北魏时代的云岗石窟为代表，云岗石窟位于山西大同30里武周山，全长约1km，主要洞窟53个，石雕佛像等51000多个，雕造年代大致为公元460年~494年。石窟的16~20窟5个大窟，是这一时期的代表作品。平面呈马蹄形，穹窿顶，它的前方有一个门，门上有一个窗，后壁中央雕刻一座巨大的佛像，占据窟内大部分面积，其左右有侍立的胁侍菩萨，左右壁又雕刻许多小佛像，主像题材一般为三世佛、释迦佛、弥勒、菩萨等，其面相方圆，深目高鼻，耳长颈粗，肩宽胸厚，身前袒右肩或通肩大衣。这类石窟的主要特点是窟内主像特大为圆雕，上有火焰形佛光，洞顶及壁面有浮雕或壁画作装饰。

第二种类型以洛阳龙门石窟为代表，雕凿年代大约从公元493年开始，属于云岗石窟的继续。其中以第5至第8窟与莫高窟为典范。一般平面多采用方形，规模较北魏五大窟略大，具有前后两室，或石窟中央设一巨大的中心柱，柱上有的雕刻佛像有的刻成塔的形式。窟顶一般为复斗形、穹窿形或方形、长方形平棊。窟内布满了精湛的雕像或壁画。其佛和菩萨的造像，比例匀称，体态的优美，神情的生动，服饰的华丽，都是云岗石窟不能相比的，而且随着中国南北文化的融合，佛教艺术与中国民族传统艺术融合，雕塑及绘画出现了新的风尚。佛的面相清癯秀美，嘴角微翘，脸上洋溢古拙而恬静的微笑，在华丽背光的映衬下，显得仪态端庄，雍容安祥，其他雕像也是瘦身秀面，脖颈细长，服饰繁杂华丽，神采潇洒飘逸。在布局上，由于窟内主像不过分高大与其他佛像配合，宾主分明，达到恰当的地步，因而内部空间显得宽阔。窟的外部多雕有火焰形券面装饰的门，在门上有小窗。

　　第三种类型以 5 世纪末开凿的云岗第九、第十两窟为典型代表。石窟的外部前室正面雕有两个大柱，如三开间房屋形式。后出现的麦积山石窟，南北响堂山石窟及天龙山石窟等均采用了这种形式。即石窟前部雕有柱廊，使整个石窟外貌呈现着木构殿廊的形式。窟内使用覆斗形天花。壁面上分布着丛密的雕像，在像外出于装饰目的加了各种形式的龛。概括的看，石窟为后世留下了极其丰富的建筑装饰纹样（图 3-18）。除中华民族传统的纹样外，随佛教的传入出现了印度、波斯和希腊的装饰，如火焰纹、莲花、卷草纹、缨络、飞天狮子、金翅鸟等。这些装饰纹样不仅用于建筑，在后期还应用于工艺美术方面，特别是莲花、卷草纹和火焰纹的应用范围最为广泛。莲花是南北朝佛教建筑上最常见的装饰题材之一。盛开的莲花用作藻井的"圆光"，莲瓣用作柱础和柱头的装饰，而柱身中段也用莲花做成"束莲柱"。须弥座随佛教传入后，一般只用作室内的佛座、塔座，用于殿堂台基还是后世的事情，火焰纹一般用于各种券面的雕饰。

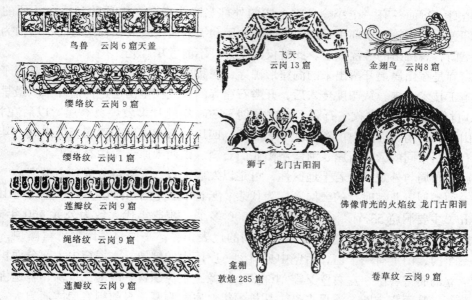

图 3-18　南北朝建筑装饰纹样

　　总的来看，现存这一时期的建筑和装饰风格，最初是苗壮、粗犷、微带稚气，后期呈现雄浑而带巧丽，刚劲而带柔和的倾向。它是我国建筑及装饰在形成过程中一个生机勃勃的发展阶段。

122

二、住宅、家具及工艺美术

北魏和东魏时期贵族住宅的正门，往往用庑殿式屋顶，正脊两端有鸱尾作装饰，围墙内有围绕着庭院的走廊，墙上有成排的直棂窗。一般贵族官僚的宅院都很大，由若干的厅堂，庭院回廊组成。据雕刻所示房屋在室内地面铺席而坐，也有在台基上施短柱与枋，在构成的木架上铺板与席，墙上多装直棂窗，悬挂竹帘与帷幕。在房屋的后部往往建有园林。

由于民族大融合的结果，室内家具发生了重大的变化。概括的看家具普遍升高，虽然仍保留席坐的习俗，但高坐具如椅子、方凳、圆凳、束腰形圆凳已由胡人传入，床已增高，下部用壶门作装饰，屏风也由几摺发展为多牒式。这些新家具对当时人们的起居习惯与室内的空间处理产生了一定影响，成为唐以后逐步废止床榻和席地而坐的前秦（图3-19）。染织工艺在前代的基础上，织物品种增多，除丝锦之外，毛纺、麻织也发展起来，印染方法有蜡缬、绞缬，图样有蓝地白点连珠纹、梅花纹、红地白色六角形小花、天蓝色冰裂纹等。陶瓷工艺有重大发展，除南方的青瓷、黑瓷外，北方的白瓷烧制成功。陶瓷中出现釉彩装饰的釉陶。

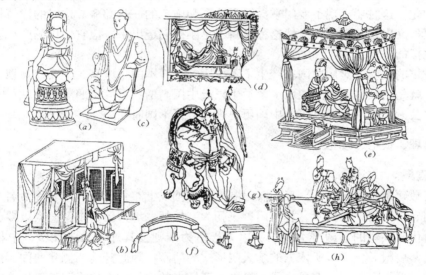

图 3-19　魏晋南北朝时期的家具
（*a*）藤土墩；（*b*）床榻；（*c*）椅子；（*d*）隐囊；（*e*）隐囊；（*f*）几；（*g*）扶手靠背椅；（*h*）床榻

第 4 节　隋唐时期的建筑装饰

隋唐时期是我国封建社会的鼎盛时期，也是中国古代建筑及装饰发展成熟的时期，无论在城市建设、木架结构、砖石建筑，建筑装饰、设计和施工技术方面都有巨大的发展。在继承两汉以来的成就的基础上，吸收、融化了外来建筑的影响，形成世界建筑史上独具特色的完整的建筑体系。

隋朝（581～618 年）是我国历史上的一个短命王朝。隋文帝在北周基础上建立隋朝

（581 年），589 年灭陈重新统一了中国，为封建社会的经济、文化发展创造了条件，但由于隋炀帝的奢侈淫逸和穷兵黩武，隋朝很快就被农民起义所灭。在建筑上主要是兴建都城——大兴城和东都洛阳，修建大规模的宫殿、苑囿，开通南北运河，修筑长城。隋代留下的建筑物有著名的河北赵县安济桥，其跨度达到 37m，大拱由 28 道石券并列而成，它是世界上最早出现的敞肩拱桥，由隋代著名工匠李春主持建造。在建筑设计上，隋代已采用图纸和模型相结合的办法。

618 年李渊灭隋，建立了唐朝（618～907 年）。由于政治、经济的发展，国际文化交流和思想文化的活跃，文艺的繁荣等，使唐朝成为中国古代文化的灿烂时期，同时也推动的建筑的发展，达到了中国古代建筑的一个高潮，取得了辉煌的成就。在隋朝城市建设的基础上，营建了首都长安和东都洛阳，这两座城中建有规模巨大的宫殿、官署和寺观。出现了以手工业和商业为中心的一批城市如：成都、幽州、南昌、江陵、扬州、绍兴、广州等。经济的繁荣，带动了城市建设的繁荣。唐朝的佛教有很大的发展，兴建了大量的寺、塔、石窟。随着社会经济的发展及财力的雄厚，建造华美的宅第和园林成风。

由于手工业的进步，这一时期建筑技术有了显著的发展，人们已能相当正确的运用材料的性能，至迟在唐朝初期已经以"材"作为建筑设计的模数，从而使构件的比例形式逐渐趋向定型化。这时还出现了专门掌握绳墨绘图和施工的——都料。这时的建筑材料除常用的几种之外又出现了琉璃，虽然这种材料不是刚被创造出来，但它使用的广泛性，都是前代不可比拟的。

中国建筑的成就，对周边国家产生了不少影响，日本的平城京、平安京规划，唐招提寺等建筑，就是由日本派遣的使臣、留学生以及中国高僧鉴真等仿照唐朝都城、宫殿、寺院建造的。公元 907 年朱温灭唐，中国历史进入五代十国时期。

一、宫殿、住宅、陵墓

（一）宫殿

隋朝宫殿建筑附会《周礼》三朝五门制度，中轴线上布置着用唐代名称命名的：承天门、太极门、朱明门、西仪门、甘露门；三朝为：外朝—承天门，中朝—太极殿，内朝—两仪殿。唐代所兴建的宫殿群大明宫，以太极宫为准则，其外朝为含元殿，中朝为宣政殿，内朝为紫宸殿。含元殿所依据的承天门形式为门阙，因此其前两侧建两阁，使整组建筑形成"门"形平面。这一布局形式直接影响到后来的建筑如五代洛阳五凤楼，宋东京的宣德门及明清北京故宫的午门。阙和主体建筑从此相联，而不各自独立。

唐大明宫基址尚存，宫建于 634 年，位于长安城外东北龙首原高地上，居高临下，可以俯瞰全城。宫城平面呈不规则的长方形，全宫自南端丹凤门起，北达宫内太液池蓬莱山，形成长达数里的中轴线，中轴线上依次排列着宫中的主要建筑：含元殿、宣政殿、紫宸殿，在轴线两侧大体形成对称式布局。全宫分为宫、省两部分，"省"即为衙署，是办公的地方，基本在宣政门一线之南；其北属于帝、后生活区域。

含元殿是大明宫的正殿，利用龙首山为殿基，现在残存遗址还高出地面 10 多米。大殿面阔 11 间，前面有长 75m 的龙尾道，左右两侧稍前处，又建翔鸾、栖凤两阁，以曲尺形廊庑与含元殿相连。这个"门"形平面的巨大建筑群，以屹立于砖台上的殿阁与向前引伸和逐步降低的龙尾道相配合，表现了中国封建社会鼎盛时期的建筑风格。

位于大明宫西北角的麟德殿是唐期皇帝饮宴群臣、观看杂技舞乐和作佛事的地点，由前、中、后三座殿组成，面阔 11 间，总进深 17 间，面积达 5000m²。殿东西两侧又有亭台楼阁衬托。其整体造型高低错落，变化丰富。

（二）住宅与家具

隋唐时期的住宅没有实物留存下来。据文献及绘画所知，已有严格的等级差别，但僭越的情况也时有发生，一般贵族宅第的大门有些采用乌头门形式，院内有在两座主要房屋之间用具有直棂窗的回廊连接为四合院的，也有房屋布局不完全对称的，可是用回廊组成庭院却是相同的。乡村住宅中，一般不用回廊而以房屋围绕，构成平面狭长的四合院；也有木篱茅屋的简单三合院。

这时的贵族官僚们不仅在空院后部或旁边掘池造山，建造山池院或较大的园林，还在风景优美的郊外营建别墅。

在家具方面，席地而坐与使用床榻的习惯依然广泛存在。床榻的下部往往用壶门作装饰，有些则改为简单的托脚，嵌螺钿及各种装饰工艺已进一步运用到家具上。另一方面垂足而坐的风尚兴起与之相适应，当时已有长桌、方桌、长凳、腰圆凳、扶手椅、靠背椅、圆椅和凹形平面的床（图 3-20）。家具式样简明、朴素大方，线条柔和流畅。

（三）陵墓

秦汉时期的陵墓，多数垒土为坟。唐朝帝王陵墓在形式上有了很大变化，巧妙的利用地形，因山为坟。唐代十八处帝陵中仅有三处位于平原，其余都是利用山丘建造的，平面布局是在陵四周筑方形陵墙围绕，四面辟门，门外设石狮，四角建角楼，陵前神道一般顺着坡道向前展延，神道上的门阙和两侧的人、兽雕像较前代增多。

乾陵是这类陵墓建筑的代表。乾陵是唐代第三位皇帝高宗和皇后武则天的坟墓，建筑年代为 650～683 年之间。位于陕西乾县北梁山上，梁山分为三峰，北峰居中，又最高，乾陵的地宫即位于北峰下，凿山为穴，隧道深入地下。神道从南二峰之前开始，有东西二阙，各高 8m，为乾陵的第一道门，在南二峰上又有高 15m 的两阙，两阙之间为第二道门，自此沿神道向北，有华表、飞马、朱雀各 1 对，石马 5 对，石人 10 对，碑 1 对。碑以北又有东西两阙，为陵墓的第三道门，门内左右排列当时臣服于唐朝的外国君王石像 60 座，在像的背部刻有国王的国名、人名。向北为陵墙的南门——朱雀门。门外石狮、石人各一对，门内为祭祀的建筑——献殿。献殿之北为地宫。从第一道门到地宫墓门长约 4km。陵的平面近方形，四面门址，门外都有石雕的狮子，陵墙四角有角楼，北门在右阙和石狮之外还有带翅膀的石马。

在陵附近有陪葬的墓 17 座，其中之一为高宗的孙女永泰公主夫妇墓，曾于 1960～1962 年进行了发掘。永泰公主墓位于乾陵东南 2.5km 处，陵台为 55m×55m，高 11.3m 的梯形夯土台，夯土台四周有围墙，围墙长 214m，南北长 267m，四角有角楼，与乾陵形制相似。正南有夯土阙一对，阙前依次排列石狮一对，石人一对，华表一对。

墓的地下部分总长约 87 余 m，轴线上依次为斜坡墓道，砖甬道和前后两个墓室。主墓室位于夯土台正下方，深达 16m，墓道两壁绘有龙、虎、阙楼和两列仪仗队，甬道顶部绘宝相花平棊图案及云鹤图。前后墓室绘有极精美的人物题材的壁画，墓室穹窿顶绘制天象图（图 3-21）。

隋唐陵墓的装饰性的雕塑相当发达，《宫女图》为其中最精彩的一幅，绘有九名宫女

图 3-20 隋唐时期家具

（a）住宅内的床；（b）长桌长凳；（c）腰圆形凳及扶手椅；（d）屏风；
（e）琴几；（f）带帐胡床；（g）木盆；（h）基盘

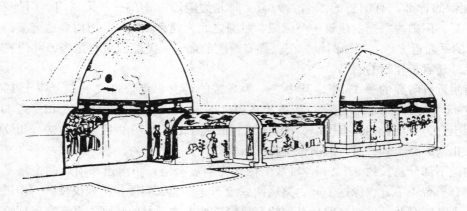

图 3-21 陕西乾县唐永泰公主墓墓室剖视图

组成的群像，在手挽纱巾者的率领下，后面诸人手执玉盘、方盒、烛台、团扇、高脚杯、拂尘、包袱、如意等物，依次姗姗而行。她们的行列参差有序，相互掩映呼应，各个仪表优美，体态修长，衣纹线条流畅，富有节奏韵律。人们的表情沉稳中富有变化，从端庄、拘谨、娴雅的外貌特征中，透露出空虚隐恻的内心世界。这是古代壁画中一幅难得的优秀作品，它真实地反映了宫廷生活的一个侧面。

　　除宗教雕塑之外，隋唐时代的殿堂及陵墓的装饰性的雕塑也相当发达。那些在风雨中伫立或在墓穴沉睡了1000多年的唐陵雕塑便是见证。今天我们可以去陕西醴泉县唐太宗的昭陵、高宗的乾陵、咸阳东北武后父的顺陵等处，看见那些陵墓神道旁的守护武将文臣和带翅飞马、飞虎及狮子的石雕像。武将文臣深沉静穆，石狮、石虎豪迈雄健，雕作技法简约概括，绝不纤弱，造型趋于整体而不失丰神，让人有一种感觉，他们似乎始终如一肩负着职责，好象明白将经历漫漫岁月的风风雨雨，他们背负着逝去的辉煌的文明，永恒地无声地倾述着历史，注视着未来。

　　"昭陵六骏"浮雕是这一时期雕塑的优秀作品。曾为李世民政权的建立驰骋疆场的战马，被雕塑家们以写实的手法表现得劲健英俊，充满着生命的活力，这种现实中的动物以几乎平面化的方式塑造出来，并不比汉代六朝墓前的神兽缺乏气度，正如鲁迅所说：汉人墓前的石兽，多是羊、虎、天禄、辟邪、而长安的昭陵上，却刻着带箭的骏马……，简直前无古人。"昭陵六骏"所体现的是一种现实的美，一种雄健豪迈、深沉悲壮精神的美。是一首雄强奋发的时代赞歌、生命的赞歌。

二、寺塔与石窟艺术

　　佛教在隋唐时期盛极一时，寺塔及石窟是这一时期建筑的一个重要方面。

　　唐代佛寺在建筑和雕刻、塑像、绘画相结合的方面有了极大的发展。南北朝对壁画的题材多数为经变的内容。到公元7世纪，随净土宗的发展及佛教的进一步世俗化，各种壁画更为盛行。壁塑则在北魏的基础上有了进一步发展。公元8世纪前期著名的画家吴道子和壁塑家杨惠之以及其他雕塑家对佛教艺术作出了不少贡献。留存至今的唐朝佛教殿堂中较为完整的只有两处，一处为五台山的南禅寺正殿，另一处为五台山佛光寺正殿。

　　五台山在唐代已是我国的佛教中心之一，建有许多佛寺，而佛光寺是当时五台山"十大寺"之一。位于台南豆村东北约5km的佛光山腰，大殿建于唐大中十一年即公元857年，寺总平面适应地形处理成三个平台，第一层开阔的平台上建有文殊殿，第二层台上建有后代的建筑，最后面为第三层平台，以高峻的挡土墙砌成，上建正殿（图3-22）。此殿面阔7间，进深4间，单檐庑殿顶。

图 3-22　山西五台山佛光寺大殿

大殿建在低矮的砖台基上，柱身都是圆形，仅上端略有卷杀，檐柱有侧脚及升起。屋面坡度较平缓，举高约为1/4.77。正脊及檐口都有升起曲线，屋脊式样为叠瓦脊及鸱尾。柱高与开间的比例略呈方形，斗栱高度约为柱高的1/2。粗壮的柱身，宏大的斗栱再加上深远的出檐，都给人以雄健有力的感觉。特别是斗栱感觉上尺度比实际大得多，由于屋顶的缓坡度，站在殿前看不到屋面，这样就更突出了斗栱在整个立面构图上的重要地位，使斗栱在结构和艺术形象上发挥了重要作用。

隋唐时期的许多木塔都已不存在了，现存的砖塔有楼阁式塔、单塔和密檐塔三种，塔的平面除极少数的例外，全部都是正方形。

隋唐时期留下的楼阁式塔中，有建于唐朝的西安兴教寺玄奘塔、西安积香寺塔、西安大雁塔。

密檐塔的典型有云南大理崇圣寺的千寻塔、河南嵩山的永泰寺塔和法王寺塔等。

云南大理崇圣寺千寻塔，建于南诏国最繁盛时期，是现存唐代最高的砖塔之一，塔平面呈方形，高60m，16层密檐，二层台基，塔的每一层四面设龛，相对两龛雕有佛像，另外两龛设窗，塔心为很小的筒体，塔内设有楼梯。千寻塔和稍后的左右两座宋朝的小塔成一组，在点苍山的衬托下，显得格外秀丽（图3-23）。

图3-23 隋唐时期的佛塔（崇圣寺千寻塔）

单层塔多作为僧人墓塔，其中河南登封县嵩山会善寺的净藏禅师塔，山西平顺县明惠大师塔是最典型的范例。

凿石造寺，经过南北朝发展到隋唐特别是唐代，达到了最高峰，凿造石窟的地区由华北地区扩展到四川盆地和新疆。其形式和规模从容纳高达17m大像的大窟到高仅30cm乃至20cm的小浮雕壁像，在这两极之间，有无数大小不等的窟室和佛龛，唐代所凿的石窟主要分布在敦煌和龙门。龙门仅有少数窟洞的顶部雕作天花形状，窟外已不开凿前廊。敦煌现存隋唐石窟从内墙、壁画和天花可看出一般寺院的情况。从形式上来看隋代与南北朝时的石窟相似，多数雕有中心柱，个别的将中心柱改为佛座，在唐窟中绝大多数没有中心柱。初唐盛行前后两室制度，前室供人活动，后室供佛像，盛唐以后则改为单座的大厅堂，只有后壁凿龛容纳佛像。唐代莫高窟的壁画。其主要题材是"经变"故事和"供养人"形象。围绕着"经变"的内容描绘，还穿插了许多生活场景，如宴饮、阅兵、行医、行旅、耕作等，简练真实而有生趣。在艺术技巧上，也表现了超越前代，无与伦比的卓越。

172窟南壁绘有《西方净土变》壁画，它是盛唐时期的作品，表现了须弥海上的"极乐世界"。中坐如来等，上有彩云缭绕，飞天散花，下有伎乐演奏、轻歌曼舞。通幅是宫殿的琼楼玉宇、亭台水榭，一幅花团锦簇，绚烂华丽的景象。这幅西方净土画是画工按自己的想象及参照现实生活场景而画成的。它反映了民间画工们丰富的想象力，激情和高超熟练的绘画技艺"。画面紧凑完整，线条流畅圆润，色调明净富丽，折射出唐代壁画艺术的时代风格和较高水平。

唐代菩萨形象，更突出了现实生活中女性美的特征。他们面相端庄、文静或窈窕多姿，或丰腴艳丽、亲切、温和、接近世间女子。飞天形象柔媚、飘逸轻盈，画工们利用壁画转角等处的各个空间，巧妙地布置了多种姿态的飞天，增加了空间感和轻松愉快的气氛。

唐代寺庙供养人像，通常也是按照当时的审美要求尽量加以夸张美化。男子一般是宽衣博带，气度雍容；女子体态丰腴，艳丽多姿。在敦煌壁画中最宏大的供养人画之一《张仪潮出行图》，表现了张仪潮骑着高大的红马，前为一排排骑兵，有的吹号角，有的执旗，后有狩骑，还有飞奔的猎犬与黄羊。整幅画面构图宏阔，形象众多，情节丰富生动。龙门的奉先寺是龙门石窟中最大的佛洞，南北宽约 30m，东西长 35m，672 年开凿，675 年完成，主像卢舍那佛通高 17.14m，两侧有天神、力神等雕刻。卢舍那神面容庄严典雅，脸型丰满圆润，眉如新月，鼻梁高挺，口角含笑，表情温和亲切，菩萨上身不着衣服，而是用丝巾及璎珞为饰，腰下仍凿细薄裙裳，头上花冠及身后轮光均雕刻精美，图案富丽。迦叶像外形朴素，而注意表现其内在的含蓄纯厚，金刚则筋肉暴起而暴躁强横，神王壮硕有力而威武持重。奉先寺群像，能够按照各式形象的要求，塑造出其身份、体态以至性格，各立像有意识地采取上大下小的方法，以校正人们视觉上的透视错觉，说明作者已掌握了大型石雕的透视原则。此外，敦煌、龙门和陕西、河南、四川等处开凿的摩崖大像是唐以前所未有的，这些大像都覆以倚崖建造的多层楼阁。

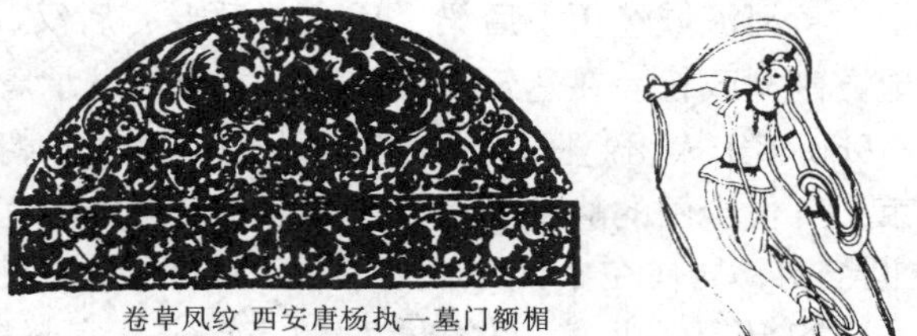

卷草凤纹 西安唐杨执一墓门额楣

流苏纹 敦煌 331 窟藻井

铃铛流苏纹 敦煌 360 窟藻井

葡萄纹 敦煌 322 窟

带状花纹 敦煌 197 窟

带状花纹 敦煌 66 窟

团窠纹 敦煌 319 窟藻井

卷草纹 江苏南京李昪陵前室西壁立枋彩画

飞天 敦煌 321 窟

莲花纹铺地砖 西安唐大明宫遗址出土

团窠火焰纹 敦煌 384 窟菩萨背光

图 3-24 隋唐时期装饰纹样

三、工艺美术

在前代各种家居陈设中，到唐代出现了一颗耀眼的新星——唐三彩。唐三彩是采用白色粘土模制或捏制成各种人物、动物、器具的胚胎，又以釉料在同一器物上交错地施以黄、绿、白或黄、绿、蓝、赭、褐、黑等基本釉色，经高温烧制而成。

唐三彩的内容非常丰富，可以说包罗万象，造型上整体的雕塑手法采用洗炼明快的线条来勾勒轮廓，局部则用雕刻的手法来增加立体感，用写实的手法加以细节刻画。造型既维妙维肖，又概括简朴，既形态生动，又富有神韵。

隋唐时期的染织工艺空前兴盛，织品名称繁多，如：绢、绫、罗、纱、绮、锦，纹样有花卉植物纹、陵阳公样、联珠团窠纹。印染方法除蜡缬、绞缬外，又有夹缬凸板拓印、碱印等。在丝绸之路发现了大量隋唐时期精美的丝织品。

唐代殿堂、陵墓、寺院、住宅等建筑的装饰纹样丰富多彩，最常见的除莲瓣外，窄长花边上常用卷草构成带状花纹，或在卷草纹内杂以人物。这些花纹不但构图饱满，线条也很流畅挺秀。此外还常用回纹、连珠纹、流苏纹、火焰纹及飞仙等富丽饱满的装饰图案（图3-24）。

第5节　五代、宋、辽、金时期的建筑装饰

907年朱温灭唐，建立后梁，从此中国历史进入"五代十国"时期。在50余年的分裂中，黄河流域经历了后梁、后唐、后晋、后汉、后周五个朝代，而其他地区先后有10个地方割据政权。在建筑及装饰上，主要是继承唐代传统，很少有新的创造。

960年宋太祖赵匡胤夺取后周政权，建立宋朝即北宋，宋太祖统一中原和南方地区，结束了五代十国的战乱局面，但北部有契丹族的辽朝与北宋政权相对峙。北宋末年即公元12世纪初，居住在中国东北长白山一带的女真族建立金，逐步向南扩展，在1125年灭辽，1127年又灭北宋。北宋灭亡的当年宋高宗赵构在中国南部建立南宋，形成了南宋与金对峙的面局。1234年蒙古族在北方灭金，1271年建立元朝，于1279年灭掉南宋。

五代十国半个多世纪的割据战争，使黄河流域的经济受到巨大损失，北宋建立统一政权后，采取了一系列发展经济的措施，使农业生产得到迅速的恢复和发展，农村中有不少定期的集市逐步形成为市镇。宋朝的手工业分工细密，科学技术和生产工具比以前进步，产生了指南针、活字牌印刷和火器等，有些作坊的规模也扩大，并且多集中于城镇中，促进了城市的繁荣，再加上国际贸易的活跃，原来唐朝十万户以上的城市只有十多个，到北宋增加到四十多个。南宋时，中原人口大量南移，促进南方的手工业、商业发展起来。随着手工业和商业的发展，建筑水平也达到了新的高度。

首先是都城布局、结构起了根本的变化。打破了汉、唐以来的里坊制度。形成了按行业成街的情况，一些邸店、酒楼和娱乐性建筑也大量沿街兴建起来，城市中的大寺观还附有园林、集市，成为当时市民活动场所之一。随着工商业的发展，使得市民生活、城市面貌和政治机构都发生了新的变化。

其次，木构架建筑采用了古典的模数制。北宋时，政府正式颁布了建筑预算定额——《营造法式》，这部文献对当时建筑及装饰的各工种的操作方法、工料的估算，装饰纹样等都有明确的规定。使建筑省工、省料、省时。这种方法一直延用到清代。

再次，在建筑装饰方面，屋顶上或全部覆以琉璃瓦，或用琉璃瓦与青瓦相配合成为剪边式屋顶。在色彩上、黄色、绿色、蓝色使用都很普遍。屋脊装饰更加丰富。这一时期，建筑上大量使用开启的，窗棂条组合极为丰富的门窗，除具有使用功能外，还具有极强的装饰效果。门窗棂格的纹样有构图富丽的三角纹、古钱纹、球纹等。这些式样的门窗，不仅改变了建筑的外貌，而且改善了室内的通风和采光。房屋下面的

台基及佛座多数为石刻须弥座，构图丰富多彩，雕刻得相当精美。台基上的栏杆也以由过去的勾片造发展为各种复杂的几何纹样。在建筑中起到了花边及尺度标示的作用。建筑立面的柱子其造型除有圆形、方形、八角形之外，还出现了瓜楞柱，并且大量使用石造，在柱的表面往往镂刻各种花纹，柱础的形式在前代覆盆及莲瓣的基础上趋于多向化。彩画主色为蓝、绿、红，再配以少量的黑、白、黄，通过退晕和对晕的方法作渐变，避免了色彩的强烈对比，在构图上减少了写生题材，从而大大提高了设计和施工的速度。除《营造法式》的构图之外，辽代彩画，有在梁枋底部和天花板上画飞天、卷草、凤凰和网目纹的。宋初的彩画纹样还保留了不少唐代风格，颜色多以朱红、丹黄为主，间以青绿。北宋的彩画已有等级规定，分为三大类，有五彩遍装、青绿彩画和土朱刷饰。这一时期，室外彩画的范围相当广泛，不仅包括梁、额、枋，而且还包括椽、斗栱、柱子等。

另外，在内部装修方面也有了新的变化和发展。宋代将唐代以前普遍使用的由小方格组成的天花，发展为大方格的平棊与强调主体空间的藻井，在内部空间分割上已采用格子门。在家具方面，基本上废弃了唐以前席坐时代的低矮尺度，普遍因垂足坐而采用高桌椅，室内空间也相应的有所变化。从宋画《清明上河图》中可看到京城汴梁一派繁荣的景象，及建筑、建筑装饰、民间家具的一般形式。

最后，此时的木作，木构等工艺更加娴熟精湛。从宋画滕王阁和黄鹤楼，可以看出建筑体量与屋顶组合复杂，变化丰富，都要求高水平的设计和施工。辽代遗存山西应县佛宫寺释迦塔，也表现了当时木作的精湛和工匠们的高超技艺。

一、城市和宫殿

随着手工业和商业的不断发展，宋、辽、金时期，在全国各地出现了若干中型城市，城市的整体规划与布局也发生了很大变化。这一时期的主要城市有北宋的首都东京，在今开封市。西京即今洛阳市。南宋的临安即今杭州市。辽的南京和金的中都，都在今北京西南郊。还有手工业、商业城市：扬州、平江、成都；对外贸易城市有：广州、明州（今宁波市）、泉州等。这些城市都在唐代的基础上进一步繁荣起来。

北宋的东京位于黄河中游的大平原上，正处大运河的中枢，水陆交通便利。宋以前的后梁、后周都曾在这里经营过。宋代为了利用南方丰饶的物资，也将都城建在了此地，并进行了多次改建、扩建。

由于东京的遗址被无数次黄河洪水淤没于地下，已经没有实物可考，好在文字、绘画资料丰富，对于这座城市的概貌可有一个大致了解。据文献记载，东京有三重城，每重城墙外都有护城濠环绕。外城周19km，是后周时扩建的，城墙每百步约合155m，设有防御用的"马面"，南面有3座门，有水门2座，东北各4门，西面设5门，每座城门都有瓮城，上建城楼和敌楼。内城即东京宫城外城，位于外城的中央稍偏西北，周9km，每面各3座门，内城的主要建筑除宫殿外，衙署、寺观、王公宅第以及居住住宅、商店、作坊等。宫城是宫室所在地又称大内。宫城也即皇城，前面的御路很宽阔，两旁有御廊，街面用权子分隔为3股道。中间为皇帝的御道，御道两旁还有御沟，宫城位于内城的中央偏西北，每面各有一座城门，城的四角建有角楼，正南即御道的北端为五个门洞的丹凤门，门两侧有垛楼，平面形成"门"形布局。丹凤门内，在中轴线上排列着：大庆殿、紫宸殿，及寝宫、内苑。大庆殿面阔9间，东西挟屋各5间，是皇帝大朝的地方。紫宸殿及轴线两侧的文德、垂拱二组殿堂是皇帝日朝和饮宴的地方。

由于商业发达，城中到处临街设店，酒楼、饭店、浴室、医铺、妓院、瓦子布满各处。尤其以州桥大街与相国寺一带以及东出旧曹门外和东北旧封丘门内外最为繁华，夜市兴旺，通宵达旦，虽是风雪阴雨天，照常供应各种饮食。相国寺内还有每月开放5次的庙会集市。城内有五丈河、金水河、汴河、蔡河穿过，其中汴河是远通江南的漕运渠道，"东南方物，自此入京城，公私仰给焉"，张择端《清明上河图》中描绘了汴河中运输繁忙的景象。

东京的官府衙署一部分在宫城内，一部分则在宫城外，和居民杂处，城内还散布着许多军营和各种仓库。为防火灾，城中还设立了专门的消防队，营建了瞭望台，这是宋朝以前城市所未有的。城中在街道两侧栽植各种果树，御沟内植荷花。

由于密集的河道，造成东京城，各式各样的桥梁繁多。据记载，汴河上有桥13座，其中最著名的是天汉桥和虹桥，蔡河上有桥11座。虹桥，是用木材作成的拱形桥身，桥下无柱，以利于舟船通行。宋画《清明上河图》即绘有此桥。

二、宗教建筑

这一时期的宗教建筑可以分为佛教、道教、宗祠建筑三个类型。具有代表性的有：山西太原的晋祠圣母庙，河北正定隆兴寺，河北蓟县独乐寺等。

佛教建筑中，塔刹为一项重要的内容。在这一时期，从材料上看，一般可分为砖塔、石塔和木塔等不同类型。从式样上分有单座塔、密檐式塔和楼阁式塔。从平面来看又分为方形塔、六边形塔、八边形塔等，这一时期重要的塔有：应县佛宫寺释迦塔、江苏苏州报恩寺塔、五代苏州虎丘山云岩寺塔、内蒙古巴林左旗辽庆州白塔、福建泉州开元寺仁寿塔、河北定县开元寺塔、山西灵丘觉山寺塔等。

山西应县佛宫寺释迦塔，建于（1056年）辽代，是一座楼阁式木塔，是我国现存惟一的木塔，也是世界上最高的木塔。

塔位于佛宫寺山门与大殿之间，其总体布局属前塔后殿式。塔建在方形和八边形二层砖台基上，塔身平面为八边形，底径30m，结构为9层，外观5层，共67.13m（图3-25）。

释迦塔的结构是科学合理的，八边形平面比方形平面更稳定。套筒式的双层结构，将塔中心柱扩大后，加强了塔的整体刚度，特别是4个暗层即为4个刚圈，更加强了塔的整体性。虽经900多年的风风雨雨及多次地震，它仍然完整屹立。可见是建筑史上的一个奇迹。

塔的立面，也是经过精心设计的，全塔由第一层到第四层水平向的分割高度相同，因而在立面上构成有规则的韵律，各层屋檐根据所需长度

图3-25　应县释迦塔

和坡度，利用华栱和下昂来调整，从而创造了总体的优美轮廓，防止了单调重复。塔的顶部以攒尖顶和铁刹结束，其高度与造型比例恰当。塔的总高度恰等于第三层外围柱头内接圆的周长。这种与塔的周长成1:1关系的做法，可能是当时塔设计原则之一。

塔内部佛像及楼梯布置是科学合理的。第一层的佛像体量最大，越往上佛像体量越小、越轻。为了造成一种均匀的荷载分布，楼梯被周圈布置在结构的外槽中，避免了重量的高度集中问题。

经幢是佛教建筑中的一种新的类型，它是7世纪后半叶随着密宗东来而出现的。始见于唐代，一般为八角形石柱上刻经文，用以宣传佛法。到五代、宋辽时期发展达到顶峰。经幢在寺庙被放置在殿前，有的单置，有的双置，有的群置，宋辽时期经幢不仅采用多层形式，还以须弥座和仰莲承托幢身，其雕刻日趋华丽。宋辽以后这种经幢又很少见。现存宋朝诸幢中，以河北赵县经幢的形体最大，形象华丽，雕刻精美，是典型的代表作品（图3-26）。

赵县经幢建于北宋（1038年）。全部为石造，总高度15多米。经幢基座分为三层，底层为6m见方的低平须弥座，由莲瓣、束腰及叠涩两道组成。第二层为八角形基座，上下各用三层叠涩的须弥座，束腰雕刻着间柱和坐在莲瓣上的歌舞乐伎。第三层八角形基座用宝装莲瓣与束腰作成回廊建筑的形式，回廊每面3间，

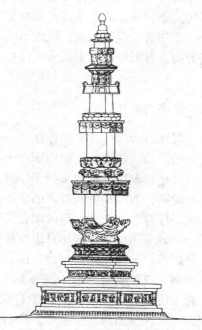

图3-26　河北赵县宋经幢立面图

有柱础、收分柱和斗栱，当心间前并刻有踏步，其他各间分刻佛陀本生故事。幢身也分为3段，下段以宝山承托幢身，八角形幢柱上刻着经文，上面有缨络垂帐的宝盖。中层由狮、象头雕和仰莲组成的须弥座承托上面的八角幢柱和垂缨宝盖。上段是二层仰莲托八角幢柱，再上雕刻着八角城及释迦游四门的故事。宝顶段有带屋顶的佛龛、八角短柱、仰莲、覆钵和宝珠等。这座经幢比例很均匀，造型、雕刻都达到很高水平，是国内罕见的石刻佳品。

三、陵墓建筑

北宋陵墓8座，集中于河南巩县境内洛河南岸的台地上，在10km的范围内形成了一个很大的陵区，对以后明、清两代陵区建设产生了极大的影响。

宋陵的基本形制是：陵本身一般为垒土方锥形台，称为上宫，四周绕以神墙，各墙中央开神门，门外为石狮一对，在南神门外有排列成对的石象生，最南为石望柱和阙台，越过广场前端为阙台形主人口。在上宫的西北建有下宫，作为供奉帝后遗容、遗物和守陵祭祀之用。

宋陵与前朝各代的陵墓建筑有着明显的不同，具有自己的特点：第一，宋陵在形制上大体沿袭唐陵的制度，但宋陵规模较小，因为是在皇帝生前不营建陵墓，而在死后才开始建造，按礼制在死后7个月内即须下葬，因而在选址、选料、建造等方面时间较仓促，因

而影响了陵墓的规模。另外宋陵的形制基本一致，石象生的数目诸陵也出入不大。第二，宋陵明显地是根据风水来选择陵址。根据当时流行的风水观念，一反中国古建筑基址逐渐升高而将主体置于最崇高位置的传统作法，都是前高后低，并且朝南而微偏，以崇山少室山为屏障，以山前的两个次峰为门阙。第三，各陵占一定地段，称为兆域，在兆域内布置上宫、下宫和陪葬墓，兆域以荆棘为篱，其范围内遍植柏树，包括上宫的陵台，常绿覆盖。各陵的侍奉人员中传有"柏子户"，专职培育柏树。

宋代工业和商业的发达，致使地主富商们的生活相当奢侈豪华，在陵墓建筑上也不惜重金，由于建造等级的限制，出现了雕刻精美的民间建筑。到了金代尤甚。以山西侯马董氏砖墓为例，方形平面上为八角形藻井、四壁用砖雕刻出木构架、斗栱和槅扇，极为华丽细致。

四、住宅与园林

五代时期继承唐代住宅的作法。一般贵族的宅第用乌头门，作为社会地位的标识。用带直棂窗的回廊绕成庭院。院内房舍不必为对称布局。

宋代住宅形象资料多数来源于绘画，其形式丰富多彩。《清明上河图》中，农村住宅一般比较简陋，有些是墙身很矮的茅屋，有些以茅屋瓦屋相结合，构成一组建筑。城市住宅有门屋、厅堂、廊、庑，形成四合院布局，建筑物的细部如梁架、栏杆、棂隔、悬鱼、惹草等，朴素实用，屋顶多用悬山或歇山顶，但附加引檐、出厦，或转角十字出标，或设天窗、气窗等。种种变化，相当自由。稍大的住宅，外建门屋，内部采取四合院形式，院内莳花植树，户外垂杨流水，很注重环境的绿化和美化。

王希孟所绘《千里江山图》中有住宅多所，都有大门，东西厢房，而主要部分是前厅、穿廊、后寝所构成的工字屋，除后寝用茅屋外，其余覆以瓦顶。另有少数较大住宅则在大门内建照壁，前堂左右附以挟屋。

北宋时贵族官僚的宅第外部还多建乌头门或建门屋，门屋中间一间往往用断砌造，以便车马出入。为增加面积将唐代的回廊代之以廊屋，形成了真正的四合院。从功能上，日常起居、招待客人的厅堂与后部卧室是分开的，一般用穿廊连成丁字形、工字形或王字形平面。这一时期官僚贵族的宅第，普遍地使用了斗栱、藻井、门屋及彩绘。在南宋的绘画描写中，江南一带有利用优美的自然环境建造住宅的。这种住宅有的采用对称式布局，有的则房屋参差错落，或临水筑台，水中建亭，或依山构廊。既为住宅，又具有园林风趣。

宋朝的私家园林随着地区的不同，具有若干不同的风格。北宋洛阳的园林，一般规模较大，具有别墅性质，引水凿池，盛植花卉竹木，据载，当时洛阳花木多达千种，什么桃李梅杏莲菊，特别是牡丹芍药是天下一绝，远方的紫兰、茉莉、琼花、山茶在洛阳也能生长。园中垒土为山，建有少数堂亭榭，散布于山池林木间，利用自然环境，采用借景手法，使整个园林更加宏阔，层次丰富多变。江南一带园林，如苏州园林很注重对景，遥相呼应，同时园林中建筑较多，盛植牡丹芍药，并且叠石造山，引水开池，竞为奇峰、峭壁、洞谷、阴洞等。杭州等处的大型园林则多利用自然风景进行建造。这时寺观中也多营建园林，供人游玩。叠石造山赏石之风盛行，往往在庭院中置一两块玲珑透漏的太湖石供玩赏。

五、家具与陈设

五代是我国家具形式大变革的时期，席坐起居习惯，到这时已基本绝迹，代以高座式的各种家具，以适应当时已普遍的垂足坐习惯。五代顾闳中所绘《韩熙载夜宴图》中，有长桌、方桌、长凳、椭圆凳、扶手椅、靠背椅、圆几大床等。五代绘画《勘书图》中，在堂中央设大屏风，其前即为室内活动场所，以榻为主要家具。

始于东汉末年，经两晋南北朝陆续传入垂足而坐的起居方式，到宋代已完全普及民间，终于完全改变了商周以来的跪坐习惯及其家具的形式。日常家具如桌椅、凳、床柜、屏风等还衍化出很多新品种，如圆形和方形的高几、琴桌、床上小炕桌等。

在造型上，由于受建筑木作的影响，在隋唐时流行的壶门式箱柜结构已被梁柱式框架结构替代。桌案的腿、面

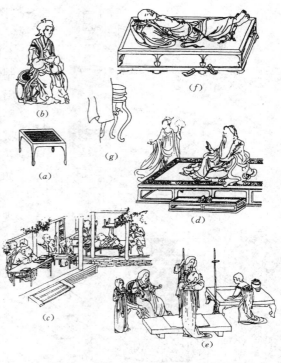

图 3-27　宋、辽、金代时期的家具图
(a) 方凳；(b) 圆凳；(c) 学校家具；(d) 榻、足承；
(e) 石案；(f) 罗汉床；(g) 盆架

交接开始运用曲形牙头装饰，一些桌面四周还带镶边，制有枭混形的凹凸断面与牙条相间做成束腰，有些牙条还向外膨出，腿部也作弯曲式，做成向里勾或向外翻的马蹄状，并出现了大量的装饰线脚。

室内布置到宋朝亦产生了新的变化。如前所述，一般厅堂在屏风前面正中置椅子，两侧各有四椅相对，或仅在屏风前置两圆凳，供宾客对坐，在书房或卧室家具一般为不对称式布局（图3-27）。造型在室内装饰方面，出现了成套的精美家具。例如堂的布置，一般迎门对面为一大屏风，豪华气派，木作及彩画考究，有的还很奢侈，上嵌有宝石，造型一般为对称式，在屏风前为一把交椅，招待宾客时为主人座位，在交椅前两侧对置坐位，为客人而设的位置。在室内除了有精美的家具外，还有各种字、画的装饰。随着我国绘画艺术在五代、宋时期的繁荣，室内布画也成为一种时尚，富豪人家在适当的位置布一幅字画是必不可少的，既丰富了室内的视觉效果同时又折射出主人的文化修养和艺术品味。五代、宋、辽、金时期，陶瓷工艺在隋唐的基础上得到了空前的发展，是我国陶瓷发展史上的黄金时代，出现了很多艺术水平高度完美的作品。这一时期瓷器的品种繁多，有盘、碗、瓶、壶、碟、洗罐钵等，在一类器物中又有许多不同的形式，如瓶就有：玉壶春瓶、梅瓶、橄榄瓶、直颈瓶、胆式瓶、多管瓶、葫芦瓶、贯耳瓶等十几种造型。宋代烧制的婴儿枕、荷叶枕、卧女枕等都是瓷枕中的精品。瓷器的品种主要有：青瓷、白瓷和黑瓷等。其装饰纹样，题材丰富，花卉是主要装饰内容，其他龙凤、仙鹤、麒麟、鹿、鱼、婴戏等也为常见的题材

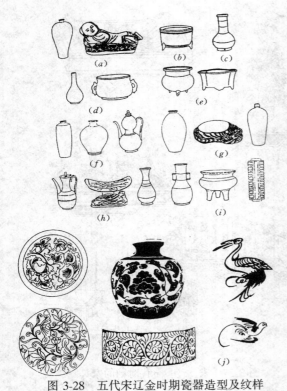

图 3-28　五代宋辽金时期瓷器造型及纹样

（a）定窑；（b）汝窑；（c）官窑；（d）哥窑；（e）钧窑；
（f）耀州窑；（g）磁州窑；（h）景德镇窑；（i）龙泉窑；
（j）宋瓷刻花图案

（图 3-28）。

这一时期的铜器，在产量及铸造工艺上均超前代，除铸造礼制性的器物外，还制作了大量的日用器皿，尤以铜镜最为突出。铜镜的镜身很薄，镜式有圆形、方形、菱花形、葵花形、带柄镜、亚字形、钟形、桃形等。铜镜的装饰纹样盛行写生的缠枝花，用浅细的线作浮雕处理，枝叶穿插自如，整体构图生动活泼。

这一时期的金银器的制作很发达，出现了专门的店铺。在家居中一般将金银器作为酒具，其造型精美，风俗奢侈。

宋代漆器的生产，遍及全国各地，漆器的品种繁多，如生活用品有：盒、盘碗、盆盂、勺等。每一种式样又分多种。以盒为例，造型就有蒸饼式、河西式、蔗段式、三幢式、两幢式、梅花式、鹅子式等。从装饰工艺上又分有：雕漆、金漆、犀皮和螺钿多种。其中以雕漆最为精美，其做法有多种，例如"剔红"就是在漆胎上涂数十道朱漆，再雕镂花纹，达到浮雕的效果。此外还有剔黄、剔绿、剔黑、剔彩、剔犀等。宋代雕漆的胎质有用金银制胎的，涂漆后再雕刻使之露出金银胎，是漆器中极华贵的一种。

第6节　元、明、清时期的建筑装饰

一、社会及建筑装饰概况

元朝（1234~1368 年）是蒙古贵族建立的一个封建王朝。由于他们来自落后的游牧民族，除了在战争中大规模进行屠杀外，又圈耕地为牧场，大量掳掠农业人口和手工业工人，严重破坏工商业，致使两宋以来高度发展的封建经济和文化遭到极大摧残，对中国社会的发展起到了明显的阻碍作用。元朝的建筑处于凋蔽状态，但元朝统治者在金中都，建造了规模宏大规划完整的都城——大都城。由于元朝统治者崇信宗教，致使这一时期的宗教建筑异常兴盛。元朝中叶以后，城市发展起来，如中定（济南）、京兆（西安）、太原、涿州、扬州、镇江、苏州、泉州、广州、杭州等。

明朝（1368~1644 年）是汉族地主阶级的政权。明朝初年为了巩固其统治，政府制定了各种发展生产的措施，如奖励垦荒，扶植工商业，减轻赋税等，使社会经济得到迅速的恢复和发展。在明朝末年，我国资本主义开始萌芽，许多城市成为手工业生产的中心，如丝织业中心是苏州、棉织业中心是松江、瓷器制造中心是景德镇、染业中心是芜湖，冶铁中心是遵化等，大城市中出现大批出卖劳动力的产业工人。明代的对外贸易相当繁荣，郑和七下西洋，和日本、朝鲜、南洋各国、葡萄牙、荷兰等国开展了贸易，当时广州成为中国最大的对外贸易港口。随着工商业及对外贸易的不断发展，明代建筑沿着中国古代建筑的传统道路继续向前发展，获得了不少新的成就，成为中国古代建筑史发展的最后一个高峰，首先在建筑及装饰材料方面，砖已普遍用于民居砌墙。江南一带的"砖细"和砖雕加工已很娴熟。随制砖工艺的发展，出现了屋顶用砖拱砌筑成的建筑物，称为无梁殿。这种建筑多用作防火建筑，如皇室的档案库，佛寺、道观的藏经楼等。琉璃面砖、琉璃瓦的质量提高了，色彩更加丰富，应用面愈加广泛。这时的琉璃瓦、砖不仅有白色，浅黄色、深黄色、深红色、棕色、绿色、蓝色、黑色等多种色彩，而且可以将表面制作成具有浮雕效果，为便于镶砌装配，琉璃砖被制成了带榫卯的预制构件，被广泛的应用于塔、门、照壁等建筑物中。其次在木结构方面，经过元代的简化，到明代形成了新的定型的木构架，斗栱的结构作用减少，梁柱构架的整体性加强，构件卷杀简化。第三，建筑群的布置更加成熟。如十三陵，是善于利用自然环境来造成陵墓肃穆气氛的杰出实例。第四，随着经济文化的发展，江南一带官僚地主的私园发达。

清朝（1644～1911年）是满族贵族的政权。清朝就其政治而言，封建专制比明朝更严厉，政治、经济上的控制和压迫极为残酷，但是为了巩固其统治，在清朝初年也采取了某些安定社会，恢复生产的措施，经过了近百年，一直到乾隆时期才大体恢复了社会经济。清朝在思想文化上，实施高压政策，大兴文字狱，压制自由思想，阻碍学术进步，提倡八股取士，鼓励奴才思想，从而窒息了我国古代科学、文化的发展，出现了落后于欧洲国家的局面。清朝的建筑及装饰大体是因袭明代及以前的传统，在下列几个方面有所发展和进步。首先是在园林建筑上，无论是皇家园林、私家园林还是寺庙园林，都达到了空前水平。其次是喇嘛教建筑发达。顺治二年修建的布达拉宫就是一所巨大的喇嘛庙，承德的避暑山庄，在康熙和乾隆两朝建造了11所喇嘛庙，俗称"外八庙"。再次，住宅建筑百花齐放，丰富多彩。我国的建筑发展到元、明、清，已经高度成熟，建筑装修都已定形化，出现了一整套高度成熟的模式。

台基：可分为普通台基和须弥座两大类，须弥座极富装饰效果，一般用于隆重的殿堂。

须弥座是由佛座演变而来，为石作。形体较复杂，多用于宫殿、坛庙的主殿，及塔、幢的基座。最早实例见于北朝石窟，形式简单，发展到元、明、清，装饰纹样已相当繁杂，由上下枋、上下枭、束腰等几部分组成，装饰多用几何或植物纹样（彩图 3-1、彩图 3-2、彩图 3-3）。

踏道：踏道可分为四种：阶级形踏步，如意踏步，蹉蹉（慢道）和斜道（辇道或御路）。

斜道开始时为坡度平缓的行车道，到宋代时被置于二踏跺之间，发展到元、明、清时，这种斜道也即辇道被雕刻上云龙水浪，其实用功能被装饰化所代替了（彩图 3-4）。

栏杆：栏杆在建筑中不仅有实用功能，而且还有极强的装饰作用，如前所述，距今6000年前的浙江余姚河姆渡新石器时期聚落遗址中就已发现有木构的直棂栏杆。这种栏杆发展到元、明、清，一般用石造，由地伏、望柱、寻杖、栏板几个大部分组成，其雕刻相当精美，仅望柱的柱头式样就有莲、狮、卷云、盘龙等。在栏杆结束处有抱鼓石（彩图

3-5、彩图 3-6、彩图 3-7)。

　　园林建筑的栏杆处理更加灵活自由。在桥旁或月台边布置的石栏往往可以兼作坐凳，称为坐栏。木竹栏杆造型轻快灵巧，南方近水的厅、堂、轩、阁中设置的木制曲栏座椅常被称作飞来椅、美人靠等。除供休息，还可增加建筑外观上的变化，起到美化环境的作用。

　　柱：柱除结构功能外，就是它的装饰功能。柱子在很早以前就被涂上油漆，到元、明、清时，一般以朱色柱为主，有时柱子上被绘以彩画，或雕刻，如故宫太和殿藻井下的4根盘龙金柱，曲阜孔庙大成殿前的雕龙檐柱。

　　斗拱、雀替：斗拱和雀替均为我国古建筑中的结构构件，斗拱由方形斗、升和矩形的拱、斜的昂组成，在结构上挑出承重，并将屋面荷载传给柱子。雀替位于梁枋下方与柱相交，结构上可以缩短梁枋净跨距离，在两柱间称为花牙子雀替，在建筑末端，由于开间小，柱间的雀替联为一体，称为骑马雀替。

　　中国古建筑发展到元、明、清时期，由于普遍使用砖瓦建造房屋，作为结构构件的斗拱和雀替就逐渐的失去实用意义，成为纯粹的建筑装饰。

　　屋顶装饰：古建筑中最常见的屋顶形式：庑殿顶、歇山顶、悬山顶、硬山顶、尖顶、单坡顶、平顶、卷棚顶等。其中庑殿和歇山两种屋顶形式最具艺术效果，等级也较高。庑殿顶四条垂脊一条正脊，几乎四面一式，被称为五脊顶，用于特别隆重的建筑时有用重檐的。歇山顶有一条正脊、四条垂脊和四条戗脊，故称为九脊顶。歇山顶的山面、是装饰的重点部位，山面上或开窗或雕刻，彩绘等（彩图 3-8、彩图 3-9）。

　　古建筑屋顶材料很多，有草、树皮、灰瓦、琉璃瓦等，其中琉璃瓦装饰效果最佳（彩图 3-10 和彩图 3-11）。到元明清时，琉璃的制作工艺已相当成熟，琉璃砖、琉璃瓦被广泛地应用于建筑中，如北京故宫中的九龙壁、各式影壁、宫墙上的装饰。屋顶上的琉璃瓦色彩丰富，有黄色、绿色、蓝色等，屋脊的瓦饰也非常多，在正脊的两端的背插剑把兽形的吻，目前已知最大的吻为北京故宫太和殿正吻，高 3.36m 由 13 块构件组成，重达3650kg。垂脊上有垂兽，戗脊上有戗兽和仙人走兽，再配以屋面上一排排整齐的钉帽，檐口雕有花纹的圆瓦当和花瓣形的滴水，成为整座建筑装饰的重要组成部分。

　　彩画：在木构件表面涂油漆，既保护了木材，又起到了很好的装饰作用。元明清彩画范围很广，常用的有三大类：和玺彩画，旋子彩画，苏式彩画（彩图 3-12、彩图 3-13、彩图 3-14、彩图 3-15、彩图 3-16）。

　　和玺彩画仅用于宫殿，坛庙的主殿、堂、门，是彩画中最高等级。做法:在梁枋上箍头处用有坐龙的盒子,藻头用齿形衍眼及降龙,枋心用行龙。主要线条及龙、宝珠等用沥粉贴金。底色以蓝绿为主,衬托金色图案(图 3-29)。同一梁枋上下要蓝绿相错,不同的房间枋心底色也要蓝绿交错。一般额垫板都用红底子。平板枋若用蓝色则绘行龙,若绿色则绘工王云图。

　　施子彩画仅次于和玺彩画,应用范围较广。主要特点是在藻头内使用了带卷涡纹的花瓣,即所谓旋子。箍头内仍用盒子,大多不绘龙,而以西番莲、牡丹、几何图形为主。枋心也绘锦纹,花卉等。根据用金多少,图案内容和颜色的层次,旋子彩画又可分为七种:金琢墨石碾玉、烟琢墨石碾玉,金线大点金,墨线大点金,金线小点金,墨线小点金,雅乌墨(图 3-30)。

　　用于住宅,园林中的苏式彩画,与前两种彩画不同,利用写实的手法,在枋心包袱中绘有人物故事、山水风景、博古器物等图画。箍头多用联珠、回纹、寿字纹等。藻头画由如意头演变而来的卡子（分软、硬两种）。

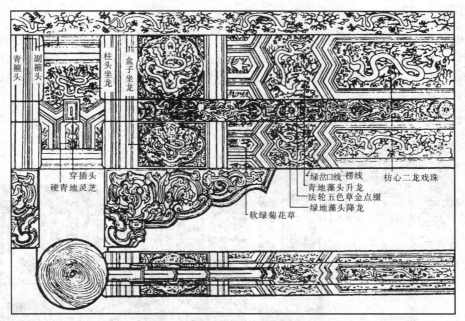

图 3-29 清式和玺彩画

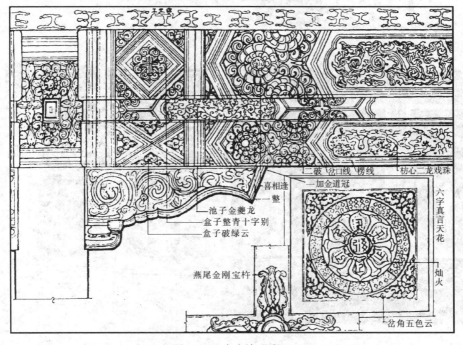

图 3-30 清式旋子彩画

　　彩画施工的步骤，先将构件表面打磨平整，用油灰嵌缝、打底，再裹以麻丝，然后表面抹以油灰。第二步打谱。第三步沥粉，沥粉为膏状物，由胶、香灰、绿豆面、高岭土等组成，有很好的粘着力和可塑性。第四步上色起晕。第五步是在沥粉上涂胶，再刷贴金胶油，贴上金箔。第六步为勾线。

　　门、窗的装饰：古建筑的门窗，是内外装修的重要内容，门主要有两种类型：版门和隔扇门。版门一般用于建筑大门，由边框、上下槛、横格和门心板组成。门框上有走马板，门框左右有余塞板，门扇在内侧大边上下做轴，上端插入连槛，下端插入门枕，连槛以门簪与上槛相连，门簪一般用4枚，可做成圆形、多边形、花瓣形等，极富装饰性。高级的门涂朱后钉上门钉，纵向有11、9、7、5路钉法。此外还要在门上置铺首及门环（彩图3-17、彩图3-18）。

隔扇门，一般作建筑的外门或内部隔断，每间可用4、6、8扇。隔扇也是由边梃和抹

图 3-31　民间门窗装饰
（a）成都寺庙建筑门窗；（b）佛山祖庙隔扇；（c）佛山祖庙隔扇；
（d）成都寺庙建筑门窗

头组成，抹头即横格有5～6个。隔扇大致可以划分为花心和裙板两部分，是装饰的重点所在。另外隔扇也可以去掉下面裙板部分做窗，称为隔扇窗。在屋身立面与隔扇门一起取得整齐协调的艺术效果。

花心也即隔心，形式丰富多样，是形成门的不同风格的重要因素。花心有直棂，方格，柳条式、变井字，步步锦，灯笼框，夹杆条，杂花，龟背锦，冰纹，菱花等。裙板一般为雕刻，图案复杂多样。

隔扇的边梃和抹头表面可作成各种凸凹线脚，有的在拐角处装饰华美的铜角叶，兼收加固及装饰双重效果（图3-31、彩图3-19、彩图3-20、彩图3-21、彩图3-22、彩图3-23）。

罩、天花、藻井：罩、天花和藻井均为古建筑中的室内装修部分。

罩在室内起隔断和装饰的双重作用，既分隔了空间，又丰富了层次，隔而不断。按照罩的不同通透程度可分为：几腿罩、花罩、落地花罩、栏杆罩、落地罩、圆光罩、太师壁、炕罩等（图3-32）。

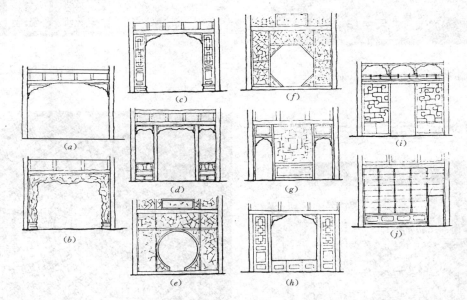

图3-32　罩与隔架

（a）几腿罩；（b）落地花罩；（c）落地罩；（d）栏杆罩；（e）圆光罩；（f）八角罩；
（g）太师壁；（h）炕罩；（i）多宝格（博古架）；（j）书架

天花和藻井均为顶棚装饰。为了不露出建筑的构架，常在梁下用枋组成木框，在木框间放木板，板下施彩绘或贴以有彩色图案的纸；天花图案很丰富，色彩鲜艳（图3-33、图3-34）。藻井是高级的天花，一般用在殿堂正中，如帝王御座、神佛像座之上。形式有方形、矩形、八角形、圆形、斗四、斗八等，藻井装饰图样很多，皇家建筑中一般以龙的图案为主（图3-35、图3-36）。

二、都城及宫殿

元代的首都——大都城，位于华北平原北端的今北京市。战国时，即已形成城市，曾是燕的国都，辽代在此建立陪都，金时又扩建为中都，元灭金时，中都城受到极大的破坏，元世祖忽必烈即大汗位后，利用中都东北郊保存下来的金代离宫大宁宫和琼华岛一带风景区为核心，建造了新的宫殿，随后在1264年开始大规模的都城建设。

图 3-33　北京颐和园景福阁天花

图 3-34　北京紫禁城乐寿堂天花

图 3-35　北京故宫太和殿藻井

图 3-36　北京天坛祈年殿藻井

　　明朝灭元后，将大都城改称为北平，1403 年，明成祖朱棣即位后，为了北御匈奴，将首都由南京迁往北平，更名为北京。明朝的都城北京城是在元大都的基础上改建和扩建而成的。明嘉靖年间，即 1553 年，为了加强京城的防卫和保护城南的手工业和商业区，又在城的南面加筑一个外城。外城东西宽 7950m，南北长 3100m，南面三座门，东西各一座门，北面共五座门，中央三门就是内城的南门，东西两角门直通城外，内城东西6650m，南北 5350m，南面三门，东北西各两座门。这些城门都有瓮城，建有城楼和箭楼，内城的东南和西南两个城角上并建有角楼。

　　明朝北京城的布局以皇城为中心。皇城平面为不规则方形，位于全城南北中轴线上，四向开门，南面的正门即是天安门，在天安门的南面还有一座皇城的前门，明代称为大明

142

门。皇城内的主要建筑是宫殿园苑、庙社、寺观、衙署、仓库、作坊等。

作为皇城核心的宫城，位居全城中心，四面都有高大城门，在城的四角建有华丽的角楼，城外围以护城河。宫城内是明清两朝皇帝听政和居住的宫室。

明清北京城的布局，充分体现了中国封建社会都城以宫室为主体的规划思想。在北京全城有一条长约 7.5km 的中轴线贯穿南北，轴线以外城的南门永定门作为起点，经过内城的南门正阳门，皇城的天安门、端门及紫禁城的午门，然后穿过三座门，七座殿，出神武门越过景山中峰和地安门而止于北端的鼓楼和钟楼。在轴线两旁布置了天坛，先农坛，太庙和社稷坛等建筑群，体量宏伟，色彩鲜明，与普通百姓的建筑形成鲜明的对比，反映了城市规划中强调帝王的权威和至高无上的思想。

元朝的宫殿建筑在继承唐宋建筑风格的基础上，又受到喇嘛教和伊斯兰教的影响，再加上游牧生活习惯，出现了前所未有的建筑特色。

在建筑材料方面，使用了许多稀有的贵重材料，如紫檀、楠木和各种色彩的玻璃，在建筑装饰上，主要宫殿用方柱，涂以金红色并绘金龙，墙壁上挂毡毯、毛皮或丝质帷幕，壁画、雕刻充满宫中，多数是喇嘛教题材。在宫中有盝顶殿，畏吾儿殿，棕毛殿等新形式。均为此前宫殿所未见的。

北京故宫是我国现存最宏大、最完整的古建筑群。是我国明清两代皇帝的宫殿。北京故宫始建于明永乐十四年即 1416 年。清朝沿用以后，只是部分重建和改建，总体布局上没有变化。

宫城外面用皇城围绕形成不规整的巨大的长方形，四向辟门，东为东安门，西为西安门，南为正门天安门，北为地安门。皇城内包含宫苑，太庙，社稷坛以及皇家所建寺庙等建筑。

由外城正门永定门经正阳门、天安门到地安门、钟楼鼓楼的中轴线上，建立了全城和故宫最主要的一系列建筑物，宫殿群的轴线和北京全城轴线重合为一，突出体现了帝王的无上权力和其宫殿的至尊地位。

宫城，又称紫禁城，四周绕以高厚城垣，城东西宽约 760m，南北长约 960m，规则的矩形平面。城四角有美丽的角楼。城四面辟门，东面为东华门，西为西华门，北为神武门，南面为宫城的正门午门。在宫城午门前面，南伸长约 600m，宽约 130m 的前庭，两侧为千步廊，在廊东为太庙，廊西为社稷坛，这是符合祖制的"左祖右社"布局，千步廊南端即为皇城正门端门和天安门。

午门采取门阙合一的形式，形成凹形平面，在高峻雄伟的城座上，建立了一组建筑，下辟狭小的方形门道，气象森严，是献俘、颁诏的地方。紫禁城内，大致分为外朝内廷两个区。外朝部分是以明称奉天殿、华盖殿、谨身殿三殿为主，这三殿到清朝改称为太和、中和、保和殿。在三大殿前面有太和门，两侧又有文华和武英两组宫殿。三殿立于高大洁白的汉白玉石雕琢的三重须弥座台基之上。

太和殿，面阔 11 间，进深 5 间，上为重檐庑殿顶，就面积而言，是我国最大的木构建筑，明朝初建时为 9 面阔，称为奉天殿，后改称皇极殿。清初改建为 11 间，今殿则为 1697 年康熙三十六年重建的。殿东西 12 柱，南北 6 柱，共 72 柱，通面阔 63.93m，通进深 37.17m，高 26.92m。大殿立于高达 8.13m 的三层汉白玉须弥座上，前面三出陛，全部镌各式花纹，雕工精绝。大殿上覆以重檐庑殿顶，体量宏伟，造型庄重，上层檐为 11

踩斗拱，下层檐为9踩斗拱，二样琉璃，屋脊正吻高达3.4m，大殿内外木构均施最高等级的和玺彩画，殿前宽阔的月台上置铜龟、铜鹤、日晷、嘉量等。皇宫建筑一律用黄色琉璃瓦。太和殿用于最高级隆重仪式，登极、元旦、冬至朝会、庆寿、颁诏等。太和殿庄严宏伟，金碧辉煌，不仅是我国建筑史，而且也是世界建筑史上的奇迹。

中和殿，在太和殿和保和殿之间，立于工字形三层汉白玉台基中部，平面为正方形，面阔进深各五间，单檐攒尖顶，前后踏道各三出，左右各一出，亦均雕镂，隐出各种花纹，殿四面无壁，各面均安格子门及槛窗，殿中设宝座，每遇朝会大典，皇帝先在此升座，受内阁、内大臣、礼部等人员行礼毕，才正式到太和殿上朝，此殿始建于1650年即顺治三年。

保和殿是三大殿的最后一座，就等级而言仅次于太和殿，为重檐歇山9间殿，是殿试进士场所。

在三大殿东西两侧的文华殿和武英殿，是两组独立的宫殿群，均由殿门、廊庑、殿身组成，其等级低下，为单檐歇山顶，形体卑小。文华殿原为太子读书处，用绿色琉璃，嘉靖时才改为黄琉璃瓦，成为皇帝召见翰林学士，举行经筵讲学典礼处。由于这种性质在乾隆三十九年即1774年为四库全书建立藏书楼文渊阁时，就置于文华殿北，成为组成部分之一。文渊阁仿宁波天一阁而建，6开间，取"天一生水，地六成之"之义，色彩用青绿冷色，瓦用绿剪边黑琉璃，这是故宫内极少数不用黄琉璃瓦的建筑之一。文华殿与三大殿比，虽然体量小，但尺度亲切、适用，整个环境，清幽雅致，亲切宜人，武英殿是与文华殿对称的另一组宫殿群，主要用于召见大臣。商谈政务，到清康熙以来，在此设活字印刷场，印出大量活字版书籍，称作殿本。在武英殿前，有一处藏有历代帝王及名臣名贤像的小殿——南薰殿，是明代的遗物，它小而精致，内檐彩画绚丽无比，远为太和殿清代彩画所难企及。

内廷以乾清门为界，其北为帝王生活区，中轴线上的主体建筑是乾清宫、交泰殿、坤宁宫。主体建筑的两侧为东六宫、西六宫，为嫔妃居住处。再东出景运门，为太上皇宫，有清代乾隆皇帝为自己退位所建的一组宫殿——宁寿宫，包括戏楼、仿江南风格的花园等，建筑装修精美，是清代盛期的代表，充分表现了乾隆时期的建筑作风。西出隆宗门，有皇太后居住的慈宁宫及供奉佛道的殿宇等。

乾清门，有八字门墙，前置鎏金铜狮，一派浓郁的生活气息，乾清宫为重檐庑殿7间殿，为皇帝的寝宫，坤宁宫为皇后寝宫，嘉靖年间，将乾清宫和坤宁宫中间的长廊改建为交泰殿，空间局促，很不相称。清代时西六宫前的养心殿，成为皇帝日常处理政务的地方，并在此外设立了军机处，以便大臣们随时听召办事。

整个宫城最北一区为御花园，中有钦安殿，此区有苍松翠柏，名花异卉，怪石虬立，泉水喷珠，为故宫内唯一亲切自然之处。

总的来看，作为世界上最大宫殿建筑的北京故宫，在建筑技术、总体布局、建筑装饰、建筑艺术等方面有以下突出特点：

首先，明清北京故宫的主要建筑基本上是附会《礼记》、《考工记》及封建传统的礼制来布置的，例如，为了附会"左祖右社"的制度，将社稷坛和太庙布置在宫城前东西两侧。三大殿：太和殿——中和殿——保和殿附合了"三朝"制度，"五门制度"也在大清门到太和门之间的五座门上体现出来。

其次，强调中轴线和对称布局。和封建社会历代帝王的宫殿一样，明清北京故宫的设计思想也是要集中体现帝王权力，就其功能而言，物质的功能远不如其精神功能大，为了显示整齐严肃的气氛，主要建筑全部严格对称地布置在中轴线上，在整个宫城中以前三殿为中心，其中又以举行朝会大典的太和殿为主要建筑，因此在总体布局上，前三殿占据了宫城中最主要的空间，而太和殿前的庭院，平面方形，面积达 25000m²，是宫城内最大的广场，有力的衬托了整个宫城内的主体建筑太和殿。内廷及其他建筑是从属于外朝的，所以体量较小，布局紧凑，都是为了反映太和殿的主导地位，包括太和殿前的一系列布置，也是别具匠心，从大清门到天安门为一段，从天安门到午门为另一段，进入午门后，在金水河后面矗立着外朝的正门太和门，过了太和门，太和殿的宏伟气魄扑面而来。这一系列处理手法渲染出外朝的重要地位，使人们在进入太和殿前就已经感受到了气氛的严肃和压抑。

再次，故宫的建筑是以中国传统的建筑形式进行平面布局的，即以建筑围合成院，作为单元，又由若干院组成建筑群，然后再以院的空间尺度加以变化对比来产生不同的气氛。北京故宫从大清门到太和殿，先后通过了 5 座门，6 个闭合空间，总长约 1700m，其间出现了三次高潮。进入大清门，是一段狭长的千步廊空间，在狭长空间之后，出现一处横向展开的广场，迎面矗立着高大的天安门城楼。对比效果很强烈，天安门前汉白玉雕琢的金水桥和华表、石狮等，鲜明的衬托出红色的门楼基座，形成了第一个强烈感人的高潮。进入天安门，与端门之间局促的空间，顿为收敛，然后，过端门，呈现一个纵深而封闭的空间，尽端是肃穆、压抑、雄伟的午门，构成第二个高潮。午门和太和门之间，又变为横向广场，舒展而开阔，过太和门进入太和殿前广场，顿觉宏伟庄严，正前方是巍峨崇高、凌驾一切的太和殿，形成第三个高潮。

第四，中国封建社会宗法观念的等级制度，在北京故宫中得到典型的表现，从屋顶形式来看，按规定尊卑等级顺序是重檐庑殿顶，重檐歇山顶，重檐攒尖顶，单檐庑殿顶，单檐歇山顶，攒尖顶，悬山顶，硬山顶。在故宫中最重要的建筑用最高等级的屋顶，例如太和殿和乾清宫均使用了重檐庑殿顶。建筑的开间数，也有明确的等级规定，最高为 9 间，依次为 7、5、3 间，如故宫中的太和殿为唯一的一座 9 间大殿，突出了它的重要地位。色彩和彩画也有着严格的等级规定。色彩以黄为最尊贵，赤绿青蓝黑灰次之，宫殿用金、黄、赤色，民居只能使用黑白灰色，故宫以强烈的原色调对比着北京城广大的灰色调民间建筑，显得格外醒目。彩画的题材以龙凤为最高等级，而锦缎几何纹样次之，而花卉、风景只可用于次要的庭园建筑。彩画的等级还以用金的多少来判别，从高到低的顺序是：和玺，金琢墨石碾玉，烟琢墨石碾玉，金线大点金，墨线大点金，墨线小点金，鸦乌墨等。故宫的太和殿面阔 9 间（清时改为 11 间），屋顶的走兽和斗栱出挑数是最多的，御路、栏杆及彩画使用龙凤题材，在色彩中用了大量的金色，藻井下的 4 柱为雕龙金柱，大门的裙板均为金色雕龙图案，殿前月台上陈设着日晷、嘉量、铜龟、铜鹤，都反映了最高等级。

三、园囿和坛庙

（一）元明清的园囿建筑

明清是我国造园活动较活跃的时期，无论是私家园林还是皇家园林都有了较大的发展。

这一时期的皇家园林是以园为主的皇帝离宫，因此，除了供游息以外，还包括举行朝贺和处理政务的宫殿以及居住建筑、寺庙建筑等。明朝的皇家园囿，主要是紫禁城西面的西苑，它是利用元朝离宫旧址改建的。到了清朝除了继续扩建西苑外，又在北京西北郊风景优美的地带兴建了圆明园、长春园、万春园、静明园、静宜园、清漪园等，并且在京城以外承德建了最大的行宫——避暑山庄。

皇家园囿往往拥有广大的面积和富有变化的地形，园内建筑分为两个区，一个是宫殿区，供朝见、居住使用，一般位于前面；另一部分是供游乐的园林区。承德避暑山庄，圆明园，颐和园等，其布置大致如此。

颐和园位于北京城西北约 10km 的地方，全园面积 3.4km² 。这里风景优美，北部有占全园 1/3 面积的山区，南部为湖沼。

根据使用功能和所在区域的不同，颐和园分为四个部分。第一部分是万寿山东部的东宫门、仁寿殿等所组成的朝廷和居住供应部分；第二部分是万寿山的前山部分；第三部分是万寿山后山和后湖部分；第四部分是昆明湖，西湖，南湖部分。

颐和园入口主要有两处，一是东宫门，一是北宫门。颐和园的主要建筑多集中在东宫门内，仁寿殿是皇帝召见群臣、处理朝政的地点，德和楼是我国现存古代最大的戏楼，乐寿堂为其寝宫，这一片建筑平面是对称式布局，装修富丽堂皇，只是屋顶多采用卷棚顶，灰瓦而不施琉璃，在庭中又有花木、湖石点缀，才稍与皇宫建筑有别。

过仁寿殿转入开旷自然的前山部分，登时豁然开朗，产生强烈对比。万寿山前山中心地段的排云殿和佛香阁，是全园的主体建筑，排云殿是举行典礼和礼拜神佛之所，是园中最堂皇的殿宇。佛香阁八角四层，高 38 米，是全园的制高点。在排云殿西侧有若干组建筑，在临湖傍山一带散置各种游赏用的亭台楼阁。沿昆明湖岸建有长廊、白石栏杆和驳岸，从德和园、乐寿堂向西伸展，把前山的各组建筑联系起来，这条长廊长 728m，共273 间，是前山的主要交通线。

万寿山后山后湖部分，北面狭长，林木茂盛，环境幽邃，两岸布列藏式喇嘛庙以及苏州的临水街道，与前山的开阔及殿阁形成鲜明的对照。

昆明湖东岸是一道护水长堤，东面湖中设龙王庙小岛，以十七孔桥与东堤相联，西面湖中又有小岛两个。水面之大，浩淼开阔，湖中建筑隔水与万寿山相望，形成对景。

颐和园在环境创造方面，利用万寿山一带地形，加以人工改造，造成前山开阔的湖面和后山幽深的曲溪水院等不同的境界，形成环境的强烈对比，是造园手法上的成功之处。佛香阁的有力体量，使其成为全园的构图中心。在借景方面，把西山、玉泉山和平畴远村收入园景，是非常成功的，在颐和园中建筑多采用官式作法，与一般私家园林不同，但通过巧妙的利用自然景物，创造出一种富丽堂皇而又富于变化的艺术风格，集中而突出地体现了这一时期皇家园林的特点。

明清时，私家园林有了进一步的发展，几乎遍及全国各地，其中比较集中的地点，北方以北京为中心，江南以苏州、南京、扬州及太湖一带为中心，岭南则以广州为中心。目前江南一带所保存的私家园林以苏州为最多，扬州其次，其他城市极为稀少，私家园林是为了满足官僚地主和富商的生活及享乐而建造的。要创造出一个可游、可观、可居的城市山林，所以私家园林有着自己独特的风格。在总体布局上，巧妙的运用各种对比，衬托、尺度、层次、对景、借景等手法，使园景达到以少胜多，小中见大，在有限的空间内获得更加丰富的景色。在叠山方面，以奇峰阴洞取胜。在水面处理上，有主有次，有收有分，堤岸曲折自然，池桥大小比例适中。在绿化布置上，依景随需，自由栽植。在建筑处理方面，建筑是园林的重要组成部分，常与山水共同组成园景，有时成为景观中心。建筑种类繁多，常见的有：厅、堂、轩、馆、楼、台、阁、亭、榭、廊、舫等；建筑造型一般都较轻巧淡雅，玲珑活泼，建筑装修比较精致灵巧，色彩调和。

（二）元明清的坛庙建筑及装饰

在中国封建社会中，形成了一套完整的宗法礼制，集中地反映了封建社会中人与人的等级关系和宗法家族思想，其中还掺杂着许多迷信因素于内，是维护封建统治的上层建筑之一。在这种思想体系中最重要的是要人们相信"天"是至高无上的主宰，而人间君主的一切行为都是按着"天"的意志而做的，另外崇尚祖先也是宗法礼制的重要内容。为了表示和反映皇帝与各种神祇，祖先的联系，封建社会的各朝、各代都修建了许多带有祭祀性质的建筑，如天坛、地坛、日坛、月坛、风神庙、太庙等。明朝建造，并经清朝改建的北京天坛是其中极为优秀的代表。

天坛位于北京外城南部永定门内大街的东侧，是明清两朝皇帝每岁冬至祭天并祈祷丰年的地方。

天坛建有内外两重围墙，南墙为直角，北墙呈圆形，象征着天圆地方。总面积280hm²。天坛建筑按其使用性质分为四组，第一组是处于中轴线北端内坛墙内的祈年殿组群；第二组是中轴线南部内坛墙内的圜丘组群；第三组是皇帝祭祀前斋宿的宫殿——斋宫，它位于内坛墙西门内南侧；第四组是外坛墙西门内的牺牲所和神乐署。

祈年殿是天坛内最重要的建筑之一，原是天地合祀时的大祀殿，明嘉靖时实行天地分祭被降为祈谷坛，另建祈天之所圜丘。但是，祈年殿仍然是天坛中最突出的主要建筑，它

图 3-37　北京天坛祈年殿

优美的体形和高超的艺术处理，是中国古代建筑艺术最成功的优秀典范之一（图 3-37）。祈年殿立于三层汉白玉须弥座台基之上，平面正圆形，底径约90m，殿身高38m，上为三重檐圆形攒尖顶，上覆青色琉璃瓦，顶尖以鎏金宝顶结束，檐下柱枋隔扇为朱红色，彩绘金碧灿烂，整个建筑色调纯净，造型庄重典雅，由于这座建筑高出垣外地平10m以上，又由于巧妙地使配属建筑不进入视野，使人们在穿过茂密的参天古柏林后，顿然开朗，在苍翠的林海之上，有超凡出尘，与天接近的感觉，坛面所见，惟有苍穹与林海而已，天坛所要求的崇高、静谧、肃穆气氛就这样被创造出来了。

由祈年殿过祈年门向南经过长 400m，宽 30m，高出地面 4m 的砖砌大甬道——丹陛

图 3-38　天坛皇穹宇

桥到天坛内的另一组重要建筑圜丘（图 3-39）。圜丘是皇帝祭天的场所，是一切祭祀中最高一级。古制，郊天须柴燎告天，露天而祭，坛而不屋。现状为乾隆重建结果。圜丘是一个由汉白玉石砌成的三层圆形台子，上层径 26m，下层径 55m。周围用两层矮墙环绕，外墙为方形，内墙平面呈圆形，再一次象征天圆地方。两重墙之间不植树，而墙外森林茂密，尽量造成"天国"的气氛。在迷信观念中，天为阳性，故圜丘的一切尺寸，石料件数，均用阳数。

在圜丘北有一组建筑是平时供奉"昊天上帝"牌位的，称为皇穹宇（图 3-38）。皇穹宇平面为圆形，建立在洁白的单层须弥座石基之上，单檐攒尖顶，饰以青色琉璃瓦，上为金色宝顶，立面为朱色的柱、门窗、檐下彩绘。内部的梁、柱、藻井和外面的装饰及基座石刻等十分精美。皇穹宇周围的垣墙，直径 63m，墙用磨砖对缝砌成，浑圆无接痕，精致细腻，世所罕见，并有折音回响效果。

封建君主对天坛的设计，有着严格的思想要求，最主要的是在艺术上表现天的崇高、神圣和皇帝与天之间的密切关系。天坛是通过三个方面的处理来反映和表现这一设计主题的。首先是将圜丘、皇穹宇、祈年殿平面设计为圆形，内外围墙作弧形，附会了古代的"天圆"的宇宙观，这是用图形来象征天。其次为术数象征，圜丘的石块与栏板数目附会天为"阳"的奇数或其倍数，并符合"周天" 360°的天象数字，祈年殿内外三层柱子的数目象征着一年十二月、十二节令、四季等天时。第三是用色彩象征，主要建筑用蓝色瓦顶，象征着"青天"。

天坛建筑的成就还突出的表现在空间组织上，为了突出主体，首先用了一条高出地面 4m 的丹陛桥构成轴线，直贯南北，在两

图 3-39　北京天坛圜丘

端布置了形状不同的两个主体建筑，其次在轴线上的各组建筑也采用了突出主体的手法。在圜丘外面，两层矮墙的处理，有利于空间的展延，使圜丘显得比真实尺度更加高大。祈年门前狭长庭院的布置，也是要造成空间的强烈对比，加大祈年殿的尺度感。

另外，天坛内大片的柏林在创造肃穆、静谧的环境气氛方面起了重要的作用。无论在天坛西门内的辇道上，或在高高的丹陛桥上，人们都会感到大片苍翠浓郁的柏林，祭祀时肃穆感油然而生。

四、陵墓建筑

中国封建社会 2000 多年间，历代皇帝为了提倡"厚葬以明孝"，以维护他们世袭的皇位和"子孙万代"的皇朝，不惜用大量的人力物力修筑巨大的陵墓。一般来看，陵墓建筑反映了人间建筑的布局和设计。从秦汉开始一般都具有明显的轴线，垒土的陵丘居中，绕以围墙，四面辟门。到唐宋时每陵轴线上建享殿、门阙、神道、象生等。到元明清时无不如此，尤以明十三陵为典型的代表。

明代迁都北京后，在昌平天寿山形成集中陵区，称"十三陵"。十三陵距北京约45km，整个陵区的东西北三面山峦环抱，十三座陵墓组群各依据着一个山峦，分布在山谷中，面向中心——长陵。长陵是明朝迁都北京后第一代皇帝明成祖朱棣的陵墓，此陵居天寿山主峰前，山麓前的缓坡上，距长陵约 6km 处崛起的两座小山被利用为整个陵区的入口。环抱的地形造成内敛的完整环境，整个陵区，南北约 9km，东西约 6km，结合自然地形，各陵彼此呼应，成为气象宏廓而肃穆的整体。

图 3-40　明十三陵石牌坊

山口外距天寿山主峰约 11km 的石牌坊是整个陵区的入口（图 3-40），牌坊北约1300m，位于两座小山间微微隆起的横脊上的大红门是陵区的大门。大红门内神道上依次布置着碑亭，华表，18 对巨大整石的文臣、武将、象、骆驼、马等雕像，龙凤门。由龙凤门向北约 4km 处为长陵。神道是以长陵为目的而设的，但随即成为十三陵共同的神道，各陵不再单独设置，这是和唐宋陵制全然不同处，而为清代所仿效。

长陵建成于 1424 年，它是十三陵中最大的一座，也是明代皇陵的典型，陵园有城垣包绕，内建有巨大的宝顶、方城明楼和祭殿祾恩殿。宝顶周围有墙环绕，平面为直径300m 的圆形，覆盖着深埋在地下的地宫。宝顶前面正中部分做成方台，上立碑亭，下称"方城"，上称"明楼"，其前有石"五供"象征祭祀用物。宝顶前，以祾恩殿为中心，布置成三重庭院。

祾恩殿为最高等级殿宇，面阔 9 间，重檐庑殿顶。大殿通面阔 66.75m，进深 5 间29.31m，其面积稍逊于故宫太和殿而正面面阔超过之，故体量感觉则大于太和殿，是我国现存最大的古代木结构建筑之一。长陵的用料及工程质量则为太和殿不能企及，祾恩殿内使用 12 根金丝楠木柱，最大 4 柱直径达 1.17m，高约 23m，质量之高、形体之硕大，为历史仅见。此殿经雷击焚烧、地震，迄今无闪失倾斜。殿的造型庄重舒展，也属上乘之作。

明朝陵墓地下墓室都用巨石发券构成若干墓室相联的地下宫殿。经考古发掘而获知地宫的一般情况。定陵是十三陵中仅次于长陵和永陵位居第三位的大陵，是明神宗朱翊钧的陵墓。1956 年对其地宫进行了发掘。墓室以一个主室和两个配室为主体，主室前有甬道，门三重。地宫结构为石砌拱券，除石门有檐楣雕饰外，朴素无华，石券跨度达 9.1m，净高 9.5m，施工质量良好，至今完好无损。

清朝皇帝陵墓基本上承袭了明朝的布局和形式。入关前在沈阳建造了辽宁新宾兴京永陵，沈阳的福陵和昭陵。其中尤以北陵规模宏巨，雕饰精丽。清朝入关后，形成两个集中陵区，东陵在河北遵化县，西陵在易县。在清代各陵中，乾隆帝的裕陵最为精美，用料讲究。处于清朝东陵中的裕陵，建于清朝建筑最盛之时，内部质量十分精美。其地宫用汉白玉中上品的艾叶青砌成，券顶、墙面、门扇、过道，雕刻着佛像、经文、八宝等内容的浮雕，刻工细腻准确，全部券顶墙面各石件，预先雕琢然后试拼再安砌，如浑然整体，不见接缝。其精美程度历史仅见。

五、宗教建筑

元朝各种宗教并存发展，宗教建筑异常兴盛，建造了很多大型宙宇，如大都的护国寺、妙应寺、东岳庙、山西洪洞县的广胜寺、永济县的永乐宫等。

山西省永济县的永乐宫是元朝道教建筑的范例。原来规模很大，全部建筑按轴线排列，主要的大殿三清殿体量最大，前面的院落空间也最大，自此向后，建筑的体积和院落都逐渐缩小。三清殿立面各部分比例和谐，稳重而清秀，继承了宋代建筑的特点，屋顶使用黄绿二色琉璃瓦，台基的造型很新颖。在永乐宫的三座主要殿堂内部都留下了精美的壁画，尤其是三清殿的壁画构图宏伟，题材丰富，线条流畅生动，是元代壁画中的上品，此建筑因修水库而迁至山西芮城县。

明清两朝，佛教、道教、伊斯兰教、基督教等并行发展，宗教建筑更是百花齐放，五彩纷呈。出现了除常见的佛塔以外的另一种形式的塔——金刚宝座塔，如云南傣族的佛塔群。建造了许多大型的与汉族风格不同的寺院，如西藏的布达拉宫、承德避暑山庄的外八庙、甘肃夏河的拉卜楞寺等。

位于甘肃夏河的拉卜楞寺是喇嘛寺院的典型代表，始建于 1709 年，是一组规模很大的建筑群。寺内的铁桑浪瓦札仓是由庭院、前廊、经堂和佛殿所组成的。

寺院内的建筑虽然体型各异，但使用了基本相同的装饰手法，使整个建筑群艺术风格统一、协调。在建筑外部，多为平屋顶、厚墙，在檐口和墙身上有大量的横向饰带，给人以多层的感觉，增加了建筑的尺度感。在坚实的墙身上往往点缀一部分木门廊，上面又有线条柔和翘曲的汉族屋顶，使这种建筑体形并不呆板。色彩和装饰采用对比的手法，经堂和塔刷白色，佛寺刷红色，白墙面上用黑色窗框，红色木门廊及棕色饰带，红墙面上则主要用白色或棕色饰带，屋顶部分及饰带上重点点缀镏金装饰或用镏金屋顶。在室内、柱子林立的空间中除彩绘外，挂满了彩色幡帷，柱子上裹以彩色毡毯。以上拉卜楞寺的建筑及装饰可代表这一时期喇嘛教建筑及建筑装饰的一般特点。

六、住宅建筑

中国是一个多民族的国家，许多民族保持了古老的居住形式，到元明清时仍然没有多大改变。例如贵州、云南的水族、侗族、傣族、景颇族，采取干阑式住房；蒙古、哈萨克、塔吉克等族采用帐幕式住房；在黄河流域中部地带广泛采取窑洞住房。即使木结构的汉族住房，由于南北气候的差异，其变化也很大。住宅建筑最为紧密地结合人们日常生活的需要，因此，因地制宜、因材致用的特点最为突出，而且往往比较灵活自由，富于创造精神，是我国建筑遗产中非常丰富、非常重要的部分。这里仅就几种具有代表性的住宅类型，作简单介绍。

（一）北京四合院

北京四合院可作为北京乃至于北方住宅的典范。这种住宅的布局，在封建宗法礼教的支配下，严格区别内外，尊卑有序，讲究对称，对外隔绝，自有天地。

住宅大门多位于东南角上。大门形式可分为屋宇式和墙垣式，屋宇式一般为一间，但依房主地位尚可有 3、5、7 间的，多间的门，只有部分开启，门扇装在中柱缝的叫广亮大门，门扇上有门钉，上槛用门簪，抱框用石鼓门枕，并配有符合主人地位的雕刻和彩画。门扇设在檐柱处，叫如意门，为一般民居用，数量最多。无门屋的墙垣式门更低一级，与如意门一样略加砖雕装饰。大门内迎面建影壁，一般影壁表面用清水砌水磨砖，加以线脚、雕花、图案、福禧字等作为装饰。影壁前置石台盆花。自此转西至前院。南侧的倒座通常作客房、书塾、杂用间或男仆的住所。前院与后院隔以中门院墙，中门常为垂花门形式（图3-41），垂花门处于中轴线上，界分内外形体华美，为全宅醒目突出之处。所谓垂花门，是指檐柱不落地，悬在中柱穿枋上，下端刻花瓣联珠等富丽木雕。过垂

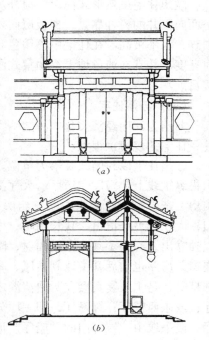

图 3-41　北京四合院住宅中垂花门
（a）立面；（b）剖面

花门进入面积较大的后院，院北正房供长辈居住，东西厢房为晚辈的住房，周围联以走廊，这是全院的核心部分。稍大一些的四合院不止前院后院两个院落，可能有多个院落，各进之间为过厅，在正房两侧有耳房，正房以北仍辟小院，布置厨、厕、贮藏、仆役住房等称为后罩院。

无论多少进，正房和垂花门必在中轴线上，大的住宅先是纵深增加院落，再次横向发展，增加平行的几组纵轴，称为跨院，跨院对外不开门。

北京四合院由房屋垣墙包绕，一般对外不开窗。只在院内栽植花木或陈设盆景，构成安静舒适的居住环境。

北京四合院的个体建筑，经过长期建造经营，形成了一套成熟的结构和造型体系，屋顶以硬山居多，次要房屋用单坡或平顶。墙壁和屋顶比较厚重，并在室内设炕床取暖。内

外地面铺方砖。室内按照实际需要采用各种形式的罩、博古架、隔扇等划分空间。这些罩、架等是建筑装饰的重点。顶棚常用纸裱，或用天花顶格，构成丰富美丽的艺术形象，在色彩方面，除贵族府第外，不得使用琉璃瓦、朱红门墙和金色装饰。因而一般住宅的色彩以大面积的灰青墙面和屋顶为主，一般仅在大门、中门、上房、走廊处加简单彩画，影壁、墀头、屋脊等砖面上加若干雕饰。整体来看，比较朴素淡雅，具有良好的艺术效果。

（二）徽州明代住宅的木雕装饰

在安徽省南部徽州地区的歙县、绩溪、休宁、黟县等地，仍保存不少明代至清初的住宅建筑。这一带住宅的基本形式是平面正房3间，或单侧厢房，或两侧厢房，均为楼房，周围用高大墙垣包绕，一般庭院狭小，成为天井。

徽州住宅虽然形式简单，但外观多变，特别是木雕更是精美绝伦。这种木雕重点部位是面向天井的栏杆靠登，楼板层向外的挂落，柱梁节点。雕刻的刀法流畅，丰满华丽而不琐碎，水平极高。在住宅中喜用色彩淡雅的彩画。将天花面绘浅色木纹，用以改善室内折射亮度。并常在淡色地上绘团窠式图案，这种图案一般由花卉组成，较鲜艳，着色不多而醒目。

（三）苏州住宅

苏州为江南经济文化中心之一，生活富裕，特产丰盛，从前一向是富商、官僚麇集之处，住宅的规模也很大。

苏州住宅以封闭式院落为单位，沿着纵轴线布置，每进有天井或庭院，中大型住宅在中央纵轴线上建门厅、轿厅、大厅及住房，在左右纵轴线上布置客厅、书房、次要住房和厨房、杂屋等，成为中左右三组纵列的院落组群。各进之间的交通，不必经由正中厅、门，而在侧另辟甬道，狭长阴暗，称为"避弄"，入大门后经由避弄至最后各进，各进可以独立出入。为了减少太阳辐射，院子采用东西横长的平面，围以高墙，同时在院墙上开漏窗，房屋也前后开窗以利通风，客厅和书房前后庭院布置山石林木，幽静雅致，建筑装饰精美，是主人宴宾会友听曲清淡之处。客厅的作法变化多样，有两厅双置，成为南北对厅；或东西双厅；鸳鸯厅，即一厅分为南北两个独立的厅，这种厅可以四面无倚，为四面厅，或采取由一端辟门的"船厅"形式。形式变化自由，是住宅中最富情趣各宅互相争胜之处。

厅堂内部随使用目的，用罩、隔扇、屏门等自由分隔。进深大时，为降低室内净高，上部天花做成各种形式的轩，如：船篷轩、菱角轩、弓形轩、海棠轩、鹤胫轩、一枝香轩等；也有利用结构夹层将厅内柱吊起而不落地，称为花篮厅。住宅的结构，一般为穿斗式木构架，屋顶多为硬山，或山面出于屋面上，构成封火山墙，其式有"五山屏风墙"、"观音兜"等。梁架与装修仅加少数精致的雕刻，极少彩画，墙用白，瓦青灰，木料则为栗褐色，色调雅素明净。

（四）浙江四川的山地住宅

利用自然地形灵活而经济地做成高低错落的台状地基，在其上建造房屋，因而住宅的朝向不分东南还是西北，往往取决于地形。房屋的典型特点是比较敞开外露，多外廊，深出檐，窗洞很大，给人以舒展轻巧的感觉。一般布局为三合院形式，正中为堂屋，两侧为家长住房，两厢为晚辈住房，也有于西厢背后更加天井或发展为另一个院落。房屋结构通常用穿斗式木构架，高一至三层不等。墙壁材料因材致用，有砖、石、夯土、木板、竹笆等。屋顶形式一般用悬山式，前坡短，后坡长，出檐与两山挑出很大。木料多为本色，用熟桐油涂刷，木纹天然，门窗涂浅褐色或枣红色，与高低起伏的屋顶相配合，形成朴素而富于生气的外观。

（五）客家土楼住宅

分布于福建西南部及广东、广西两省北部的客家，聚族而居，因而产生了体形巨大的群体住宅。这种住宅的布局有两种形式，一种是大型院落式住宅，平面前方后圆，内部由中、左、右三部分组成，院落重叠，屋宇参差；另一种就是土楼住宅。

这种土楼以夯土为承重墙，可达5层之高，平面有圆形与方形两种。圆形平面直径最大可达70m，共三环，房间总数达300余间，层高由外环向中心降低，以保证内部采光和通风（图3-42）。

（六）河南窑洞住宅

在我国华北，西北有广大的黄土高原，人们为了适应地质、地形、气候和经济条件，建造各种窑洞式住宅和拱券住宅。窑洞式住宅有两种。一种是靠崖窑，在天然土壁内开凿横洞，常数洞相联成上下数层，有的在洞内加砌砖券或石券，防止泥土崩溃，或在洞外砌砖墙保护崖面。规模较大的则在崖外建房屋，组成院落，称为靠崖窑院。另一种在平坦的岗地上，凿掘方形或长方形平面的深坑，沿着坑壁开凿窑洞称为地坑窑、或天井窑。

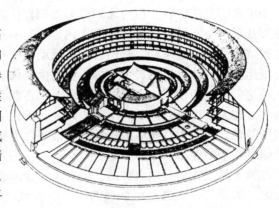

图3-42　福建永定县客家住宅承启楼

（七）云南"一颗印"住宅

云南地处祖国的西南边陲，一年四季如春，无严寒多风，故建筑共同特点是墙厚瓦重，住宅平面方整，立面也方整，故当地称为"一颗印"。"一颗印"最常见的方式为"三间四耳"，即正房三间，耳房东西各二间。正房常为楼房，下有前廊称为"游春"，上下都有廊的称为"宫楼"。"一颗印"住宅外围为墙不开窗，形成较封闭隔绝的环境。建筑中木雕相当精美，常用透空雕刻，多集中在檐下挂枋上，色彩淡雅，不满施彩绘。门窗多用杂木，一般用清油刷露出木纹，也有涂黑后将边缘涂金，对比鲜明。

（八）毡包住宅

蒙古、哈萨克等族为适应游牧生活而使用移动的毡包作为住宅。草原沙漠缺乏建筑材料，因此毡包用羊皮覆盖，以枝条做骨架，构造很简单。毡包的直径一般为4～6m，高2m多，顶部为圆孔，为一木制圈，白天敞开，晚上掩盖。蒙古包的骨架枝条节点用皮条绑扎，形成一个网架，蒙以羊皮或毛毡，再用绳索束紧。当架设时，地面铲去草皮，略加平整，铺沙一寸厚左右即可，在沙上铺皮垫、三层毛毡。蒙古包入口对面为主人居处，在主位左为供佛处，右为箱柜，再左为客位，再右为女主人居处。在入口左面放鞋靴，右为炊具燃料。全包中央设火塘，供取暖、烧饭之用。富户拥有六七座毡包，一个小部落群聚集一处，往往有60～70座毡包，由于经常迁徙、拆卸或安装，往往可在很短时间内完成

（图 3-43）。

图 3-43　毡包住宅示意图

（九）傣族干阑式住宅建筑

干阑式住宅是我国最早的住宅形式之一，是气候炎热，而且潮湿、多雨地区普遍采用的住宅方式。其特点是将下部架空，造成良好的通风、采光效果。目前采用干阑式住房的民族有：傣、景颇、崩龙、佤、爱尼、侗、水族等，主要分布于广西、云南、贵州等地。现以云南傣族住宅为例介绍。

在云南西双版纳的傣族村寨中，每一户有一个单独的院落，各户以竹篱划分为面积相仿的地盘，院内临街为住房，其他面积则种植蔬菜及果树。布局方式是从篱门入内，即至有屋顶的坡檐下的木楼梯旁，登梯达前廊，此处较宽敞，光线通风好，是白天家务活动、休息、聚客之处，是宅中重要部分。由前廊向前则达晒台。前廊经门进入室内，室内由墙隔为内外两室，由前廊直接进入的是外室，客人可达，一般为饮茶、煮食处，阴雨天则在此起居生活，晚间为客人寝卧处。由外室进入内室，客人不可达。内室为全家睡眠处，无论长幼，共处一室以帐隔开。由前廊入室，一般须脱鞋，楼面为竹质或木质地板。楼板之下空间不高，仅可直立而已，为畜圈、碾米场及储藏、杂屋等。

傣族干阑式住宅有用全竹的，也有半竹半木的，全木的。屋顶形式多为单体歇山顶，上覆地产的小红瓦，也有用草顶的。一般屋脊高耸，在亚热带丛林中绿树红瓦极为醒目（图 3-44）。

（十）维吾尔族住宅建筑

维吾尔族主要分布于天山南北各地，由于游牧和定居的双重因素，使维族住宅建筑有着不同于其他民族住宅的特点。现以喀什地区的维族住宅为例，有以下特点：第一，爱好庭院生活。围绕庭院有敞廊、平台，台上铺地毯，只要气候允许，多数在庭院生活起居，夏日常露宿院内。第二，好客。有一间主要房屋为客房。第三，清洁整齐，装饰华丽。盥洗用流水，清污分开，不泼污水。室内用小壁龛存放被褥，壁面用织物作装饰，如壁毯、门帘等。地面铺地毯。室内家具不多，没有高坐习惯。第四，采暖用壁炉、火墙、土坑，出于卫生方面的考虑不用火塘直接取暖。第五，屋顶开窗，或向天井开窗。

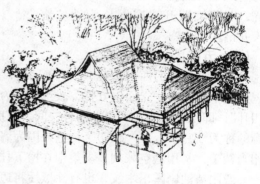

图 3-44　云南傣族干阑式住宅示意图

维族住宅甚多装饰。在喀什地区的被称作"阿以旺"的住宅，室内壁龛多者达 100 多个，这些壁龛都用石膏花纹作装饰，壁龛常作成尖拱门状，极富装饰效果。檐口、内壁上缘、壁炉的炉身和炉罩，也都用石膏刻花作装饰。维族还喜爱木雕装饰，象木柱、雀替、檩头上都作木雕装饰，而且还喜用贴雕，如柱头、封檐板、天花等处重复的几何花纹，往往用木板预先锯成雕好贴上。

154

（十一）藏族住宅

藏族住宅由于位于西藏、青海、甘肃及四川西部，雨量稀少，而石材丰富，故外墙用石墙内部以密肋构成楼层或平屋顶。城市住宅往往以院落作为全宅的中心，如拉萨的二层住宅环绕着小院，下层布置起居室、接待室、卧房、库房，上层有接待室、卧房、经堂和储藏室。其造型严整，装饰华丽。乡间住宅多依山建造，一般没有院落，三层者较多。底层置牲畜房与草料房，二层为卧室、厨房、储藏室，三层有经堂，其装修相当精美。由于能结合自然地形，使房屋组合高低错落，富于变化。

藏族民居色彩朴素协调，完全为材料本色。泥土的土黄色；石块的米黄、青、暗红色；木料部分则涂暗红，与明色调的墙面、屋顶形成对比。在贵族的住宅中，将窗框作成梯形，女儿墙檐口有黑紫色或土红色的装饰带，大门有门屋，并且用彩画。室内张挂丝绸的帷幕，墙上挂壁毯作装饰。

七、家具及室内布置

随着手工业的发展，特别是海外交通的发达，东南亚的优质木材输入，元明清时期我国家具制作工艺有了很大的发展。明代的苏州、清代的广州、扬州、宁波等地成为制作家具的中心。家具的类型和式样除了满足生活需要外，与建筑有了更加密切的联系，成为有机组成部分。在一般的厅堂、卧室、书斋等都有常用的几种家具配置，出现了成套家具的概念。特别是官僚贵族的府邸，常常在建造房屋时就根据建筑空间的功能，考虑家具的种类、式样和尺度。家具成为建筑设计，特别是室内设计的重要组成部分。

元明清家具的特征之一，是用材合理，既发挥了材料性能，又充分利用和表现材料本身色泽与纹理的美观，达到结构与造型的统一。特征之二是框架式的结构方法符合力学原则，同时也形成了优美的立体轮廓。特征之三是雕饰多集中在辅助构件上，在不影响坚固的前提下，取得了重点装饰的效果。因此，每件家具都表现出体形稳重，比例适度，线条利落，具有端庄而活泼的特点。

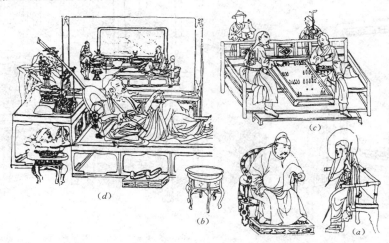

图 3-45　元代家具
（a）椅；（b）盆架；（c）罗汉床；（d）榻、屏风、足承

从家具发展的历史来看，明代家具以简洁素雅著称，而清代家具在吸收工艺美术的基

础上开始趋向于复杂，出现了雕漆、填漆、描金的家具，木家具中的雕刻也大量增多，并利用玉石、陶瓷、珐琅、文竹、贝壳等作镶嵌，使家具的外观华丽而繁琐（图 3-45、图 3-46、图 3-47）。

图 3-46　明代家具

图 3-47　清代家具

在家具布置方面，元明清贵族住宅中，重要殿堂的家具采用成组成套的对称方式，而以临窗，迎门的桌案和前后檐炕为布局中心，配以成组的几椅，或一几二椅，或二几四椅等，柜橱书架等也多为成对布置，严谨划一。力求通过色彩、形体、质感造成一定的对比效果。居室、书斋等可不拘一格，随意处理（图3-48、图3-49、图3-50）。

图3-48　皇极殿乐寿堂室内布置

图3-49　翊坤宫室内布置

图3-50　养心殿东暖阁室内装饰

室内的陈设多以悬挂在墙壁或柱面的字画为多。一般厅堂多在后壁正中上悬横匾，下挂堂幅，配以对联，两旁置条幅，柱上再施板对或在明间后檐金柱间置木隔扇或屏风，上刻书画诗文、博古图案。在敞厅、亭、榭、走廊内则多用竹木横匾或对联，或在墙面嵌砖石刻。在墙上还可悬挂嵌玉、贝、大理石的挂屏，或在桌、几、条案、地面上放置大理石屏、盆景、磁器、古玩、盆花等。这些陈设色彩鲜明，造型优美，与褐色家具及粉白墙面相配合，形成一种瑰丽的综合性装饰效果。

第4章 近代建筑装饰设计

18世纪中叶至20世纪中叶第二次世界大战结束，近代建筑装饰更加直观地、敏锐地、深刻地体现着社会的进步和科学技术的发展，更加广泛地展现了社会生活的方方面面，演绎出了更加动人、复杂、多元的建筑装饰艺术。

由于历史背景、政治环境、生活方式、价值观念、美学思想以及经济水平和技术条件在不同国家和不同的时期有所不同，因而在近代建筑装饰发展进程中，设计思想异常活跃、复杂，产生了多种多样的建筑装饰风格和流派。但各种风格、流派之间并非限界分明、壁垒森严，各流派之间在人员和设计思想与主张方面，经常相互影响、互相渗透、互相转化，以至于作品常常是同时带有几种不同流派的特征，纯粹的、典型的东西总是很少。再有，一个流派中的成员因为各人有自己的侧重点，往往是大同小异，伴有个人艺术风格的存在。即使同一个人在不同的时期，也可能有不同的喜好和观点，而导致设计风格的变化。因此，在学习过程中，要在掌握各流派共同的设计思想和风格特征的基础上，逐步深入了解一些优秀设计师的设计主张和设计手法，这样才会对建筑装饰历史以及各种风格流派有全面客观的认识。

第1节 近代装饰设计的起始

18世纪上半叶到19世纪下半叶，正当资本主义上层阶级——新兴的资产阶级倡导和沉醉于新古典主义风格的室内装饰时，始于英国的工业革命，揭开了西方近代装饰设计的序幕。发端于木棉工业的机械，终于与蒸气机与冶铁技术等联合起来，促成生产技术上的大变革，在此技术与科学的结合下，使得科学技术的文明拓展出一条康庄大道。进而，机械与资本相结合，使资本主义经济迅速发展，造成了社会结构根本上的变动。新的建筑材料、新的结构技术、新的设备和施工方法，为近代建筑发展开辟了广阔的前景。正是应用了这些新的技术，一些新建筑在结构、功能、空间的设计上可以比过去自由得多，这必然要影响到建筑装饰的变化发展。

大约1750～1850年，工业革命开始于大不列颠，随后到达法国、德国、比利时和瑞士等国。1782年詹姆士·瓦特发明的蒸气机，它不仅能应用于纺织、冶金、交通运输、机器制造等行业，而且还可以使工业生产集中于城市。于是城市人口以惊人的速度增长起来，城市与市镇的数量和规模成倍地增长。一种新的都市化社会由此产生，对新建筑的需要也比以往任何时间都更为迫切。生产的飞速发展与人们生活方式的日益复杂，在19世纪后半叶对建筑提出了新的任务。同时，建筑装饰及室内环境需要跟上社会的要求。于是，设计师们努力加强与社会生活以及与工程技术、艺术之间的紧密联系，并开始在新形式下摸索建筑装饰设计的新方向。在这约100年间，设计师们克服种种阻力，忍受万般艰难，不断追求认同的动向，我们称之为"近代设计运动"，它为多样化的近代设计奠定了基础。

一、工业革命的影响

工业革命带来的影响建筑装饰设计最大的新技术，就是新的建筑材料、结构技术和技术设备。

生铁作为建筑结构的主要材料始于近代。自从1779年第一座生铁桥在英国建成后，几年之内，生铁便被广泛运用于建筑中的柱子和框架。1785年熟铁发明获得专利，1856年又发明了柏塞麦炼钢法。钢材很快也被应用于建筑的结构。

19世纪40年代，平板玻璃开始工厂化生产，50年代以后得以推广。为了采光的需要，铁和玻璃两种材料配合使用，在19世纪建筑中获得了新的成就。1848年在英国伦敦国立植物园中完全以铁架和玻璃构成的巨大建筑物——植物园的温室（图4-1）就是典型代表。这种构造方式对后来的建筑有很大的启示。

图4-1 英国伦敦植物园温室内景

工业促进了建筑材料和预制构件的工业化生产，实现了建筑工艺的改革。工业革命也促进了采暖、通风及卫生新技术设备的发展，新设备开始被用于民用建筑。集中采暖自罗马时代以后再没有用过，直至19世纪初，蒸汽供热的方式再次出现。冷热水系统和卫生设备在19世纪下半叶发展迅速。1809年，伦敦使用煤气灯，为生活开辟了新的时空领域——城市夜生活。1801年，伏特（Volta）为拿破仑做了由一级电池产生电流的实验，到了19世纪80年代，那些买得起同时又敢于冒险的人已开始使用电灯。该世纪最后十几年，电梯、电话和机械通风相继问世。一百年间工业革命带来的巨大变革产生了一个全新的建筑体系，它向设计师提出了新的美学挑战。设计师们面对如此巨大变化的环境，应如何应付变革和表达建筑艺术的新概念呢？

有一座英国建筑，比其他任何建筑更能体现这些新发现，因此是当时影响最大的创造。它就是1851年在英国伦敦海德公司（Hyde Park）为举行世界博览会而建造的"水晶宫"（Crystal Palace，图4-2）展览馆。它是一幢彻头彻尾预示和象征未来的建筑。设计人帕克斯顿（Joseph Paxton）是园艺师，他凭借建筑花房所积累的经验，解决了巨大空间的

图 4-2　水晶宫内景

问题。水晶宫是预制装配式的，总面积为 74000m², 长度达到 563m，宽度为 124.4m，共有 5 跨。建筑外型为一简单阶梯形的长方体，并有一个垂直的拱顶，各面只显示铁架与玻璃，精巧透明。在这里，没有采用任何传统的装饰，而是完全表现工业生产的机械本能，产生了一种新的美学效果。在整座建筑物中，只应用了铁、木、玻璃三种材料。纤细的铁柱与纵横的铁桁架限定出巨大的适于展览用的空间展位。中央玻璃筒形拱顶下是类似于今天共享空间的大厅，高度达 22m，中央种植有高大的活树，并配有喷泉及其他小型绿地。整个室内空间壮观而有秩序，既表现了当时卓越的铁结构技术，同时又不失自然情调。

　　19 世纪中叶，随着新建筑类型的不断涌现，许多建筑师也在积极努力尝试用新的结构与新的材料来满足新建筑类型的要求。1858～1868 年在巴黎建造的巴黎国立图书馆

图 4-3　巴黎国立图书馆内景

（Bibliothequ Nationale，设计人：Hem Labrouste，图 4-3）就是一例。它的书库共有 5 层，地面与隔墙全是铁架与玻璃制成，这样既可以解决采光问题，又可以保证防火的安全。在书库内部几乎看不到任何历史形式的痕迹，一切都是根据功能的需要而布置的。从这里我们可以看到建筑内容开始要求与传统的装饰形式决裂。但是，就室内形式、风格而言，在

阅览室等其他部分的处理上仍表现出受折衷主义的影响，具有柱式特征的细铁柱支撑着铁制的带有精致镂空花饰的梁或券，上边是精巧美丽的有铁骨架支撑的筒形拱和带帆拱的穹顶。有些拱和穹顶上还开有玻璃天窗。室内气氛明快活泼，同时，又具有很强的古典韵味与气派。这种环境效果是金属装饰艺术的巨大成就之一。1876 年由另一位建筑师 L.A.Boileau 设计建造的巴黎廉价商场（Bon Marche）也是值得注意的，它是第一座以铁和玻璃建造起来的具有全部自然采光的商店。室内的铁柱和回廊、天桥上面的铁栏杆虽然仍有古典主义的味道，但巨大的玻璃屋顶却采用了简单的梯形台状，而不再模仿拱券或穹顶了。这表明建筑师们正在努力尝试铁架与玻璃的新的建筑装饰表现形式，既要能充分发挥新材料的技术特性，同时又能创造崭新的室内空间形象。

工业革命给建筑装饰带来了巨大影响。正像前面所提到的，新技术和新材料为人们创造出了前所未有的崭新的建筑形象和室内环境，它是工程师和建筑师尝试新技术与新建筑形式有机配合的结果。这种尝试随着工业革命的发展，一刻都没有停止。而工业革命后，机器化的社会大生产所带来的艺术领域中，思想、观念的冲突与变化，导致了多种艺术思潮的出现，一系列的设计创新运动又更进一步更广泛地推动了建筑装饰艺术的发展。欧洲真正在设计创新运动中有较大影响的是工艺美术运动、新艺术运动、维也纳学派与分离派、德意志制造联盟等，它们分别在净化造型、注重功能与经济、强调建筑装饰的工业化生产等方面迈开了新的一步。

二、工艺美术运动

在整个 19 世纪各种建筑装饰艺术流派中，对近代建筑装饰尤其是室内设计最具影响的，是发生于 19 世纪中叶的"工艺美术运动"（Arts and Crafts）。它是小资产阶级浪漫主义思想的反映。

工业革命后，工业技术的发展，改造了工艺美术品生产的主体，人们借助机器可以批量生产出粉气浮华、矫揉造作的艺术品。一方面是粗劣、大量地给予，一方面是无休止的需求，使这个时期新贵们的居家装饰拥塞不堪，繁复的窗框、厚重的窗帘、面与脚上堆满装饰的家具和钢琴、布满名画和饰物的墙面、花里胡哨的地毯，构成色调沉重、令人窒息的室内环境。

在这种品位低下的艺术品泛滥的时候，涌现出一批具有历史主义倾向的批评者，作为艺术家和评论家的他们把批判的矛头指向了机器。这些批评者中最杰出的理论家和艺术家是英国的普金（Augustus Welly Northmore Pugin）和拉斯金（John Ruskin）。他们对机器、对模仿的憎恶，对手工艺时代的哥特风格的怀念，导致了建筑装饰艺术实践中趣味的转变，随之迸发了新的风格——工艺美术运动。

拉斯金的信徒、诗人和艺术家莫里斯（Wiuiam Morris）是这个运动的先驱，他热衷于手工艺的效果与自然材料的美，强调古趣，提倡艺术化的手工制品，反对机器产品。他提出了"要把艺术家变成手工艺者，把手工艺者变成艺术家"的口号。1859 年，他邀请原先在专做哥特风格的事务所中工作的同事韦伯（Philip Webb）为其设计新婚住宅。为了表现材料本身的质感，他们大胆摒弃了传统贴面的装饰而采用本地产的红砖建造，不加粉刷，因而该住宅得名为"红屋"（Red House，图 4-4）。红屋的室内是由莫里斯和他的一帮属于拉斐尔前派的朋友设计。他们力图创造灵活、舒适的家居环境。起居室的设计最有代表性。屋顶木梁露明，其间铺板贴壁纸。壁炉一反过去石头雕筑的形式，采用清水红砖砌筑（彩图4-1）。这个壁炉造型饱满而独特，灰缝精细而多变，显示出极强的工艺性，与红屋建筑一样具有浓重的英国田园风味。

红屋中的壁纸色彩鲜亮、图案简洁，是莫里斯自己设计的。以后，莫里斯设计的壁纸大都是色彩明快，图案精炼朴素。他朴素无华的装饰风格与其说是复兴了中世纪的趣味，不如说是为以后新的趣味形成开了先河。红屋建成后，这种审美情趣的实践日益扩大，工艺美术运动蓬勃地发展起来。

图4-4　红屋

莫里斯对近代艺术的另一个贡献是艺术教育。1894年，他在伦敦成立了手工艺中心学校，把设计和制作这两个传统上分裂的步骤结合在一起，这是近代艺术教育中第一个有手艺制作车间的学校。

在1862年伦敦博览会上，展示的日本工艺品，又使西方人领略到东方艺术的风采，这也深深地影响了新兴的装饰风格。

其室内装饰特点：室内色彩讲究，顶棚为深蓝色，墙面为棕色的屋子配以黑色或灰绿色的门；墙和顶棚为黄色，门则用暗绿色或褐紫色；镶嵌吊顶板的顶棚木梁多为露明，饰重颜色；墙面沿垂直方向上用木制中楣将墙划分成几个水平带，沿顶棚的上楣用石膏做成，每个水平带的壁纸各不相同，最上部有时用连续的浅石膏花做装饰，或是贴着鎏金的日本式花木图案的壁纸；壁纸和地毯等织物多为平面图案；木框托着最时髦的来自日本的装饰品——古扇、青瓷挂盘等；在门框上方悬挂着厚重的织毯。

在工艺美术运动期间，对以后室内设计颇具影响的另一个现象是专业书刊的大量出版，与以往类似的书籍不同的是，它们并不以介绍名设计为宗旨，而是引导如何从细微之处入手，分门别类地装修室内。

工艺美术运动的影响在家具设计方面也有其显著的表现。作为理论家和著名设计师，普金主张研究历史旨在探索其原理，然后予以提炼。他率先将自然题材融入家具领域，据此制造出造型简朴，属直线样式的哥特式家具（见图4-5a）。

1861年，莫里斯等人成立了"莫里斯、马肖尔、福科公司"（Morris、Marshall、Faulker Co.），专门从事手工艺基础上的家具、染织、地毯、壁纸、铁花栏杆等实用艺术品的设计与制作。旨在让划时代的艺术家和设计师以完全的艺术化创作与设计完成"艺术化"的产品。公司同时生产莫里斯称为"生活必需"和"华贵家具"两大类家具产品，著名的"莫里斯椅"就体现了"华贵家具"的特质（见图4-5b）。他们的设计风格体现了崇尚哥特风格，主张从自然尤其是植物的纹样中汲取精华和养料见图4-5（c）（d）。

莫里斯把长期以来人们所轻视的工艺美术和手工技艺提高到了应有的地位，有力地推动了英国工艺美术运动的发展，预示了设计史上新时代——运用以功能为原则的设计语言

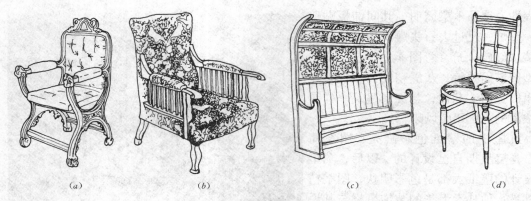

图 4-5　工艺美术运动时期的家具
(a) 普金设计的椅子；(b) 莫里斯椅；
(c)、(d) 莫里斯、马肖尔、福科公司设计的椅子

时代的到来。

在大西洋彼岸的美国，受莫里斯及其工艺美术运动的影响，仿效英国成立了许多协会并举办展览，对促进美国工艺美术运动的发展起到了积极的作用。

总之，工艺美术运动在莫里斯等人的领导下，首先提出了"艺术与技术结合"的原则，倡导实用性为设计要旨。他们将功能、材料与艺术造型结合的尝试，对后来的建筑及室内装饰有一定的启发。他们在设计中多采用动植物作纹样，崇尚自然造型，讲求"师法自然"并予以简化，在工艺上注重手工艺效果与自然材料本身的美，创造了新的建筑装饰艺术语言。在家具方面总体上追求质朴、大方、适用、简洁的特色。在室内环境和家具陈设布局上注重协调，整体感觉得体而适度。这些是工艺美术运动对以后建筑装饰发展的主要影响。但是莫里斯和拉斯金等人在思想上把用机器看成是一切文化的敌人，在艺术创作上，没能主动反映工业时代的特点，最后使这个运动的思想性减弱，为艺术而艺术的唯美主义倾向占了主流。

三、新艺术运动

工艺美术运动对欧洲大陆和美国的影响并不大，当时流行的风格仍以巴黎美术学院（Beaux－Arts）所倡导的学院派风格为主导。它是以 17、18 世纪法国古典主义为基础，室内豪华、奢侈，在建筑装饰上有强烈的巴洛克特征。

19 世纪后期，这种保守的艺术风格还在盛行时，出现了一批新派设计师。他们极力反对历史的样式，想创造出一种前所未见的、能适应工业时代精神的简化装饰，寻求一种新的艺术设计语言。他们从英国的工艺美术运动获得了启示，承袭了流畅的曲线和简捷的造型。受后期印象派和日本艺术的影响，在半抽象的形象中实现形式和色彩的综合。他们热切地探索新兴的铸铁技术所带来的艺术表现的可能性，使他们的新艺术获得了不同于工艺美术运动的新艺术内涵。他们的艺术迎合了当时知识界和中产阶级的趣味，渐渐地，一种新的装饰风格形成了：用不对称的、动态的、模仿植物藤蔓和纤细比例的曲线作为装饰母题，并把它们淋漓尽致地运用在家具、壁纸、窗棂、栏杆及梁柱之上。到了 19 世纪末，这一派已炉火纯青，建筑从里到外，从整体到局部，都用这些风格装饰成统一的整体。这便是 19 世纪后期兴起的新艺术运动（Art Noveau），以及由此产生的国际性装饰风格"新

艺术风格"。

　　当时铸铁技术发达,铁便于制作出各种充满弹性的曲线,更像自然界中生长茂盛的草木的曲线,因此"新艺术"派的装饰中大量应用铁构件。

　　19世纪末,"新艺术"派艺术开始在全世界广泛流传。由于各民族审美观的不同,和"工艺美术运动"一样,"新艺术"也有其各种各样的意识形态的内涵,从而形成了"新艺术"运动特色各异的多种分支。

　　比利时是欧洲大陆工业化最早的国家之一。19世纪末,布鲁塞尔成为欧洲文化和艺术的一个中心。由于比利时艺术家们对独立民族风格的渴望,19世纪80年代新艺术运动最早在比利时开始,"新艺术"风格最先在比利时成熟。这个风格的肇始者是杰出的建筑师霍塔(Victor Horta 1861~1947)。他把建筑和室内装饰结合起来,使他本人成为一位出色的建筑设计师。1897年他设计了布鲁塞尔人民宫(La Maison duDeuple de Brussels)。建筑外墙裸露铁框架,玻璃、石、砖、铁这些不同的材料很好地融合在一起;室内也延续了这一风格,梁、柱用铁制卷须连接成统一体(图4-6)。这个建筑与服务于上流社会、奢侈豪华的学院派风格截然不同,因而成了竞相仿效的榜样。

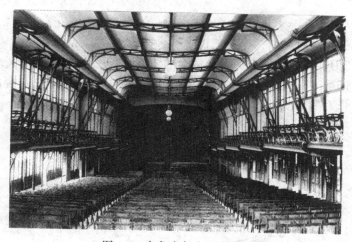

图4-6　布鲁塞尔人民宫内景

　　霍塔早期另一代表作是布鲁塞尔都灵路12号住宅(12Rue de Turin)。与其他"新艺术"建筑一样,该住宅外装修较为节制,而室内装饰却热情奔放:铁制龙卷须把梁柱盘结在一起;天花的角落和墙面也画上卷藤的图案。从楼梯栏杆到灯具及马赛克地面也都是这一图案(图4-7)。

　　霍塔的设计特色还不局限于这些活泼、有张力的线型。他对近代室内空间的发展也颇有贡献。用模仿植物的线条,把空间装饰成一个整体,无疑与后来现代主义建筑中"整体空间"的概念非常相近。他设计的室内空间通敞、开放,与传统的封闭式空间绝然不同。1898年建成的霍塔自己的住宅就是一典型代表。与工作室相通的楼梯间设计颇具特色(彩图4-2):顶光自上而来,墙壁上有镜面相映射,使空间显得明亮轻快。在这里,霍塔通过对木材、铸铁和玻璃的加工,获得了气氛活泼、连续统一的空间。霍塔喜欢用染色玻璃,他把染色玻璃嵌入墙壁、镜子、门和窗子堪至顶棚上,用现代眼光看,他的作品是把最优秀的欧洲传统和现代技术结合起来的典范。

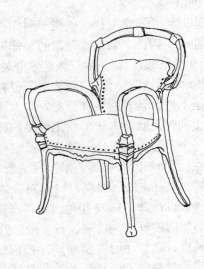

图 4-8　霍塔设计的椅子

图 4-7　布鲁塞尔都灵路 12 号住宅内景

与霍塔齐名的比利时"新艺术"派的艺术家维尔德（Henri Van de Velde）还是位理论家。他认为："为了漂亮而追求漂亮是危险的"，他的设计方针是尽量避免到处装饰。他设计的家具，装饰极少，但曲线强劲有力，用艺术的形式把力的概念显现出来。这比霍塔用优美的、富有张力的曲线构成的家具更觉严谨（图 4-8、图 4-9）。

图 4-9　维尔德设计的椅子

1895 年，来自汉堡的画商萨莫尔·宾（Samual Being）在巴黎开设了一家名为新艺术之家的陈列室，邀请维尔德主持室内设计。他的新风格引来了舆论界的关注，虽然褒贬不一，但对新艺术运动在法国的流传起了积极的作用。

法国时髦的新艺术代表人物是海格特·桂玛德（Hector Guimard），他是一位注重对装饰方案进行整体构思的设计师。他擅长弯曲的植物般造型风格，他设计的房子外观形象就象树木自由地生长在树林中一样。桂玛德的代表作是 1900 年设计的巴黎地铁车站。在这里他使用了青铜等多种材料和不对称的形式，运用曲线、卷线、植物茎叶、动物图案甚至贝壳状的东西来装饰地铁入口、栏杆和其他部分（图 4-10）。

1898 年桂玛德与其他五名设计师组成了巴黎六人集团。他们的家具设计基本上遵循新艺术运动回到自然去的原则，采用植物纹样，饰以曲线，并表现了某些地域性特点。他们中还有人用大块木料雕琢半浮雕的女裸体和小动物作家具装饰，作品特征鲜明见图 4-11（a）。

法国新艺术运动除了巴黎外，另一个中心就是南希市。领导核心人物为埃米尔·加莱。1900 年，他在《装潢艺术》杂志上发表题为《论自然装饰现代家具》的文章，认为自然是设计师灵感的源泉，提出家具设计的主题要与产品的功能相吻合。他在

图 4-10　桂玛德设计的巴黎地铁车站

家具设计中经常使用各种不同的木材进行镶嵌、拼接，并注意保持木料的本色，多采用动、植物作为基础造型图案。加莱是法国新艺术运动中较早提出注重产品功能的设计师，他的家具既有较好的使用功能，又有精美雅致的装饰，但只能单件手工制作，未能与机械化生产联系起来图 4-11（b）。

"新艺术"风格在意大利称之为"自由风格"，室内装饰大多是线性图案，造型在本质上与法国的新艺术并没有多大变化。

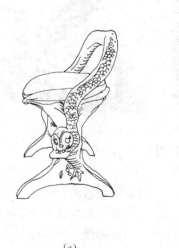

(a)

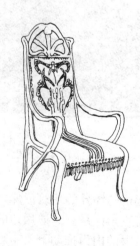

(b)

图 4-11　法国新艺术运动时期的家具

（a）巴黎六人集团设计的椅子；（b）埃米尔·加莱设计的椅子

"新艺术"运动在德国称之为"青春风格",1896年在慕尼黑创办的《青春》杂志,其名字就表露出反传统的信念。1899年,维尔德来到了柏林,设计了一个理发厅和一个烟草公司雪茄店。这两个设计都适应了德国的趣味,曲线图案变成了规则的几何形。理发厅的设计还引起舆论哗然,因为暴露了水管和电线。青春风格的家具已具现代主义特征,与其他国家的新艺术运动家具区别较大。

1870年以后,俄国民族意识开始觉醒,复兴了民间工艺。这时期的室内设计风格兼容了欧洲象征主义和法国的"新艺术"风格。

西班牙的"新艺术"运动同俄国一样也具有浓厚的民族主义色彩和意识形态的倾向。代表人物是高迪(Antoni Gaudi,1852~1926)。其艺术风格虽可识别是属于新艺术的,但它是从西班牙的过去(既有基督教的也有阿拉伯的)中生产出来的。高迪创造的艺术形象,往往源于他对自然界各种形体结构——如壳体、人、骨架、软骨、熔岩、海浪、植物等与众不同的理解,并极力使由此而产生的塑性造型和色彩与光线的幻想渗透到三度空间的建筑中去。因此,高迪获得了最具个性的建筑艺术风格。高迪的代表建筑作品有巴特罗公寓(Casa Batllo,1904~1906,图4-12)、米拉公寓(Casa Mila,1906~1910)和吉尔公园(Guell Park,1900~1914,图4-13)。

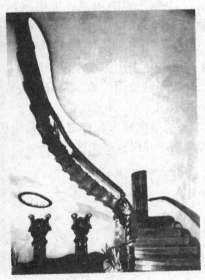

(a)　　　　　　　　　　　　(b)

图4-12　巴特罗公寓外观与室内楼梯
(a)外观;(b)室内楼梯

在他的充满起伏的怪异的建筑形体之内,高迪所创造的室内空间更见与众不同,任何房间和内墙都没有直角体系。高迪用扭曲的墙面、顶棚和门窗洞口表现出强劲有力的男性美。曲线像是在巨大的内力推动下,不可抑制地向前伸展,向四周波动。高迪最喜爱圆柱状体、双曲面和螺旋面,这些都是可以在自然中见到的形体,虽然在外形上看似摇摇欲坠,但事实上是经过深思熟悉的设计,在结构上无懈可击,这得益于他深入研究并掌握了当地传统的细腻严谨的砌块技术。高迪在处理墙面时,也不像其他新艺术的设计师那样把表面处理得光滑平整,并加上流畅秀美的线条。他往往是裸露石块加工的痕迹、砖的砌

图 4-13　吉尔公园

缝、碎玻璃和锦砖的拼缝，即便是抹灰，上面也有斑驳的色块和裂纹。这些纹理又顺着动态的墙面蔓延、冲突，仿佛是长时间被侵蚀后的遗迹。

　　新艺术运动在英国也有它的支持者，麦金托什（Charles Renriie Mackintosh）便是其中之一。他被认为是与霍塔和高迪齐名的当时最伟大的建筑家，他在世时已具有相当的国际影响。他在格拉斯哥设计的房屋都有新艺术派的特点。其主要作品是 1896 年在竞赛中获胜的格拉斯哥艺术学校。该建筑无论室内室外，都是新艺术的精致细部同传统苏格兰石砌体坚强朴素的性格形成对照。在正立面上，巨大开敞的工作室窗户饰以优美的曲线型铁支托，与粗壮的石礅柱相交替。在较后建的西立面上，照亮图书馆的三个高凸窗用铜件框

图 4-14　英国格拉斯哥艺术学
校室内阅览室一角

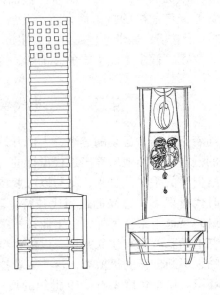

图 4-15　麦金托什设计的高靠背椅

起来，与围绕它们的石砌体形成丰富而戏剧性的对比。建筑内部是以最符合功能方式进行的组合，在柱、梁、顶板及悬吊的饰物上使用了明显的竖向线条及柔和的曲线（图4-14）。灯具、门的配件、窗户、期刊书桌台等所有细部都是他设计的。

麦金托什稍后设计了一系列的格拉斯哥的茶室和住宅，其优雅的室内往往是简朴的，常使用素淡的颜色。在装饰风格上，早期的植物图案转换成晚期的三角、矩形等几何图案。家具上用高方格栅做靠背（图4-15），窗棂也用纤细的方格。这在很大程度上形成了从新艺术的超越到不久后出现的较为节制风格的过渡。但麦金托什设计的室内空间却是激动人心的：往往是这里围以实墙面，那里隔以轻巧的帷幕；时而低矮而狭窄，时而高敞而自由。这些空间"就象一个接一个的梦，由狭长的板、灰色的丝绸、一排排细长的木杆组成，到处都是竖线条"。在室内空间设计的艺术追求方面，可以说麦金托什走在了20世纪其他建筑师的前面。

从麦金托什的室内及家具设计上，也可以看出他已开始摆脱为艺术而艺术的陷阱，努力将形式与功能巧妙地结合在一起。例如在一个餐室设计中，使用了造型新颖的高靠背椅，当人们就餐时，椅子的靠背自然形成一个矮屏障，减少了空间的尺度，增强了餐桌上的亲切气氛。

麦金托什的设计风格，以及他把使用功能有机地结合在艺术创作之中，这些对于20世纪初的现代主义设计运动的形成有着积极的影响，对当时维也纳艺术家们的影响尤为深刻。

新艺术运动在装饰上的雕琢，承袭了洛可可艺术的传统，但和洛可可有着本质的不同，它摒弃了古典的构图，探索新的艺术形式，并开始拥抱现代技术和现代材料。它们对新形式的探索、对传统形式的净化，以及使用简单化的构图和形式成为一种新的美学趣味，为不久之后现代主义的到来打开了大门。

新艺术运动存在时间很短暂，它的出现、发展和消失仅仅经历了约20年的时间，但是对整个欧洲的建筑装饰却有着广泛而深远影响。1910年之后，新艺术运动受到工业社会世界性经济危机的打击而衰落。此后，建筑装饰开始向两个方向发展：一个是以批判"装饰"为立场，探求适应工业社会生产方式的现代主义的设计风格；一个是以坚持"装饰"为立场，探求工业生产的装饰美，这个设计方向最终导致了法国装饰派艺术。

第2节　近代装饰设计的成立与发展

随着工艺美术运动的热潮，人们开始努力尝试着保护人类与生活环境免遭机械与近代工业的侵害，渐渐地培养出近代设计的一种理性思想。然而，这个当时用来实现理想的手段，所倡导的手工艺复兴，却与以工业技术为基础的现实社会的进展水火不容。此外，在新的时代意识下，急欲创造当代独特"装饰"的新艺术运动，也由于与机械生产对应不当，最终衰退下来。另外，由工业技术家们所提倡的生活空间的变革，与所谓艺术的世界完全背道而驰，没有建立共识。以新材料、新技术所建造的大规模展览馆、车站及桥梁等建筑物，不断创新的机械类，这些工业技术下的产物，正急速地造就"第二自然"之称的人为环境。换个角度来看，19世纪的设计改革运动，虽然是以艺术与生活的再统一为重点，但却由于对机械缺少了解，反而助长了艺术与技术之间的分离。因此，20世纪上半叶设计的主要课题是对机械文明中，艺术与技术分离的危机加以反省，并努力调停二者的冲突。于是，机械艺术化的可行性问题再度被提及，同时，人们也开始试着赋予工业活动一些特有的文化意义。之后，在与机械和工业的协调中，终于找到了一个解决问题的方向，从此，一种适于工业时代新形态的设计师形象，便确立下来。

设计的基本思考方式随着这个动向，产生了极大的变化。所谓的设计，在过去的时代背景下，相当于装饰的同义词，同时，装饰性也远比实用性与构造来得重要。但这种认定，并不见得与机械及机械生产的本质一致，从其他方面来看，由于新的美学意识结合了由机械生产中所产生的理性美，设计也已经开始脱离纯粹的装饰，是否与目的一致的机能主义设计成为了主流。19世纪末，欧洲大陆及美国便开始对合理的设计进行摸索，不久之后，德国成了近代设计运动的中心。不过，这时仍有种种理想与现实之间的冲突存在，后来，近代设计好不容易才在这种复杂的状况中萌芽，并开始发展。

一、维也纳分离派

在新艺术运动的影响下，奥地利形成了以瓦格纳（Ctto Wagner，1841～1918）为首的维也纳学派。

1894年，53岁的瓦格纳就任维也纳艺术学院教授。次年出版专著《论现代建筑》（Moderne Architektur），提出新建筑要来自当代生活，表现当代生活。他说："没用的东西不可能美"，并主张坦率地运用工业提供的建筑材料。他推崇整洁的墙面、水平线条和平屋顶，认为从时代的功能与结构形象中产生的净化的风格具有强大的表现力。维也纳邮政储蓄银行（Post office Saving Bank，Vienna）是瓦格纳理性主义建筑观念的代表作品

图 4-16　维也纳邮政储蓄银行营业厅　（1904～1906）

（图 4-16）。建筑高 6 层，立面对称，墙面划分严整，仍带有文艺复兴建筑的敦厚风貌。但细部处理新颖，墙面装饰与线脚大为减少。表层的大理石贴面细巧光滑，用铝制螺栓固

定，螺帽暴露在墙面上，产生装饰效果。银行内部营业大厅的处理非常新颖：室内采用满堂的玻璃顶棚，由纤细的铁架和玻璃组成；中厅高起呈拱形；两行钢柱上大下小，柱子的铆钉也袒露出来，墙和柱都不事装饰，这些与四周铝制散热罩相呼应。室内家具设计独特，采用了铝制螺钉和椅脚，与周围环境达成一致。整个营业厅空间白净、明亮，充满了现代感。这里虽然运用了大量铁件及曲线造型，但与新艺术派过分装饰的情趣大不相同。除了车站、厂房和暂设的展览馆外，如此简洁创新的建筑及室内装饰处理在当时的公共建筑中尚属首创，它出自一位60多岁的建筑师更是难能可贵。

瓦格纳的观念和作品影响了一批年轻建筑师，他的弟子们比他走得更远。1897年瓦格纳的学生奥别列区（M.Olbrich）、霍夫曼（Josef Hoffmann）等人与画家克里木特（Gustav Klimt）、设计师莫瑟（Koloman Moser）等一批30岁左右的艺术家们组成名为"分离派"（Secession）的团体，他们宣称要和过去传统决裂，要从古典艺术风格中"分离"出来。他们力求用净化的手法从传统技艺的烙印中解脱出来，主张几何造型和机械化的生产技术相结合，使设计的产品都具有几何直线型的共同特征。分离派的设计师们还曾对麦金托什进行了深入研究，研究他对朴素和优雅、实用和装饰融合的特色，特别是他对垂直线的强调，以及对特殊高度中装饰图案处理的谨慎的态度。从而发展了麦金托什的设计风格，使其适合于当时欧洲的审美情趣。

图 4-17　维也纳分离派会馆

由此形成了分离派的设计风格：他们运用华丽的材料、色彩和质地，强调垂直线条，倾向于简洁明晰的几何形体及构成设计，将方、圆、三角等简单的几何形作为构成的基本因素。

1898年，建筑师奥别列区设计的维也纳"分离派会馆"（Secession Building, Vienna）曾受到画家克里木特一张草图的启示，是分离派典型的代表建筑（图4-17）。简单的立方体与装饰着直线的大片的光墙面构成了厚重的建筑主体。其特殊之处是在建筑之上安置了一个很大的金色的金属镂空球体，使这个原本一般的建筑变得轻巧活泼起来，并给奥别列区带来声誉。

1903年，著名设计师霍夫曼和莫瑟创立了维也纳工作室（Wiener Werkstatte），雇请百余名富有经验的各行业技术工匠参加设计制作。他们对工业化批量生产基本上持反对意见，使他们只能为少数客人生产昂贵的产品。霍夫曼继承了瓦格纳理性主义的几何直线装饰风格，他的家具以精美的比例，限定的色彩见长，常使用黑、白两色。在1903年设计的山毛榉椅子中，用小钉帽和小圆球装饰座位，这些看来似乎与座椅并不十分适合的球形附属装饰物是霍夫曼家具的典型造型特征（图4-18）。

霍夫曼的建筑代表作是布鲁塞尔的斯托克莱官邸（Palais Stoclet, 1905～1911）。他的工作室承担了从建筑、室内到家具的全部设计。该建筑室内外设计风格统一，家具与室内环境协调一致，设计整体性非常好。由此，工作室的艺术家们提出了"整体的艺术"这一美学标准，即把建筑、室内装饰、家具、染织、服装服饰纳入一体化设计，从而获得统一的风格。

维也纳的另外一位设计师卢斯（Adolf Loos）是对设计理论有独到见解的人。1908年，卢斯发表题为《装饰与罪恶》（英译名 Ornament and Crime）的文章，从文化史、社会学、精神分析学等方面对装饰进行了讨论。他主张建筑和实用艺术应除去一切装饰，认为装饰是恶习的残余。卢斯的思想反映了当时一些设计师在批评"为艺术而艺术"中的另一极端。卢斯这篇反对装饰的文章引起新派艺术家的注意和赞赏，使他成为国际知名人物。

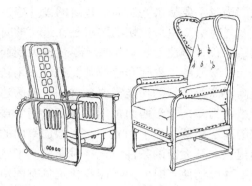

图 4-18　霍夫曼设计的家具

卢斯的设计在近代设计史上也占一席之地。早在 1898 年，他设计的维也纳一家商店的室内，就毫无一点可称为装饰的东西，而完全依靠高质量材料的组合，以及各种构件边界线条的比例和节奏。卢斯的住宅室内设计一般也朴素大方，室内暴露梁架，家具简朴，并有许多固定在建筑中的橱柜。门窗的木边框平平整整，不饰线脚（彩图 4-3）。这些住宅中最著名的要数 1910 年卢斯在维也纳设计的斯坦纳住宅（Steiner House），它被认为是后来出现的现代主义建筑装饰风格的先型（图 4-19）。

图 4-19　斯坦纳住宅外观

卢斯处理室内家具陈设的方法与"维也纳工作室"不同，他反对"整体的艺术"的设计观念。他认为在"整体的艺术"框框下，业主失去了自由选择的权力。

总之，无论从道德上，还是从技术上，卢斯都十分憎恶任何浪费现象，这也许是他抨击过分装饰的基本原因，这也是他对以后现代主义设计思想的形成所做的最重要的贡献。因此，卢斯可算是现代主义运动的先驱，虽然他还不能抓住机器化生产给现代设计带来的机遇。

当一部分设计师和理论家们还在艺术的象牙塔中探索时，也有不少高瞻远瞩的人已经开始拥抱机器文明了。

二、芝加哥学派与德意志制造联盟

最早把建筑与机器化工业生产相结合的要数美国的"芝加哥学派"和德国"德意志制造联盟"。他们是现代主义运动的奠基者。

（一）芝加哥学派

芝加哥在 19 世纪前期是美国中西部的一个普通小镇。由于美国西部的开发，这个位于东部和西部交通要道的小镇在 19 世纪后期飞速发展起来。经济的兴旺发达、人口的膨胀刺激了建筑业的活力。1871 年的芝加哥大火，又使全市 1/3 的建筑被毁，这就更加剧了对新建房屋的急切需求。在这种形势下，19 世纪 80 年代初到 90 年代中期，在芝加哥出现了一个后来被称为"芝加哥学派"（Chicago School）的建筑工程师和建筑师的群体，他们当时主要从事高层商业建筑的设计建造工作。

当时房产主最迫切的要求是在最短的时间内，在有限的地块上建造出尽可能大的有效建筑面积，争速度、重实效，尽量扩大利润成了当时压倒一切的宗旨。这样的现实，促使芝加哥学派的工程师和建筑师们积极采用新材料、新结构、新技术、新设备，认真解决新型高层商业建筑的功能需要。这一时期的建筑在形式上，历史样式、特定风格、装饰雕刻等被视为多余的东西而被削减甚至取消。楼房的立面大为净化和简化。狭窄街道上鳞次栉比的高层建筑挡住了阳光，为了增加室内的照度和通风，窗子要尽量大，而全金属框架结构提供了开大窗的条件。这一时期出现了宽度大于高度的横向窗子，被称为"芝加哥窗"，以上这一切使当时的一批商业建筑具有同历史上的建筑风格大异其趣的建筑形象。

19世纪末"芝加哥学派"中最著名的建筑师是沙利文（Louis Sullivan, 1856～1924）。他一生建成190多座房屋。沙利文的建筑观念受19世纪美国雕塑家、美学家格林诺（Horatio Greenough）的影响颇深。格林诺认为：艺术中出现非有机的、非功能的因素是坠落的开始，造型应该适应目的性。他援引自然界特别是生物界的情形做他的理论证明，他说："自然界中根本的原则是形式永远适应功能"，"美乃功能所赐；行为乃功能显现；性格乃功能之记录"。沙利文受这一美学观点的启发，认为"使用上的实际需要应该成为建筑设计的基础"，提出了"形式跟从功能"（Form follows function）的论点。

早在1892年，沙利文在《建筑的装饰》一文中就曾指出装饰是次要的。沙利文在1896年又写道："自然界的一切事物都有一个外貌，即一个形式，一个外表，它告诉人们它是什么东西，从而使它与我们以及其他事物有所区别。"因此，他对建筑的结论就是要给予每个建筑都有适合的不错误的形式，认为这才是建筑创作的目的，他还进一步强调："形式永远跟从功能，这是法则……，那里功能不变，形式就不变。"

沙利文的设计思想在当时具有一种革命意义，为功能主义设计的思想开辟了道路。

沙利文著名的作品有会堂大厦（Auditorium Building）、CPS百货公司大楼（Carson, Pirie, Scott Department Store）等等。但是细察沙利文的作品，可以看出他并非单纯地按"形式跟从功能"的原则办事，实际上他还有其他的原则。例如他早期设计的会堂大厦外观充满了装饰性的线脚。在其内部，剧场顶棚的拱下皮装饰了白炽灯泡，这是近代装饰史中第一次使用电灯做装饰物，而那些被誉为"金拱"的一系列同心椭圆形拱没有结构功能，只是用来遮掩管道和增强音响效果，室内的通风系统入口也成了装饰的有效部分。在CPS百货公司大楼设计中，他在底层和入口处采用了不少铁制花饰，图案相当复杂，在窗子的周边也有细巧的边饰（图4-20）。沙利文的其他建筑作品也都有不少的花饰，1890年，另一位芝加哥设计师曾对沙利文说："你把艺术看得太重了！"沙利文回答说："如果不这样的话，那还做什么梦呢？"他还曾写道："一个真正建筑师的标准，首要的便是诗—

图4-20 芝加哥CPS百货公司
大楼（1899～1904）

般的想象力。"沙利文的作品表明，他除了"形式跟从功能"之外，还有更重要的追求，他要通过建筑形象表现他的艺术精神和思想理念。他从来没有象建筑工程师那样把房屋当做一个单纯实用工程物来对待，而是把工程和艺术、实用与精神追求融合在一起。沙利文还有一句名言："真正的建筑师是一个诗人，但他不用语言而用建筑材料"。

沙利文在艺术上不仿古，不追随某一种已有的风格。他广泛汲取各种各样的手法，然后灵活运用，使他的作品既体现了理性精神，又充满了浪漫主义的色彩，与同时代那些仿古的建筑区别开来，创造出了当时美国独特的建筑风格。

总的来看，以沙利文为代表的芝加哥学派，对建筑艺术的发展起了一定的推动作用，他们明确了功能与形式的主从关系，探讨了新技术在高层建筑中的应用，并能使建筑艺术反映新技术的特点，简洁的立面符合新时代工业化的精神。

1893年芝加哥举办了一次盛大的世界博览会，东部的大企业家为表现"良好的情趣"，决定模仿欧洲古典风格，以赢得世界市场，芝加哥学派的作品受到排斥。1893年以后，仿古建筑之风再次弥漫全美国，在特殊地点和时间内兴起的芝加哥学派犹如昙花一现，很快烟消云散了。

（二）德意志制造联盟

1870年德国成为一个统一的国家，经济实力增长迅速。为了将自己的产品打入已被瓜分过的世界市场，他们特别注意改进产品质量，其中重要的一环便是改进产品的设计。德国的设计师们对其他国家特别是英国的经验教训进行了深入的研究，认识到英国工艺美术运动致命的缺点在于反对工业化，因此开始主张迎接工业和科学的挑战。在官方的支持下，一个旨在把制造商和艺术家联合起来，创造一种机器时代下新设计风格的组织——"德意志制造联盟"（Deutscher Werkbund）在1907年于慕尼黑成立。他们选择各行业包括艺术、工业、手工艺等方面的最佳代表，联合所有力量向工业领域的高质量目标迈进。

在德意志制造联盟的设计师中，最享有威望的是建筑师贝伦斯（Peter Behrens），他以工业建筑为基地来发展真正符合功能与结构特征的建筑。他认为建筑应当是真实的，现代结构应当在建筑中表现出来，这样会产生前所未见的新形式。1909年，他为通用电气

图4-21　德国通用电气公司透平机车间

公司设计的透平机车间（AEG Turbine Factory）造型简洁，摒弃了任何附加的装饰，成为

现代主义建筑的雏形（图 4-21）。

在 1914 年，德意志制造联盟在科隆举办的博览会上，曾在贝伦斯事务所工作过的另一著名建筑师格罗皮乌斯与迈耶（Adoff Meyer）合作设计了博览会管理办公楼。这座建筑在主立面两端采用了完全用玻璃围起来的圆形旋转楼梯，更加强调了室内空间与室外空间的联系，并让人们体会到一种新颖的富有动感的空间。展览会上另外一个新颖建筑物是一座圆形的大玻璃亭，由建筑师 B·陶特（Bruno Taut）为德国玻璃生产厂商设计的。它的主体是高大的玻璃穹窿顶，由钢架与菱形玻璃板组成，像一颗巨型钻石耸立在圆形基座上。亭子内部有大楼梯通向几层不同的空间，楼梯之间还有潺潺的跌水。建筑的内外景象都十分新奇而带有幻境气氛。在这次博览会上，可以看出，建筑师们在努力发挥创造力，挖掘玻璃这种大量生产的新兴建筑材料的艺术表现力，努力创造出不同于传统的、通透开敞并与室外环境相融合的室内环境。

在家具设计领域，联盟的成员们致力于创造适于机器生产的设计风格。他们从事优良扎实的工作，采用无瑕疵的货真价实的材料，从而使设计具有切合客观实际的、高贵的、富有艺术性的特征。

德意志制造联盟采用工业化方式生产家具，强调产品的标准化，并开始把目光转向民众，生产出的家具合乎功能，造型简练（图 4-22）成本较低。德意志制造联盟在大原则上肯定了机械作为新兴制作工具的价值，认为一旦将来人们能够充分运用机械，它将为未来的设计思想提供无限的可能性，这种积极的行动和科学的见解，为现代家具的发展带来了新的契机。

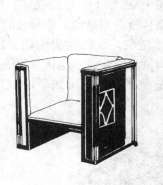

图 4-22　德意志制造联盟设计的家具

从 1907 年到第一次世界大战爆发的几年中，联盟的活动产生了广泛的影响。奥地利、瑞士、瑞典和英国相继出现了类似的组织。联盟同时培养和影响了一批年轻的建筑师和设计家，其中著名的有格罗皮乌斯、密斯·凡·德·罗和勒·柯布西耶，他们以后都成为为现代主义运动做出突出贡献的著名建筑大师。

第一次世界大战后的 20 年代，德意志制造联盟继续积极活动，1927 年它在斯图加特举办的一次住宅建筑展览是近代建筑史上一次重要事件。1933 年希特勒在德国执政，德意志制造联盟宣告解散。

三、表现派与风格派

1914～1918 年发生了第一次世界大战，欧洲许多地区遭到了严重破坏。大战之后，欧洲的经济、政治条件和社会思想状况较战前有非常大的变化。在建筑装饰艺术领域，给主张革新的艺术家和设计师们以有力的促进。

第一，战后初期，欧洲主要国家都陷于严重的经济危机之中。经济的拮据促进了在建筑中讲求实用的倾向，对于讲形式崇尚虚华的复古主义和浪漫主义带来一阵严重打击。第二，20 年代后期，欧洲各国经济逐渐恢复，工业和科学技术迅速发展，导致建筑技术大幅提高，新材料不断涌现。第三，随着科学技术的进步，人们的社会生活方式发生了很大改变。这就要求建筑领域的设计师们面对新形势下的社会生活，广泛了解人们的客观需要，创造新的建筑环境。第四，第一次世界大战给欧洲人民带来的悲惨经历，使各国各阶层的人民普遍产生了告别旧时代开始新生活的思想。同时，随着整个社会文化与科学的进步，人们的审美观点和爱好也跟着发生了变化。人心思变的情绪给建筑革新运动提供了有利的气氛。

战后初期，在欧洲及美国，虽然古典主义建筑仍然相当流行，但在建筑艺术领域主张革新的人也愈来愈多。建筑艺术涉及到功能、技术、工业、经济、文化、艺术等许多方面的问题，其革新活动也是多方面的。各种人从不同的角度出发，抓着不同的重点，循着多种途径进行试验和探索。在一战结束后相当长的一段时间内，出现了很多新的设计流派和风格。其中比较有影响的派别有战后初期的表现派、风格派等。20 年代后期伴着现代主义设计思想的成熟与传播，国际式风格逐渐成为建筑艺术的主流，它持续时间长，影响范围广泛而深远，我们将在以后的章节中着重介绍。

（一）表现派

20 世纪初，欧洲出现了名为"表现主义"（Expressionism）的绘画、音乐和戏剧。表现主义艺术家认为艺术的任务是表现个人的主观感受和内心的体验。在表现派绘画中，外界事物的形象不求准确，常常有意加以改变。画家心目中天空是蓝色的，它在画中可以不顾时间、地点，把天空全画成蓝色，马的颜色则按画家的主观体验，有时画成红色的，有时又画成蓝色。一切都取决于画家主观的"表现"需要。他们力图把内心世界的某种情绪、观念或梦想表现出来，并借助奇特的形式来引发观者的某种情绪，包括恐怖、狂乱等心理感受。

第一次世界大战前后，表现主义在德国、奥地利等国开始盛行，1905～1925 年间，建筑领域也出现了表现主义的作品，其特点是通过夸张的造型和构图手法，塑造超常的、强调动感的建筑形象，以引起观者和使用者不同一般的联想和心理反应，在进行建筑设计构思时，往往把自己的想法以极快的速度画成毛笔速写，然后以建筑手段予以实现。

最具有表现主义特征的一座建筑物是德国建筑师门德尔松（Eric Mendelsohn）1921 年设计完成的波茨坦市爱因斯坦天文台（Einstein Tower）。1915 年爱因斯坦完成了广义相对论，这座天文台就是为了验证爱氏的理论而建造的。对一般人来说，相对论是深奥、新奇又神秘的，门德尔松抓住这一印象，把它作为表现的主题。他用混凝土和砖塑造了一座混混沌沌的多少有些流线型的建筑，上面有一些不同一般形状的窗洞和莫名其妙的突起。整个建筑造型奇特，难以言状，倒真是能叫人产生匪夷所思、神秘莫测的感受(图 4-23)。

图 4-23　德国波茨坦市爱因斯坦天文台

　　表现派建筑装饰的实例还有一些。1919 年德国建筑师波尔齐格（Hans Poelzig）设计的一个剧院，其内部顶棚上做了许多下垂的券形花饰，使观众感到如同坐在挂满钟乳石的洞窟之中。还有座轮船协会的大楼上做出许多象征轮船的几何图案。荷兰表现派的住宅建筑甚至把外观处理得使人联想起荷兰人的传统服装和木头鞋子。表现派主张革新，反对复古，但他们是用一种新的表面的处理手法代替旧的建筑样式，同功能没有直接的关系，其设计常与建筑技术和经济上的合理性相左。所以在 20 年代中期到 50 年代，表现主义的建筑不很盛行，然而时有出现，不绝如缕，因为总不断有人要在建筑中突出表现某种情绪和心理体验。当然，表现主义建筑与非表现主义建筑之间也没有明确的绝对的界限可寻。

　　20 世纪后期，表现主义的手法在世界建筑舞台上的地位有所回升，这是因为他们浪漫主义的幻想和怪诞的艺术形式正符合当今世界标新立异，追求广告效果的精神。表现主义建筑作品同西班牙建筑师高迪的作品一样，重新获得重视。

　　（二）风格派

　　第一次世界大战期间，荷兰是中立国，因此在别处建筑活动停顿的时候，荷兰的造型艺术却继续繁荣。荷兰画家蒙德里安（Piet Mondrian）、画家兼设计师凡·杜埃斯堡（Theo Van Doesburg）与里特维尔德（Gerrit T·Rietveld）等人形成了一个艺术流派，因 1917 年出版了名为《风格》（De stijl）的期刊，故得名"风格派"。

　　1918 年，风格派发表《宣言Ⅰ》，其中写道："有一种旧的时代意识，也有一种新的时代意识。旧的是个人的，新的是全民的。……战争正在摧毁旧世界和它的内容"，"新的时代意识打算在一切事物中实现自己……传统、教条和个人优势妨碍这个实现。……因此，新文化的奠基人号召一切信仰改造艺术和文化的人去摧毁这个障碍"。在这种反传统的新观念驱使下，新潮的风格派艺术家们有了全新的艺术追求。他们提倡"排除一切自然形象"的"纯粹的表现艺术"，通过形式与色彩的纯正来表现一种和谐。为了适应机器生产的需要，风格派中的造型艺术家们开始寻求一种不受时间和外界因素影响的造型手法。他们强调艺术需要简化、抽象，认为最好的艺术应该是基本的几何形体的组合和构图，任何物体都可以由各种不同的平面和色彩组成。为了获得构图的均衡和视觉的和谐，他们拒绝除矩形以外的一切形式，并把色彩简化为黑、白、灰和红、蓝、黄，要求艺术造型要"真实"、"精确"地组合这些彩色的、垂直与水平向的平面。绘画成了几何图形和色块的组合（彩图4-4）。题名则为"有黄色的构图"、"直线的韵律"或"构图第×号"。这种绘画通过色块来吸引人的视觉，与中世纪的彩色玻璃窗一样动人。风格派的雕塑作品则往往是一些大小不等的立方体和板片的组合。风格派的绘画和雕塑，从反映现实生活和自然界的要求来看，固然没有什么意义，然而风格派艺术发挥了几体形体组合的审美价值，它们很容易也很适于移植到新的建筑与家具艺术中去。

1917年里特维尔德设计了被誉为"现代家具与古典家具分水岭"的"红蓝椅"（彩图4-5）。在这把椅子上，螺钉代替了过去的榫卯结合；水平、垂直的框架和平板相互独立又相互穿插；蓝色的坐面，红色的椅靠，与端面采用红、黄两色的黑色框架十分醒目，如同立体化的蒙特里安的绘画。整个设计呈现出一种简洁、明快的几何美，又具有雕塑形态的空间效果和体量感。因而被杜埃斯堡形容为"抽象的实体雕塑"。红蓝椅的问世，表明了审美和空间物体可以由直线材料构成，也可以由机器生产。它是风格派艺术家理论的完美体现。用里特维尔德自己的话说就是"……构成一样物体或一个空间形体的美感，只能是直线和机器生产出来的材料，要体现出造型和结构的纯真性"，"要选择一种基本的式样，使其与功能以及所用的材料的种类相一致，并且以一种最能产生协调感的形式出现。结构的功用就在于把单个的零件相互连结起来，不需要任何做作的处理。"

就功能而言，红蓝椅既不雅致，又不舒适，也不是根据一般公认的木工原理而装配，就连作者本人也抱怨坐在上面硌得疼痛。显然，形式的美感决定了红蓝椅的产生。但是，里特维尔德的大多数家具可以顺利地运用机器复制和生产倒是事实。

最能代表风格派建筑特征的是里特维尔德设计的位于荷兰某地的施罗德住宅（Schroder-Schrader House, 1924）。这座建筑大体上是一个立方体。但设计者将其中的一些墙板、屋顶板和几处楼板推伸出来，稍稍脱离住宅主体。这些

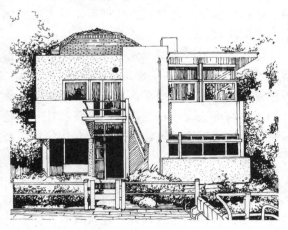

图 4-24　施罗德住宅（1924）

伸挑出来的板片横竖相间，相互搭盖，形成纵横穿插的造型，加上不透明的墙片与大玻璃窗的虚实对比，蓝灰色和白色的墙面穿插着黑、白、红、黄的纯色线条，造成活泼新颖的建筑形象（图4-24）。施罗德住宅的室内设计与建筑外观在风格上统一，在黑、白、灰的调子中央点缀红、黄、蓝三原色，虽然是很鲜艳的颜色，但分布巧妙并不显得纷乱。由于

住宅业主施罗德夫人提出是否不用墙，但仍可分割空间的想法，里特维尔德在二层室内创造性地使用了活动隔断墙。然而他却把他设计的家具除椅子外全部固定住，可能是为了起到一定的限定空间的作用。当打开室内隔断墙时，整个空间呈现出很强的开放性和流动感（彩图 4-6）。

总的来看，里特维尔德通过矩形的面和线与纯净色彩的穿插、错动，创造出来的家具与建筑，似乎可以说是具有实用功能的风格派雕塑，并集中体现了他所追求的"要素性、经济性、功能性、非纪念性、动态性、形式上反立方体、色彩上反装饰的设计原则。他在《造型建筑十六点》中写道："新建筑是反立方体的，也就是说，它不企图把不同的功能空间冻结在一个封闭的立方体中，相反，它把功能空间细胞以及阳台、楼板等从立方体的核心中以离心的方式甩开"。

风格派作为一个独立的流派存在前后不到 14 年。创建者凡·杜埃斯堡于 1931 年去世，风格派组织逐渐消散。但由风格派发展起来的以清爽、疏离、潇洒为特征的抽象几何造型艺术，却对现代建筑、环境设计和工业产品的设计都产生了很深刻的影响。

在 20 世纪早期，除表现派和风格派之外，在文化艺术领域还活跃着其他一些较为激进的流派，包括俄国的构成派、源于法国的立体派、意大利的未来派等。他们存在的时间都不长，但他们的试验和探索对现代造型艺术的发展都有相应的启发意义。

第 3 节　现　代　主　义

一、现代主义与国际式风格

从 19 世纪后期到 20 世纪初，尤其是第一次世界大战结束后的一段时期，欧洲的政治、经济、科学、文化较古代都有了巨大的变化和发展。社会的进步要求建筑艺术也要跟上时代的步伐。

建筑艺术发展所涉及到的许多实际的和根本的问题，长久地摆在了设计师面前，需要解决。这类问题包括："建筑艺术领域的设计师如何面对和满足随社会生活发展而产生的各种复杂的新的功能要求，建筑艺术如何同工业和科学技术的发展相结合，设计师要不要和如何参与解决现代社会提出的经济和社会问题，设计师如何改进自己的工作方法以适应社会各阶层的需要，怎样创造符合时代精神的新建筑艺术风格，怎样处理继承与革新的关系问题，等等。

长期以来，许多设计师做过多方面的探索，其中包括 19 世纪的园艺师帕克斯顿、美国建筑师沙利文和 20 世纪初奥地利的瓦格纳和卢斯、德国的贝伦斯等等。他们先后提出过富有创新精神的建筑设计和建筑观点。但是他们的努力是零星的，他们的观点还没有形成系统，更重要的是还没有产生出一批比较成熟而有影响的实际建筑作品。但从建筑历史发展的角度来看，他们为现代主义设计运动奠定了基础，做出了积极的准备与尝试。

第一次世界大战刚刚结束的头几年，实际建筑任务很少，倾向革新的人士所做的工作带有很大的试验性和畅想成分，其中表现派、风格派等由于是从当时美术和文学方面衍生出来的建筑革新派，它们还不可能全面地解决建筑发展所涉及到的各种根本性问题，不能得以普及。

到了 20 年代后期，欧洲经济稍有复苏，实际建筑任务渐多。一批思想敏锐而且具有一定建筑经验的青年建筑师，在吸取前人革新实践的基础上，真正对战后实际建设中的各种现实问题，提出了比较系统而彻底的建筑改革主张和思路，并陆续推出了一批比较成熟的新颖的建筑作品。20 世纪最重要、影响最普遍也最深远的现代主义建筑艺术逐步走向成熟，并且产生了自己的可识别的形式特征，形成了特定的建筑艺术风格。

德国的格罗皮乌斯（Walter Gropius）、密斯·凡·德·罗（Mies Var Den Rohe）和法国的勒·柯布西耶（Le Corbusier）被誉为是现代主义建筑的三位旗手和设计大师，他们为现代主义建筑的形成和发展做出了突出贡献。这三个人在第一次世界大战前已经有过设计房屋的实际经验。在 1910 年前后，三人都曾在德国柏林著名建筑师贝伦斯的设计事务所工作过。贝伦斯当时是大工业企业德国通用电气公司的设计顾问，同德意志制造联盟有着密切联系。因此，这三人对于现代工业对建筑的要求有比较直接的了解。他们在大战前就已经选择了建筑革新的道路，大战结束后，他们只有三十多岁，立即站在了建筑革新运动的最前列。

格罗皮乌斯早在 1911 年就曾与别人合作设计过一座工厂建筑——法古斯工厂，它是第一次大战以前欧洲最新颖的工业建筑之一。1919 年，格氏当上了"一所设计学校的校长"。经过他一系列的改革，使这所"包豪斯"学校立即成为西欧最激进的现代主义设计运动和教育的中心。

1923 年，勒·柯布西耶的《走向新建筑》一书在巴黎出版，为新建筑运动提供了一系列理论依据。

1919～1924 年间，密斯·凡·德·罗提出了玻璃和钢的高层建筑示意图，钢筋混凝土结构的建筑示意图等等。他精心推敲的建筑形象向人们证明摆脱旧建筑观念的束缚之后，建筑师完全能够创作出清新、亮丽、优美、动人的新的建筑形象。

20 年代后，随着西欧经济形势的好转，他们有了较多的实际建造任务，陆续设计出了一些反映他们主张的成功的建筑作品，其中包括 1926 年格罗皮乌斯设计的包豪斯校舍，1928 年勒·柯布西耶设计的萨伏伊别墅，1929 年密斯·凡·德·罗设计的巴塞罗那展览会德国馆等等。

有了比较完整的理论观点，有了一批有影响的建筑实例，又有了包豪斯的教育实践，到 20 年代后期，革新派的队伍迅速扩大，声势日益壮大，步伐也渐趋一致。1927 年，德意志制造联盟在斯图加特举办的住宅建筑展览会上展出了 5 个国家 16 位建筑设计师设计的住宅建筑。设计者们突破传统建筑的框框，发挥钢和钢筋混凝土结构的优越性能，在较小的空间中认真解决实用功能问题。在建筑形式上，大都采用没有装饰的简单体形、平屋顶、白色抹灰墙面、灵活的门窗布置、较大的玻璃面积，具有朴素清新的外貌，建筑风格也比较统一。

这些建筑师的设计思想并不完全一致，但是有一些共同的特点：①重视建筑的使用功能，并以此作为建筑设计的出发点，提高建筑设计的科学性，注重建筑使用时的方便和效率；②注重发挥新型建筑材料和建筑结构的性能特点，例如：利用框架结构中墙是不承重的特点，灵活布置和分割室内空间；③把建筑的经济性提到重要的高度，努力用最少的人力、物力、财力创造出适用的房屋；④主张创造新风格，坚决反对套用历史上的样式，强调建筑的艺术形式应与功能、材料、结构、工艺一致，灵活自由地处理建筑造型，突破传统的构图格式；⑤认为建筑空间是建筑的主角，强调建筑艺术处理的重点，应该从平面和立面构图转到空间和体量的总体构图方面，并且在处理立体构图时考虑到人观察建筑过程中的时间因素，产生了"空间——时间"的建筑构图理论；⑥废弃表面的外加的建筑装饰，认为建筑美的基础在于建筑处理的合理性和逻辑性。

这样的建筑观点被许多人称为建筑中的"功能主义"（Functionalism），有时也称作"理性主义"（Rationalism）。但是，功能主义的提法只体现了这种建筑理论的一个方面，不够全面。理性主义的提法只表现了这种理论的主要倾向，也不妥贴，因为这些建筑师的作品还是有很多非理性的成分。现在更多的人称它为"现代主义"建筑思潮（Modernism）。

作为现代主义建筑思潮的直接反映，这一时期的室内设计注重功能，努力与工业生产相结合，反对虚假的装饰。其室内设计在形式上的特征可总结如下：①根据功能的需要和具体的使用特征，确定空间的体量与形状，灵活自由地布置空间。②室内空间开敞，室内外通透。性质不同的公共性空间之间往往联系紧密，相互渗透，不做固定的，封闭的分隔，空间过渡自然流畅。③室内墙面、地面、顶棚及家具、陈设、绘画、雕塑乃至灯具、器皿等，一般造型简洁，质地纯正、工艺精细。④尽可能不用装饰和取消多余的东西，认为任何复杂的设计，没有实用价值的部件和装饰都会增加造价。强调形式应更多地服务于功能。⑤建筑及室内装修部件尽可能采用标准化设计与制作，门窗等尺寸根据模数系统设计。⑥室内选用不同的工业产品家具和日用品。

到了第二次世界大战前不久，现代主义设计思想已经广泛传播，成为当时世界建筑领域占主导地位的设计潮流，国际影响巨大。现代主义风靡全球，因此，很多人把这些在现代主义设计思想指导下，建筑以及室内设计所表现出来的共同的主要特征称为"国际式风格"（International Style），当然也有称它为"现代主义风格"。

第二次世界大战之后，尤其是在60年代以后，国际式风格开始遭到非议，认为它千篇一律，表情冷漠，缺少人情味。但我们也应该看到，这些缺点往往是由社会经济状况不好等原因造成的。正是国际式风格的建筑为那些经济条件暂时不好的国家解决了大量普通民众的居住问题，使它显得更有社会价值。

现代主义设计思想影响是广泛而深远的，从那时起一直到今天，世界上有许许多多的建筑与室内设计是在现代主义设计理论和手法基础上，根据不同的文化背景和社会条件发展变化而来的。值得我们注意的是，像德国的格罗皮乌斯、密斯·凡·德·罗、法国的勒·柯布西耶、美国的赖特以及芬兰的阿尔托等一批著名的具有现代主义设计思想的大设计师，由于他们各人境遇不同，形成了不同的美学观念和设计理论。他们在设计思想和创作手法上有不同的倾向和爱好。在建筑与室内设计艺术领域，做了卓有成效的不同的探索和创新，形成了带有个人色彩的独特的设计风格，创造出了很多影响巨大的成功的优秀建筑作品，为建筑艺术的发展作出了举世瞩目的成就。因此，我们有必要进一步探讨他们的美学观念和代表作品，从中领略大师们的设计思想与创作手法。

二、格罗皮乌斯与包豪斯

（一）格罗皮乌斯早期的活动

格罗皮乌斯（Walter Gropius，1883~1969）出生于柏林，青年时期在柏林和慕尼黑高等学校学习建筑。1907～1910 年在柏林著名建筑师贝伦斯的建筑事务所工作，贝伦斯的设计观点与实践，对格氏产生了重要影响。格罗皮乌斯后来说："贝伦斯第一个引导我系统地合乎逻辑地综合处理建筑问题。在我积极参加贝伦斯的重要工作任务中，在同他以及德意志制造联盟的主要成员的讨论中，我变得坚信这样一种看法：在建筑表现中不能抹杀现代建筑技术，建筑表现应有前所未有的形象。"

1911 年，格罗皮乌斯与迈耶合作设计了法古斯工厂（Faguswerk），厂房办公楼的建筑处理最为新颖（图 4-25）。长约 40m 的墙面上除了支柱外，全是玻璃窗和金属板做的窗下墙。这些工业制造的轻而薄的材料组成的外墙完全改变了砖石承重墙建筑沉重的形象。格罗皮乌斯没有把玻璃嵌放在柱子之间，而是安放在柱子的外皮上，这种处理手法显示出玻璃和金属墙面不过是挂在建筑骨架上的一层薄膜，益发增加了墙面的轻巧印象。在转角部位，设计者利用钢筋混凝土楼板的悬挑性能，取消角柱，玻璃和金属板连续转过去，这也是同传统的建筑很不同的处理手法。总之，法古斯工厂的这些处理手法和钢筋混凝土结构的性能一致，符合玻璃与金属的特性，也适合实用性建筑的功能需要，同时又产生了一种新的建筑形式美。这些手法不是格氏创造的，19 世纪中叶以后，许多新型建筑中已经采用过其中的一些手法。但是过去，它们大都是出于工程师和工匠之手。

图 4-25　法古斯工厂

格氏则是从建筑师的角度，把这些处理手法提高为后来建筑造型设计中常用的新的形式语汇。在这个意义上，法古斯工厂是格氏早期的一个重要成就。

在这个时期，格罗皮乌斯已经比较明确地提出要突破旧传统、创造新建筑的观点。他是建筑师中最早主张走建筑工业化道路的人之一。他认为在住宅中差不多所有的构件和部件都可以在工厂中制造，"手工操作愈少，工业化的好处就愈多"。1913 年，他在《论现代工业建筑的发展》的文章中谈到整个建筑的方向问题："现代建筑面临的课题是从内部解决问题，不要做表面文章。建筑不仅仅是一个外壳，而应该有经过艺术考虑的内在结构，不要事后的门面粉饰……建筑师的脑力劳动的贡献表现在井然有序的平面布置和具有良好比例的体量，而不在于多余的装饰。洛可可和文艺复兴的建筑样式完全不适合现代世界对功能的严格要求和尽量节省材料、金钱、劳动力和时间的需要。搬用那些样式，只会把本来很庄重的结构变成无聊情感的陈词滥调。新时代要有自己的表现方式。现代建筑师一定能创造出自己的美学章法。通过精确的不含糊的形式、清新的对比、各种部件之间的秩序、形体和色彩的匀称与统一来创造自己的美学章法。这是社会的力量与经济所需要的。"格罗皮乌斯的这种建筑观点与工业化以后的社会对建筑提出的现实要求是相一致的。

（二）包豪斯的教育观念与设计风格

1919 年，第一次世界大战刚刚结束，格罗皮乌斯在德国魏玛筹建国立魏玛建筑学校

（Das Staatlich Bauhaus Weimar）。这是由原来的一所工艺学校和一所艺术学校合并而成的培养新型设计人才的学校，简称包豪斯（Bauhaus）。格罗皮乌斯担任包豪斯校长后，按自己的观点实行了一套新的教学方法。这所学校设有纺织、陶瓷、金工、玻璃、雕塑、印刷等科。学生进校后先学半年初步课程，然后一面学习理论课，一面在车间中学习手工艺。三年以后考试合格的学生取得"匠师"资格，其中一部分人可以再进入研究部学习建筑。所以，包豪斯主要是一所工艺美术学校。

在格罗皮乌斯的指导下，这个学校在设计教学中贯彻一套新的方针、方法，它有以下一些特点：

第一，在设计中强调自由创造，反对模仿因袭，墨守陈规。

第二，将手工艺同机器生产结合起来。格氏认为"手工艺教学意味着准备为批量生产而设计"。新的工艺美术家既要掌握手工艺，又要了解现代工业生产的特点，用手工艺的技巧创作高质量的产品设计，供工厂大规模生产。

第三，强调各门艺术之间的交流融合，提倡工艺美术和建筑设计向当时已经兴起的抽象派绘画和雕塑艺术学习。格氏认为：所有视觉艺术的最终目的是完善的建筑物。只有全体各门类艺术家互相合作，才能把艺术从孤立状况中解救出来。建筑师、画家和雕刻家必须从头认识，并学会掌握建筑物整体的、综合的性格。只有这样，他们的作品才能饱含建筑理性的精神。

第四，培养学生既有动手能力又有理论素养。包豪斯三年的课程，一部分是技术方面的（Werklehre），学生必须到7个工场中的一个去做石工、木工、金工、粘土、玻璃、染织方面的工作，还有关于成本和投标制订方面的理论课；另一部分是形式方面的（Formlehre），包括对自然界和人造物中形式效果的观察、作品的表现和构图理论方面的研究。理论教学与实践教学之间并行，学生同时在两个老师的指导下学习：一个是工艺方面的老师，一个是设计方面的老师。

第五，把学校教育同社会生产挂上钩。包豪斯的师生所作的工艺设计常常交给厂商投入实际生产。格氏曾说："包豪斯训练的全部制度显示出以实际问题为依托的教育价值观，……由于这个原则，我极力保证包豪斯的实际委托任务，这样不论是老师还是学生，都可以把他们的工作付诸试验。"

由于以上这些作法，包豪斯打破了传统学院式教育的框框，使设计教学同生产的发展紧密联系起来，这是它比旧式学校先进的地方。

20世纪初期，西欧美术界产生了许多新的流派如立体主义、表现主义、超现实主义等等。在格罗皮乌斯的主持下，一些最激进流派的青年画家和雕塑家到包豪斯任教，他们带来了最新奇的抽象艺术。一时之间，包豪斯学校成了20年代欧洲最激进的艺术流派的据点之一。

立体主义、表现主义、超现实主义之类的抽象艺术，在形式构图上所作的试验对于建筑和工艺美术来说具有一定的启发作用。正如印象主义画家在色彩和光线方面所取得的新经验，丰富了绘画的表现方法，立体主义和构成主义雕塑家在几何形体的构图方面所作的尝试对于建筑和实用工艺品的设计是有参考意义的。

在抽象艺术的影响下，包豪斯的教师和学生们的设计作品，摒弃了附加的装饰，注重发挥结构本身的形式美，讲求材料自身的质地和色彩的搭配效果，发展了灵活多样的非对称的构图方法。这些努力对于现代建筑装饰的发展起了有益的作用。

实际的工艺训练，灵活的构图能力，再加上同工业生产的联系，这三者的结合在包豪斯产生了一种新的工艺美术风格和建筑风格。其主要特点：注重满足实用要求，发挥新材料和新结构的技术性能和美学性能，造型整齐简洁，构图灵活多样。

1925 年，包豪斯从魏玛迁到德骚，格罗皮乌斯为它设计了一座新校舍。它是包豪斯建筑风格最有代表性的作品。校舍建筑面积接近 10000m²，是由许多功能不同的部分组成的中型公共建筑。它有以下一些特点：①把建筑物的实用功能作为设计的出发点。学院派的建筑设计方法通常是先决定建筑的总的外观体型，然后把建筑的各个部分安排到这个体型里面去。在这个过程中也会对总的体型作若干调整，但基本程序还是由外而内。格罗皮乌斯则把这种程序倒了过来，他把整个校舍按功能的不同分成几个部分，按照各部分的功能需要和相互关系定出它们的位置与和体型。②采用灵活不规则的构图手法，充分运用对比的效果。这里有高和低、长与短、纵向与横向的对比等，特别突出的是发挥玻璃墙面与实墙的不同视觉效果，造成虚与实、透明与不透明、轻薄与厚重的对比。不规则的布局加上强烈的对比形成了生动活泼的建筑形象。③建筑形式和细部处理紧密结合所用的材料、结构和构造做法，运用建筑本身的要素取得建筑艺术效果。校舍没有雕刻、柱廊，没有装饰性的花纹和线脚，几乎把任何附加的装饰都排除了，但是格罗皮乌斯把窗格、雨罩、阳台、栏杆、大片玻璃墙面和抹灰墙面等恰当地组织起来，取得了简洁清新有动态的构图效果。在室内也是尽量利用楼梯、家具、灯具、五金等实用部件本身的体形和材料本身的色彩和质感取得装饰效果（图 4-26）。当时包豪斯校舍的建造经费比较困难，按当时货币计算，每立方英尺建筑体积的造价只合 0.2 美元。在这样的经济条件下，这座建筑物比较周到地解决了实用功能问题，同时又创造了清新活泼的建筑形象和室内环境。应该说，包豪斯校舍是一个成功的建筑作品。

(a)　　　　　　　　　　　　　　　(b)

图 4-26　包豪斯校舍

(a) 包豪斯校舍外观；(b) 包豪斯校舍室内

1920 年到 1921 年间，格罗皮乌斯与迈耶设计的位于柏林的萨莫弗尔德住宅 (Sommerfeld house) 则是包豪斯强调各门艺术交流融合的代表作品，是包豪斯承建的第一个作为"艺术综合"的最有魅力的建筑。它的室内设计由多个杰出设计师联合完成。如门厅见图 4-27 (a)，家具是由布鲁埃（Marcel Breuer）设计，墙面的木装修以及木雕式栏板是施迈迪特（Joost Schmidt）的杰作。门厅使用坚硬的柚木做装修，虽然有些压抑感，但却富有极强的韵律和节奏。门上的浮雕见图4-27（b）与楼梯栏板的形式统一，体现了构成主义抽象艺术特征。室内利用绗缝工艺制作的门帘也是如此见图4-27（c）。

（a）　　　　　　　　　　　　　　　　　（b）

（c）

图 4-27　萨莫弗尔德住宅室内
（a）门厅与楼梯；（b）门上的浮雕；（c）门帘

在 1923 年第一届包豪斯作品展中，"校长办公室"更能体现包豪斯的室内设计风格（图 4-28）。它的体量是干干净净的立方体，平面由办公和会客两个功能区组成；为突出会客区，在其顶棚部位涂了蓝色的方块；沙发、书橱、茶几以及桌面上的文件架都以连续不断的直线条和平整的体积为设计母题；吊灯用纤细的铝管做的水平拉杆及垂直吊杆与顶棚和墙面联系，突出线条母题；地毯和壁毯则是抽象艺术大师康定斯基（Wassily kandinsky）的风格。

在室内日用品的设计方面，包豪斯的设计家们完全摆脱了传统形式，创造出了新时代的新风格（图 4-29）。在家具设计方面，设计师们更有非凡的创造。他们设计生产出了可调节搁板的柜子，可以折叠的桌子和椅子，对现代家具的发展做出了突出的贡献。

在众多家具与建筑设计师中，布鲁埃是包豪斯最具有开拓与创新精神的杰出设计家之一。他始创用钢管做成了世界上第一把室内用椅。1925 年，包豪斯迁往德骚，留校任教的马歇尔·布鲁埃接受委托，装备 7 个教工住宅。这样，第一个钢管室内用椅——华西莱椅（Wassily chair）就此诞生了见图 4-30（a）。此外他还设计了一系列的钢管家具见图

4-30（b）、（c）。

第一次世界大战后，欧洲的家庭生活方式有了很大改变，家庭和居住空间在缩小，并且大多数家庭都要自己操持家务。建筑材料，特别是木材因短缺而限制使用，并且比战前更加昂贵。在这种情况下，人们需要的是小巧、简洁、易于清洁、易于维护、功能多的家具。布鲁埃顺应了这一时代的要求，设计了钢管家具。在布鲁埃以前，已有金属做的椅子（法国 19 世纪中叶已有金属做的户外公园椅），也已有钢管做的家具（1886 年已有用钢管做医院床）。布鲁埃不是第一个做金属家具或钢管家具的人，但他是世界上第一个用钢管成功地做成室内用椅的人，第一个用钢管作为椅子自身材料的人。他设计并制造的华西莱椅就是一个标志。这个椅子竖立在国际家具市场已有 70 多年，一直属于一流的设计盛销不衰。

图 4-28　校长办公室

布鲁埃钢管家具畅销不衰，究其成功的原因有以下几点：第一，对人体舒适的考虑。虽然那个时代还没有人体工程学的研究，但布鲁埃已意识到家具特别是椅子舒适的重要性。他一方面对椅子的座高、座深、座面的斜度、座背夹角等的设计都用足尺模型做各种试验，取得最恰当的数据，才使家具定型。另一方面，为了避免钢管冷和硬造成的不舒适感，布鲁埃在设计安乐椅和扶手椅时都尽量使人体接触不到钢管，拿华西莱椅来说，他的座位和靠背虽都是钢管为骨架的，但人就坐时，背部所接触的是布料或皮革，不会给钢管硌着。扶手也是用布料或皮革制成，手也碰不到钢管。再有，布鲁埃在钢管悬臂原理的基础上，利用钢管的弹性来增加椅子、安乐椅的舒适度。第二，布鲁埃对材料的观点是不看轻'老'材料，也从不抬举'新'材料。他许多出色的设计包括建筑和家具，都是将传统材料、地方材料与现代的新材料结合使用，形成了别具一格的特色。在钢管家具上，他有意使用藤条编织网、皮革及粗帆布等。第三，布鲁埃具有系列设计的观念。同一产品，由于钢管涂料的变化，表面材料的变化以及尺寸的变化，便成了一个系列的产品。这样产品虽少，但花色品种增多了。以上布鲁埃对家具的设计观念和处理手法，在今天看来，对当代的家具设计乃至其他工业日用品的设计仍有很重要的指导意义，这也是布鲁埃对设计艺术的一个贡献。

钢管的弯曲性能使钢管家具具有木制家具无可比拟的新的造型，同时使折、叠、拆装、多用成为可能。华西莱椅问世后，得到许多设计大师包括密斯·凡·德·罗、勒·柯布西耶、阿尔托等的认同，他们亦用钢管设计制作了各种椅子和桌子。

包豪斯的活动及其所提倡的设计思想和风格引起了广泛的注意。新派的艺术家和建筑师们认为它是进步的甚至是革命艺术潮流的中心，保守派则把它看作异端。当时德国的右派势力攻击包豪斯，说它是俄国布尔什维克渗透的工具，随着德国纳粹党的得势，包豪斯的处境愈来愈困难。1928 年，格罗皮乌斯离开包豪斯。1930 年，密斯·凡·德·罗接任校长，把学校迁到柏林。1933 年初希特勒上台，包豪斯在这一年遭到封闭。这以后，随着许多包豪斯杰出的艺术家到国外寻求发展。包豪斯的教育观念、设计思想和风格得以在世

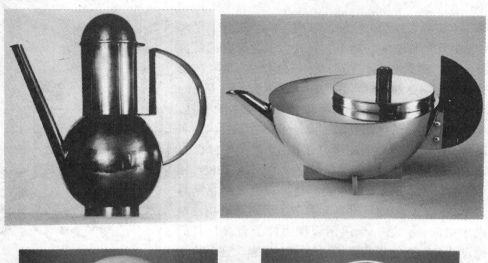

图 4-29　包豪斯室内日用品设计

(a)　　　　　　　　(b)　　　　　　　　(c)

图 4-30　布鲁埃设计钢管椅

(a) 华西莱椅；(b) 布鲁埃安乐椅；(c) 西斯卡椅

界范围内传播，在为现代主义设计思想的普及和推广方面，做出了不可磨灭的功绩。

（三）格罗皮乌斯来到美国以后的建筑观点

1937年，格罗皮乌斯54岁的时候接受美国哈佛大学的聘请，到该校担任建筑系主任，从此长期居留美国。

在建筑设计原则和方法上，格罗皮乌斯在20年代和30年代比较明显地把功能因素和经济因素放在最重要的位置上。1925～1926年他在《艺术家与技术家在何处相会》的文章中曾写道："一件东西必须在各方面都同它的目的性相配合，就是说它的功能是可用的、可依赖的、并且是便宜的"。1934年，格氏在回顾他设计的两座建筑物时说："在1912～1914年间，我设计了我最早的两座重要建筑：法古斯工厂和科隆博览会的办公楼，两者都清楚地表明重点放在功能上面，这正是新建筑的特点"。

1937年，格罗皮乌斯到美国当教授后，似乎不愿意承认他有过这样的观点和作法。他公开声明说，他并不是只重视物质的需要，而不顾精神的需要，相反，他从来没有忽视建筑要满足人的精神上的要求。"许多人把合理化的主张看成是新建筑的突出特点，其实它仅仅起到净化的作用。事情的另一面，即人们灵魂上的满足是和物质上的满足同样重要的"。1952年格罗皮乌斯又说："对于充分文明的生活来说，人类心灵上美的满足比起解决物质上的舒适要求是同等的甚至是更加重要的。"

格罗皮乌斯到美国之后，事实上把自己理论上的着重点作了改变。这是因为美国不同于欧洲，第二次大战以后的建筑潮流也和第一次大战前后很不相同。究竟哪种看法是格氏的真意呢？都是，一个人的观点总是带着时代和环境的烙印。从根本上来说，作为一个建筑师，格罗皮乌斯从不轻视建筑的艺术性。他之所以在1910年到20年代末之间比较强调功能、技术和经济因素，主要是德国工业发展的需要，以及战后经济条件的需要。

无论如何，从1910年到20年代末，格罗皮乌斯促进了建筑以及室内设计原则和方法的革新，创造了一些很有表现力的新的设计手法和建筑语汇。同时，他建立了新的现代日用工业产品设计的教育模式，在推动现代建筑发展方面起了非常积极的作用。他是现代建筑史上十分重要的革新家、建筑家和教育家。

三、现代主义代表人物及其作品

（一）密斯·凡·德·罗

第一次世界大战结束后，密斯·凡·德·罗（Mies van der Rohe，1886～1970）开始积极探求新的建筑原则和建筑手法。他强调要创造新时代的建筑而不能模仿过去，重视建筑结构和建造方法的革新，钢与玻璃的应用，事必涉及到结构和构造。密斯认为结构和构造是建筑的基础，他说："我认为，搞建筑必须直接面对建造问题，一定要懂得结构与构造，对结构加以处理，使之表达我们时代特点。这时，仅仅在这时，结构成为建筑。"从这一点出发，密斯细心探索在建筑中运用和表现钢结构特点的建筑处理手法，特别注意建筑细部构造处理，把建筑技术与艺术有机地统一起来。

1928年，密斯提出了著名的"少就是多"（Less is More）的建筑处理原则。在这原则指导下，密斯的建筑设计包括造型、结构、构造、室内装饰、家具布置、材料的选择，都精练到不能再改动的地步。这些内容富有结构逻辑性地、简炼地、和协地组合在一起，于是创造了一种以精确、简洁、纯净为特征的建筑艺术。密斯在追求物质的"少"的同时，积极主动地创造丰富多变的空间视觉效果和空间使用功能，通过所谓的"流通空间"（Flowing Space）和"全面空间"（Total Space）的设计，使简单的建筑空间变得生动、灵活、富有意味。

密斯的建筑观念和设计原则在以下的代表作品中得到了充分的体现。

1924年，大柏林艺术展览会上，密斯用绘画的形式展示了他设计的乡村砖别墅方案。在这个方案平面中，室内空间的四个角落至少有两个是开放的，使得空间相互延伸，相互渗透，造成了空间互相流通的效果。有三堵墙从室内延伸到房子周围的外部空间，试图使室内外空间获得融合。这个方案可以说是密斯探求空间之间流通的概念性作品，而1929年密斯为巴塞罗那世界博览会设计的德国馆则是对流通空间作出的具体示范，这个作品凝聚了密斯建筑观念的精华，并体现了"少就是多"的设计原则（图4-31）。

图 4-31　巴塞罗那博览会德国馆室内
（a）室内大厅；（b）室内相互穿插的空间；（c）半室内半室外空间中的水池及雕像

德国馆主厅部分由8根十字形断面的钢柱，顶着一块薄薄的简单的屋顶板构成，隔墙有玻璃的和大理石的两种。墙的位置灵活而且似乎很偶然，它们纵横交错，有的延伸出去成为院墙。由此形成了一些既分隔又连通的半封闭半开敞的空间，室内各部分之间，室内和室外之间相互穿插，没有明确的分界。这是以后现代建筑中常用的流通空间的最早典范。这座建筑的形体及构造处理十分简单。平板屋顶和墙都是简单的光光的板片，没有任何线脚，柱身上下也没有变化。所有构件交接的地方都是直接相遇，不同构件和不同材料之间不做过渡性处理，一切都是简单明确，干净利索。由于体形简单，去掉了附加装饰，所以密斯在此非常讲究建筑材料的使用：地面用灰色大理石，墙面用绿色大理石，主厅内部一片独立的隔墙还特地选用了色彩斑斓的带有云纹的红褐色玛瑙大理石；玻璃隔墙有灰色和绿色的，内部的一片玻璃墙还带有刻花；一个水池的边缘衬砌黑色的玻璃。这些不同颜色的大理石、玻璃再加上镀铬的金属柱子和窗框，使整个建筑辉映在所有材料的光耀之中，获得一种高贵、雅致和鲜亮的气氛。密斯自认为这是一所能够象征壮丽，并足以接待王公贵族的高级建筑。美国历史与评论家 Hitchcock 说："……这是 20 世纪可以凭此同历史伟大时代进行较量的几所房屋之一"。虽然德国馆建成后 3 个月就随博览会的闭幕而拆除，但它却在建筑界产生了深刻而广泛的影响。

这以后，密斯还设计了其他类型的住宅。在住宅室内，除了有私密要求的空间之外，他常利用柱子、孤立的隔断墙、帷幕、壁橱、大玻璃、甚至用曲面的墙，继续营造类似巴塞罗那博览会德国馆那样的流通空间。

1950～1956 年密斯为伊利诺理工学院设计了建筑系馆——克朗堂（Crawn Hall）。这幢建筑的整个屋顶用四榀大钢梁支承，钢梁由工字形柱支撑，四壁全都是大玻璃窗。地面层是一个没有内柱和内承重墙的大通间，里面包括绘图房、图书室、展览空间和办公室等。这些不同的部分都是由一人多高的活动木隔板来划分，目的是为了学生可以把设计方案挂在隔板上，以便教师和学生以及学生之间互相讨论，增加教学的气氛。这种空间表现出了"全面空间"的新概念。与沙利文的"形式追随功能，功能不变，形式不变"的建筑观点相反，密斯认为功能变了，形式也可不变。他说："建筑物服务的目的是经常会改变的，但是我们并不能把建筑物拆掉，应建造实用，经济的大空间以适应各种功能的需要"。密斯以后经常采用这种"全面空间"的形式，例如，1962 年设计的西柏林国家美术馆（New National Gallery，West Berlin）。把这种空间应用于住宅则是密斯的创举，范斯沃斯住宅（Farnsworth House，1945～1950）便是代表（彩图 4-7）。住宅室内中央有一小块封闭的空间，里面藏着厕所、浴室和机械设备，此外，再无固定的分割。主人睡觉、起居、做饭、进餐都在四周敞通的空间之内。这座住宅仍用钢和玻璃建造。八根工字钢柱夹持一片地板和一片屋顶板，四面全是落地玻璃，其室内的开敞性似乎拥抱了整个周围环境。它虽被玻璃隔开，但周围的树群和灌木丛则仿佛穿梭于室内外，使室内外空间连成一体，产生了另一番新颖的室内效果。然而这种玻璃盒子要是用作花园里的亭榭，它是适宜的，但作为住宅，在使用功能和私密性等方面则存在很大问题。密斯也因此被该住宅的主人告上了法庭。

克朗堂和范斯沃斯住宅所表现出来的"全面空间"，对以后的建筑设计及室内设计都产生了广泛的影响，成为现代建筑常用的空间形式。然而更有影响的是密斯通过这样的钢与玻璃的建筑，创造出了新的严谨的形式语言，发掘出了新技术的艺术表现力。钢结构和玻璃都是现代技术的发明，但密斯却以工匠的手法来对待它们，对其形体和细部构造进行精心处理，对钢柱、窗框等钢构件的表面，往往都经过磨光处理，然后刷漆或电镀，使建筑成为一个简洁、精致的玻璃盒子，并显示着清晰的结构逻辑、精美的细部节点，表现出优美的比例。由此，密斯的建筑获得了不同以往的新的美学价值，为技术美学的发展与普及作出了积极的贡献。他在40年代以后设计的用钢框架和玻璃建造的高层建筑，成为美国乃至世界现代玻璃摩天楼的滥觞。

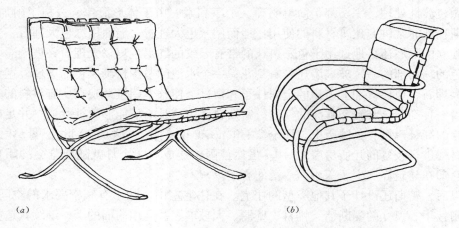

图 4-32　密斯设计钢的管椅
（a）巴塞罗那椅；（b）MR 椅

图 4-33　土根哈特住宅室内及土根哈特椅

密斯在设计建筑时，往往与家具设计一起进行，以保证建筑与室内在风格和气氛上的统一。因而他的家具与他的建筑一样，个人风格强烈。密斯的家具设计代表作品有为巴塞罗那国际展览会德国馆正厅设计的巴塞罗那椅，（图4-32a）和为土根哈特住宅（Tugendhat House）设计的土根哈特椅（图4-33）。巴塞罗那椅被认为具有划时代的意义。

密斯善于采用对传统形式进行概括和抽象的方法进行家具创新。如当时悬臂钢管椅已由布鲁埃最先制造出来，但密斯的MR椅（图4-32b）虽也采用悬臂钢管，却利用了60多年前就有的一个弯曲木摇椅的曲线而创作的，使得MR椅更富有亲切感。巴塞罗那椅的X形腿源自埃及，原来这种X形的木制腿仅用于低矮的凳子，而密斯用镀镍或镀铬钢制的X形腿作为沙发的腿，以后又设计了X腿的凳子、茶几，形成系列和配套产品。

密斯虽被公认为是最有影响的现代主义建筑大师之一，但也因他在家具设计上做出的划时代贡献而被载入家具设计史册。

（二）勒·柯布西耶

勒·柯布西耶（Le Corbusier，1887～1965）出生于瑞士。1908年他到巴黎，在著名建筑师贝瑞处工作，后来又到柏林德国著名建筑师贝伦斯处工作。贝瑞因较早运用钢混凝土而著名,他和贝伦斯对勒·柯布西耶后来的建筑设计方向产生了重要的影响。第一次世界大战期间,建筑活动停顿,勒·柯布西耶从事绘画和雕塑,直接参加到当时正在兴起的立体主义的艺术潮流中。他没有受过正规的学院派建筑教育,相反,从一开始就受到当时建筑界和美术界的新思潮的影响,这就决定了他从一开始就走上新建筑的道路。

1917 年勒·柯布西耶移居巴黎。1920 年他与新派画家和诗人合编名为《新精神》的综合性杂志,并发表一些鼓吹新建筑的短文。1923 年,勒·柯布西耶把文章汇集出版,书名为《走向新建筑》(Vers une Architecture)。这本书中心思想明确,就是激烈否定 19 世纪以来的因循守旧的建筑观点和复古主义、折衷主义的建筑风格,强烈主张创造表现新时代的新建筑。

书中用许多篇幅歌颂现代工业的成就,举出轮船、汽车和飞机是表现新时代精神的产品。勒·柯布西耶写道:"这些机器产品有自己的经过试验而确立的标准,它们不受习惯势力和旧样式的束缚,一切都建立在合理地分析问题和解决问题的基础上,因而是经济和有效的。"勒·柯布西耶拿建筑同这些事物相比,认为房屋也存在着自己的"标准"。但是他说:"建筑艺术被习惯势力所束缚","工程师的美学正在发展着,而建筑艺术正处于倒退的困难之中。"他主张建筑师应向工程师学习理性。在这本书中他给住宅下了一个新的定义:"住宅是居住的机器",并极力鼓吹用工业化的方法大规模建造房屋,以减少房屋的组成构件,降低造价,把建筑从为少数所谓高品位的人服务转向服务于大众。他主张把建筑和技术美结合起来,把合目的性、合规律性作为艺术的标准。

勒·柯布西耶同时又强调建筑的艺术性。他在书中写道:"建筑艺术超出实用的需要,建筑艺术是造型的东西。"他并且说建筑的"轮廓不受任何约束","轮廓线是纯粹精神的创造,它需要造型艺术家","建筑师用形式的排列组合,实现了一个纯粹是他精神创造的形式"。在建筑形式的艺术处理上,勒·柯布西耶认为"建筑是一些装配起来的体块在光线下辉煌、正确和聪明的表演","平面是由内到外发展的,外部是内部的结果","建筑艺术的元素是光和影、墙和空间"。他赞美简单的几何形体,他说:"原始的形体是美的形体,因为它使我们能清晰地辨认识别"。

从勒·柯布西耶在《走向新建筑》中表述的这些观点可以看出,他既是理性主义者,同时又是浪漫主义者。他还把当时艺术界中正在兴起的立体主义观点移植到建筑中来。这些都充分表现在他的建筑活动和建筑作品之中。总的看来,他在前期表现出更多的理性主义,后期表现出更多的浪漫主义。

1925 年,在巴黎装饰艺术展览会上,勒·柯布西耶展示出了一个居住单元的设计(图4-34)。这个单元可以拼合成更大的居住体。它有两层,从二层的室内阳台可以俯瞰底层两层高的起居空间,这对于狭小的基地而言,无疑是提高了空间的质量和效果。室内墙面不事装饰,只挂着抽象主义的绘画。家具采用不同的工业产品,门窗的尺寸受模数控制。这种设计和法国当时流行的装饰派风格格格不入。勒·柯布西耶所写的设计说明也是对流行观念的一种挑战:"抛弃装饰艺术,以确信建筑从最小的家具陈设伸展到房子,再伸展到街道、城市,以显示通过选择工业产生了纯粹的产品,以显示公寓可以标准化,来满足一系列人的需要。这个已经实践,并可居住的细胞,是舒适而美观的,是被证实了的居住的机器。……标准的,或是安装在墙上、或是依靠着墙的柜子代替了那些形状、大小不一的陈设,这种布置最好地服务于日常功能,……他们不是木制品,而是金属制品,在车间里制作。这些柜子构成了室内唯一的陈设，这样给每个屋子都留出了最充足的空间。"

图 4-34　勒·柯布西耶设计的居住单元室内

　　1926 年，勒·柯布西耶就自己的住宅设计提出了"新建筑的五个特点"：①底层独立支柱。房屋的主要使用部分放在二层以上，下面全部或部分地腾空，留出独立支住；②屋顶花园；③自由的平面；④横向长窗；⑤自由的立面。这些都是由于采用了框架结构，墙体不再承重以后产生的建筑特点。勒·柯布西耶充分发挥这些特点，设计了一些同传统的建筑完全异趣的住宅建筑。1927 年在斯图加特国际住宅博览会上，勒·柯布西耶设计的住宅室内使用了灵活隔断，白天大空间作为起居之用，而晚上则划分为小的卧室空间。这种把空间的使用与时间联系在一起的观念，在他以后的设计中也得到了体现，并为以后的现代设计师们所接受。

　　萨伏伊别墅（Villa Savoye，Poissy）是勒·柯布西耶著名的代表作，最能体现他所提出的新建筑五个特点（图 4-35）。勒·柯布西耶实际上是把这所别墅当做一个立体主义的雕塑来对待，它的各部分形体都采用简单的几何形体。柱子就是一根根细长的圆柱体，墙面粉刷成光面，窗子也是简单的长方形。建筑的室内和室外都没有装饰线脚。为了增添变化，勒·柯布西耶用了一些曲线形的墙体。房屋总的形体是简单的，但是内部空间却相当复杂。尤其是在楼层之间采用了室内很少用的斜坡道，从入口门厅延伸至二层屋顶的院子，并进一步变为通往屋顶晒台的室外步廊，把不同层高的空间连接起来。勒·柯布西耶说："它是真正的散步廊，因为它使人感到出乎意外，不时产生别有洞天的意趣。从结构角度来看，尽管所有的只是那些刻板的梁柱系统，但在这你却可以看到那么多的变化，这是非常愉快的事。"勒·柯布西耶通过坡道增强了观者对空间以及空间中形体和光线的感受，这正是现代主义建筑所追求的"空间——时间"建筑构图理论的具体体现。二楼的起居室带有大片的高至顶棚的落地窗，朝南开向屋顶的院子。这个院子本身除了没有屋顶外，同房间没有什么区别。勒·柯布西耶是这样解释这个院子的："真正的家庭花园应该在距地 3.5m 处，这样的屋顶花园土壤干燥卫生，同时又能看到比地面更美的乡野风光。"三层是由曲墙和直墙围合而成的没有盖的日光室，直接开敞地对着蓝天，充满阳光和绿化。勒·柯布西耶说："享受普照大地的阳光和广阔的天空是所有人与生俱来的权利。"

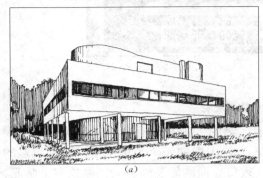　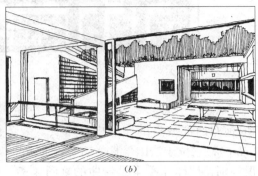

(a)　　　　　　　　　　　　　　　　(b)

图 4-35　萨伏伊别墅 1928～1930
(a) 萨伏伊别墅外观；(b) 萨伏伊别墅屋顶院子

像勒·柯布西耶在 20 年代设计的许多小住宅一样，萨伏伊别墅的外形轮廓是比较简单的，而内部空间则比较复杂，如同一个内部细巧镂空的几何体，又好象一架复杂的机器——勒·柯布西耶所说的"居住的机器"。在这种面积和造价十分宽裕的住宅建筑中，功能是不成问题的，作为建筑师，勒·柯布西耶追求的并不是机器般的功能和效率，而是机器般的造型，这种艺术趋向被称为"机器美学"。

第二次世界大战爆发后，勒·柯布西耶蛰居法国乡间与底层人民交往。战争结束后，勒氏的建筑思想和作品与战前相比，虽然有相通的一面，但是改变的一面更为突出。经历战争后，勒·柯布西耶看到了机器对人类造成的巨大灾难，开始痛恨机器。早先他热烈称颂现代工业文明，主张建筑要适应工业社会的条件来一个革命，而战后，他的技术乐观主义观念似乎不见了，开始强调自然和过去，原先的理性被一种神秘性所顶替。他从注重发挥现代工业技术的作用转而重视地方民间的建筑传统，在建筑形象上，从爱好简单的几何形体转向复杂的塑形，从追求光洁平整的视觉形象转向粗糙苍老的趣味。

1946 年开始，勒·柯布西耶为马赛市郊区设计大型公寓住宅，在这里他对建筑形式的处理引起了广泛的注意。他在拆除现浇混凝土模板后，对墙面不再做任何处理，粗糙不平的、带有麻点小孔和斑斑水渍的混凝土面直接裸露出来，如同施工未完的模样。钢筋混凝土是工业生产的材料，现在勒氏运用它时不突出工业和机器的特征，而故意保存人手操作留下的痕迹，追求朴素厚重又原始粗犷的雕塑效果（彩图 4-8）。

印度昌迪加尔法院（Law Court, Chandigarh, India）于 1956 年最先落成，它是勒氏后期建筑风格的代表作品（图 4-36）。整个法院建筑的外表也是裸露的混凝土，墙壁上点缀着大大小小的不同形状的孔洞。这座建筑墙面上的孔洞或壁龛与勒氏设计的马赛公寓阳台洞口一样，它们有的被涂上红、黄、蓝、白之类的鲜艳颜色。怪异的体型，超乎寻常的尺度，粗糙的表面和不协调的色块，给建筑带来了怪诞粗野的情调。人们由此认为这样的建筑属于粗野主义（brutalism）。

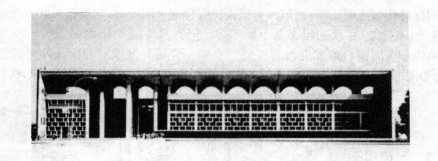

图 4-36　印度昌迪加尔法院

勒·柯布西耶战后的作品中最重要、最奇特、最惊人的是朗香教堂（La Chapelle de Ronchamp），它位于法国孚日（Vosges Mountains）群山中的一个小山头上。朗香教堂的平面很特别，墙体几乎全是弯曲的（图4-37）。入口立面的墙是倾斜的，屋顶向上翻起，形象十分突出。在教堂内部，主要空间的周围有三个小龛是小祷告室，它们向上拔起伸出屋面形成三个竖塔，形状像是半根从中间剖开的胖圆柱。教堂的墙是石块砌成的承重墙，外表有白色的粗糙面层。屋顶部分保持混凝土的原色。朗香教堂的各个立面形象差别很大，看到某个立面，很难料想到其他各面的模样。教堂的主要入口也很特别，它缩在那面倾斜的墙体和一个塔体的缝隙之间，门是金属板做的，只有一扇，门轴在正中间，旋转90°，让人从两旁进出。门扇的正面画着勒·柯布西耶的一幅抽象画。总之，整个教堂的体形曲折歪扭十分特别，很像远古留下来的什么东西。

教堂的室内更为奇特。东边和南边的屋顶与墙身交接的地方，有一道高约40cm的空隙，阳光从缝隙里透进，与杂乱无章的镶着彩色玻璃的窗口射进的阳光汇合，使整个室内显得异常神秘，具有浓厚的宗教色彩。室内下坠的顶棚、弯曲的墙面、倾斜的墙体、高低错落大小不一的窗子和屋内暗淡的光线，足以使教徒在虔诚的祈祷中达到忘我的境地，彻底失去衡量建筑空间大小、方向、水平、垂直的正确标准，产生了叫人难以捉摸的空间效果。

为什么要把朗香教堂设计成这样呢？勒·柯布西耶自己解释说，他要"建造一个能用建筑的形式和气氛让人心思集中和进入沉思的容器"。教堂不是人与上帝之间对话的地方吗？所以它"要像听觉器官那样的柔软、细巧、精确和不能改动"。他几乎是把朗香教堂当作一个听觉器官来设计，以便使虔诚的教徒们能听到上帝的启示，也能使上帝听到教徒们的祈祷。按照这个解释，朗香教堂是一座象征性建筑。也有人称它是开辟后现代隐喻主义的作品。

从勒氏战后的建筑作品中可以看出，他的建筑风格前后有很大的变化，表现了一种与原先很不一样的建筑美学观念和艺术价值观。概括地说，勒氏从当年崇尚机器美学转而赞赏手工劳作之美；从显示现代派头转而追求古风古貌和原始情调；从主张清晰表达转向爱好模糊混沌；从明朗走向神秘；从有序转向无序；从常态转向超常；从理性主导转向非理性主导。正因为勒·柯布西耶创造了以朗香教堂为代表的那样的建筑作品，所以他在战后时期的西方建筑流派中仍然处于领先地位，继续被新一代的建筑师奉为自己的旗手，他的影响至今仍然未衰。

(a)

(c)

(b)

图 4-37　朗香教堂外观，入口大门及室内效果（1950～1953）
（a）朗香教堂外观；（b）朗香教堂室内效果；（c）朗香教堂入口大门

　　密斯·凡·德·罗在钢与玻璃的建筑中启示了几代人，勒·柯布西耶则在混凝土建筑方面给全世界建筑师做出榜样。他们都是 20 世纪世界上为数不多的有最大影响的建筑大师。

　　（三）赖特

　　赖特（Frank Lloyd Wright，1869～1959）是 20 世纪美国的一位最重要的建筑师，在世界上享有很高的盛誉，对现代建筑有很大影响。但是他的建筑思想和欧洲现代主义代表人物有明显的差别，他走的是一条独特的道路。

　　赖特出生于美国威斯康星州。幼年的时候，曾在农场寄居，有机会体会自然界固有的旋律和节奏。赖特在自传中写道："威斯康星牧场的自然美是人造花园不能相比的，在自然的怀抱中，我纵情享受和体验，感受尤深的是鲜红的百合花，以至于这种火一样红的方块在后来成为我的书、画和建筑的一个标记。我还观察蚁穴，抓青蛙，研究蜻蜓、海龟，兴趣十足地捉摸它们的奇异生态、斑斓的花纹和迷人的结构。这些就是我后来称为风格的东西。不仅如此，我还对黄蜂、蚊蝇甚至有毒的爬藤产生兴趣。我把这峡谷之中的林木看成是各式各样的建筑物。突然有一天，我开始悟得了一切建筑风格的秘诀，这是与树木产生特征的道理相同的。"赖特幼年所处的环境，使他对自然充满了爱和崇敬。在他看来美源于自然。他认为对建筑师来说，除对自然规律的理解和认识，再没有更丰富、更有启示的美学源泉了。

赖特崇尚自然的建筑观念，贯穿于他一生的建筑创作之中，总结起来主要有以下四种表现：①尊重自然。建筑与建筑所处的环境成为一体，建筑的体量、比例、尺度、布局、构图和地形环境协调、融合，使之与环境相得益彰，正如赖特自己所说："建筑应该是自然的，要成为自然的一部分"。赖特认为人也是自然的一部分，所以他努力使建筑的每一个组成部分，都有它自己的使用上功能作用，并且还要有它存在的体现人类精神活动及需求上的目的。②模拟自然。赖特的建筑有很多形式方面的处理是对自然界中的某些形态、结构和色彩的模仿、提炼和抽象，以达到与自然的协调，获得亲切、怡人的环境气氛和视觉效果。③尊重材料的本性。赖特重视材料的天然特性，包括它们的形态、纹理、色泽及力学、化学性能，并在建筑中运用和表现它们。他提出："材料因体现了本性而获得价值，人们不应去改变他们的性质或想让它们成为别的。"为了能与周围环境相协调，赖特往往就地取材建造房屋。④重视住宅与自然气候的关系。赖特根据气候条件，对建筑作出恰当的处理，以满足人们生理及心理方面的要求。

赖特把自己的建筑称作有机的建筑（Organic architecture）。但赖特的有机建筑理论却很散漫，说法又虚玄，叫人不易捉摸。近年来一些研究学者认为，赖特的有机理论类似于达尔文主义的形态学（即每一部分都是整体中有用的，不可分割的），并把赖特有机建筑理论的核心概括为"整体和局部不可分割的一体性"。

1893年，赖特开始独立操业。从19世纪末到20世纪最初的10年中，他在美国中西部设计了许多小住宅和别墅。这些住宅大部分属于中产阶级，座落在郊外，用地宽阔，环境优美，材料是传统的砖、木和石头。在这类建筑中，赖特逐渐形成了一些有特色的建筑处理方法。

赖特这个时期设计的住宅既有美国民间建筑传统，又突破了封闭性，它适合于美国中西部草原地带的气候和地广人稀的特点，因而被称为"草原式住宅"，虽然它们不一定建造在大草原上。草原式住宅的典型作品有1902年设计的威立茨住宅（Willitts House，图4-38）和1909年落成的罗比住宅（Robie House）。

图 4-38　威立茨住宅

在20年代和30年代，赖特的建筑风格经常出现变化。他一度喜欢用许多图案来装饰建筑物，随后又用得很有节制。木和砖是他惯用的材料，进入20年代，他也将混凝土用

198

于住宅建筑，并曾多次采用带有程式化浮雕图案的混凝土砌块建造小住宅，并且在室内也暴露这些砌块的图案，加强室内的装饰效果。愈到后来，赖特在建筑处理上愈加灵活多样，更少拘束。1936年，他设计的"流水别墅"（Kaufmann House on the Waterfall）就是一座别出心裁，构思巧妙的建筑艺术品（图4-39、彩图4-9）。

图4-39　流水别墅

流水别墅最成功的地方就是与周围自然风景紧密的结合。典型地体现了赖特崇尚自然的建筑观念。流水别墅位于宾夕法尼亚州匹茨堡市的郊区，一处地形起伏、林木繁盛的风景点，在那里一条溪水从岩石上跌落下来，形成一个小小的瀑布。赖特就把别墅建造在这个小瀑布的上方。流水别墅是一个钢筋混凝土结构的三层建筑。外观上，巨大的挑台从后部的山壁向前方像翅膀一样伸出，杏黄色的横向阳台栏板和楼板像周围的岩石一样，上下左右前后错叠，宽窄厚薄长短参差。由于支撑结构被隐蔽于阴影之中，使建筑产生一种飞翔的感觉。而这一切又由垂直方向的粗石烟囱砌体来平衡，使建筑牢牢地钳在峭壁与溪水之上。就地取材的毛石墙宛若天成，四周的林木在建筑的构成中穿插生长，瀑布在岩石间叠落、奔腾，在建筑下穿过。从远处看去，整座建筑似乎是从山石中生长出来的。

流水别墅的室内更是别有生趣。室内空间以起居室为中心，不论是建筑物本身还是所形成的各种空间，向前后左右蔓延，同时也向上甚至向下伸展，由室内流向室外。起居室右侧是一处壁炉，与外墙一样用当地的片石砌成，壁炉前有突出地面与壁炉连在一起的石头。石头是原来山上经过考夫曼自定留下的，正符合赖特的意图，它与壁炉成为一体，成为与山体不可分隔的一部分。壁炉与炉具、木柴、铜壶、树墩等物件使这里显得粗犷稳实，充满了山林野趣。起居室的东南角，赖特把二层平台楼板向前延伸的部分，做成一种隔栅，一部分位于室内形成四个矩形顶窗，正好位于书桌和书架上部，天光云影从这里一涌而进。起居室的左侧还有一个悬挂在地板上的小楼梯，可使人从起居室拾级而下，直达水面。楼梯洞口不但能使人俯视水面，而且引来水上清风。起居室的室内净高很矮，加上毛石墙和磨光的石砌地面使人产生一种洞府的感觉，并把人的视线引向室外。流水别墅建筑采用了橙红色的金属窗框，为了取得内外的通透，赖特专门设计了竖棂的角窗和嵌入石缝的玻璃。流水别墅的卫生间用软木装修，浴缸、面盆和便桶最初也曾设想用天然石材凿成，但没能实现。整个建筑的室内包括家具、地毯和布制品都由赖特作统一设计，甚至连室内陈设或悬挂的艺术品，也要听赖特的指点。

在30年代，折衷主义正统治着美国建筑界，许多建筑师为了赚钱而屈从业主的口味，不加思索地去模仿古典建筑。赖特对此深恶痛绝，指出："追求金钱使建筑师成为商业社

图 4-40　西塔里埃森总部外观

会的奴仆"，他还讥讽地说："假如希腊时代就有了钢和玻璃，那我们今天就没事干了"。随着赖特在住宅设计方面的成功，他开始在公共建筑中施展创造才华。

1911 年，赖特曾为自己建造了一处居住和工作的总部，起名叫"塔里埃森"（Taliesin）。从 1938 年起，他在亚利桑那州的一处沙漠高地上又修建了一处冬季使用的总部，称为"西塔里埃森"（Taliesin West, Scottsdale, Arizona，图 4-40）。赖特那里经常有一些追随者和从世界各地去的学生。赖特一向反对正规的学校教育，他的学生和他住在一起，一边为他工作一边学习。西塔里埃森就是在赖特夫妇带领下，完全由学生们自己动手建造的。它的建筑方式因此很特别，先用石块和水泥筑成厚重的矮墙和墩子，上面用木板和白色的帆布遮盖。从外观看，粗犷的红褐色的毛石墙参差起伏，上面架着裸露的巨大的赭红色曲梁，这些木梁锯而未刨，木纹、节印、斧痕、钉迹都可见。进入室内是几个大空间，里面再划分成卧室、工作间、娱乐室等，通过张拉木梁上的帆布进入阳光。室内设计最精彩的是图书室尽端用巨石砌成的峭壁，它与屋顶相遇处留了一段空隙，仰望可观天。垂枝挂藤的峭壁下做成壁炉，炉床下沉成水池，每逢下雨，悬崖流下的雨水顺着穿越很长一段室内的小溪流到室外。赖特在这里把户外的情趣朴实地引进室内，形成了犹如洞天府地的室内效果。

约翰逊制蜡公司办公楼（Johnson and Son Inc Racine, Wiscosin，图 4-41）是 1938 年赖特的作品，这幢建筑最令人注目的是开敞式办公厅，可容纳几百名办公人员，这里除了少数用玻璃围隔小空间外，雇员和经理之间并无明显的分隔，而是尽可能合在一个大空间之中。这个空间的结构本来是完全可以用钢桁架来跨越，但赖特别出心裁，采用了钢丝网水泥做成的欣长的蘑菇形圆柱。柱子由下而上逐渐增粗，到顶上扩大成一圆板。许多个这样的柱子排列在一起，在圆板的边缘互相连接，其间的空隙用组成图案的玻璃管填充，再用玻璃覆盖形成了带天窗的屋顶，让阳光柔和地洒进室内。这个结构系统完全不是功能也不是结构的需要，而是从美学概念出发的。此种"柔软"、重复、轻盈飘浮的植物般的支柱创造了一种垂直方向的空间体验。著名建筑理论家吉提翁（Sigfried Giedion）参观这个建筑时，十分感叹地说："我抬头看见上面的光线，恍若池底

图 4-41　约翰逊制蜡公司办公楼

的游鱼"。为此,他容忍了这幢建筑超过一倍的造价,认为这种增加创造了意义,因此不能说浪费。当然也有人不赞成,质问究竟有什么必要在办公楼中形成这样一种感情涵义呢?但不管怎样,这个空间的创造又一次使赖特名声大振,建成后前两天就有三万人前来参观。

赖特是 20 世纪建筑界的一个浪漫主义者和田园诗人,在建筑艺术方面确有其独特的造诣。他的建筑空间灵活多样,既有内外空间的交融流通,同时又具有幽静隐蔽的特色。他既运用新材料和新结构,又始终重视和发挥传统建筑材料的优点,并善于把两者结合起来。同自然环境的紧密配合则是他的建筑作品的最大特色。赖特的建筑作品使人觉得亲切而有深度。虽然他的成就不能到处被采用,但却是建筑史上的一笔珍贵财富。

(四) 阿尔托

阿尔托(Alvar Alto,1898~1976)是芬兰的著名建筑师,也是一位世界级的建筑大师。他早在 20 年代受德、法、荷现代主义建筑运动的影响很大,可以算做是勒·柯布西耶、密斯·凡·德·罗两位现代主义第一代建筑大师的追随者。但是不久,阿尔托的建筑作品便显示出了自己的特点,更重要的是他形成了自己的建筑观点,由此引出他许多具体的建筑处理手法。

维堡市图书馆(Municipal Library,Viipuri)是阿尔托早期的代表作品。他从分析各种房间的功能用途和相互关系出发,进行建筑设计和室内设计(图4-42)。在出纳部分,阿尔托利用与夹层相连的楼梯平台设置出纳台,既做到充分利用室内空间,又可以用很少的管理人员就能方便地照管整个阅览大厅。阅览大厅四壁无窗,只在平屋顶上开着圆形天窗,窗口有一定的深度,避免光线直射到书桌面上。在讲演厅内,阿尔托用木条钉成波浪型的顶棚,利用声反射原理使每个座位上人的说话声音都能被大家听到。芬兰盛产木材,有木建筑的传统。采用

图 4-42　维堡市图书馆阅览大厅(1927)

木条拼制的顶棚,使讲演厅带上了芬兰地方建筑色彩。维堡图书馆的外部处理很简洁,墙面有附加的雕塑带作装饰,符合它的身份。

1929 年,阿尔托参加帕米欧肺病疗养院(Tuberculosis Sanatorium at Paimio)的设计竞赛并中选。在这幢建筑中,7 层的病房大楼采用钢筋混凝土框架结构,在外面可以清楚地看到它的结构布置。阿尔托不是把结构包藏起来,而是使建筑处理同结构特征统一起来,产生了一种清新而明快的建筑形象,既朴素有力又合乎逻辑(图 4-43)。

这两座建筑物,尚可以列入"国际式"之列。但是再往后,阿尔托的作品就带上了较多的地方性和诗意。芬兰的自然环境特色,特别是那里繁茂的森林日益进入阿尔托的创作之中。阿尔托写道:"建筑不能让自己同自然和人的因素分离,它决不应该这样做。反之,应该让自然与我们联系得更紧密。"

图 4-43　帕米欧肺病疗养院外观

1938 年，阿尔托为某巨富家庭建造的玛丽亚别墅（Villa Mairea，图 4-44）使他有可能把自己的想法付诸实现。这幢小建筑入口一面采用白粉墙和木质的阳台栏板。入口雨罩呈曲线形，支柱是以皮条扎成的木棍束。这些做法和用料显示了建筑物的消闲性质。别墅内部房间的大小、形状、高矮、地面材料富于变化，显示出不同的私密程度。空间分割物除墙壁外，还有矮墙、木栅、木束柱等，它们走向曲折自由，划分出有虚有实的空间。同一时期阿尔托曾设计过一些形状自由弯曲的玻璃器皿和家具，他将从这些器皿和家具中试验得来的自由造型大量用于这座别墅的设计处理上，使得建筑形体和空间显得柔顺灵便，减少了简单几何形体的僵直感，并且同人体和人的活动更相契合。别墅后院中有一木材建造的桑那浴室，它的平屋顶上铺着草皮。在这个角落，人们卸除衣冠，在林中木屋内进行蒸汽浴，可谓真正投入到自然中去了。

（a）　　　　　　　　　　　　（b）

图 4-44　玛丽亚别墅
（a）玛丽亚别墅外观；（b）玛丽亚别墅室内

在 30 年代末，阿尔托开始明确提出了自己的建筑观点，主张在物质主义和人性主义之间寻求平衡（Between Humanism and Materialism）。1940 年阿尔托在一篇文章中写道："功能观念和功能在建筑形式上的表现，大概是我们时代建筑现象中最有生气的事情。但是建筑功能以及功能主义是很难解释清楚的。……在过去十年中，现代建筑主要是从技术的角度讲功能，重点放在建筑活动的经济方面。提供好的遮蔽物要花很多钱，比满足人的其他需求都花钱，因此把重点放在经济方面是必须的……这是第一步。但是建筑涵盖人生活的所有方面，真正功能好的建筑应该主要从人性的角度看它的功能如何。"关于理性在建筑中的作用，阿尔托认为："已经结束的现代主义建筑的第一阶段中，不是理性本身有什么错，而是没有把理性贯彻到底。不要反对理性，在现代建筑的新阶段中，要把理性方法从技术的范围扩展到人性的心理领域中去。……新阶段的现代主义建筑肯定要解决人性和心理领域的问题。"

如果说，密斯的言行表现的是德意志民族的理性、精确和彻底的精神，勒·柯布西耶的言论和作品反映出法国式的激情和夸张，那么，阿尔托的思考和行为方式则代表了北欧人的冷静、温和、内向和不走极端的性格。

从阿尔托诸多的建筑作品中，我们可以看出，除了注重合乎人性之外，还有另外两个特点：建筑与自然的契合及富有个性的自由造型；人性、自然与自由造型三者互相联系。

阿尔托重视自由的想象，他愿意听凭直觉来处理形式，同时，把各种有关的知识和条件还有人的心理因素融汇在其中。因此，阿尔托的设计作品往往表现为同时采用多种质地和色泽的材料组合、比较规整的形体中插进不同形式的曲面组合、不同大小和不同明暗程度的空间组合，常常出现一些怪念头似的处理，让人感觉好似即兴发挥。但它们却不是胡来的东西，在看来丰富多变的形象中又有内在的和谐统一，超常却不是杂乱无章，也绝非奢华浪费。

1952年完工的珊纳特赛罗小镇中心（Town Hall，Saynatsalo）是阿尔托后期的代表作之一。阿尔托将建筑物围合成一个四合院，院子的东南口有一个呈不规则形状的台阶。这既与地形有关，也显得活泼俏皮，两种考虑之中显然以后者为主。因为要把那些台阶弄直排齐是一点也不困难的，但如果那样做的话，马上就会显得呆板僵硬，远不如现在这样潇洒自然而多姿。镇中心的房屋表面为红褐色砖块。在北国松林雪野之中，这种砖建筑显出苍健稳实之像。在整体上，墙面处理是很简洁的，但仔细看，墙体常常有一些凸出或凹入，有的端头做成钝角或锐角，面向院子的玻璃窗外边有的地方加上了木质细柱。这些从实用的角度看都可以说是多余的形式处理，但正如阿尔托所说的，它们所费不多，却"能带给人愉快的感觉"。阿尔托对建筑物中的许多小东西，如门把手、楼梯扶手、灯具等的形式十分注意，都加以精心设计。阿尔托的建筑作品，从大的轮廓到小的配件都精致而耐看，品味很高。

阿尔托早期接受20年代现代主义的启示，走上现代建筑的道路，但是他很快就发现早期现代主义设计观念中包含的片面性，迅速提出了修正和补充的观点。现代建筑在他手中得到了软化。阿尔托的建筑创作，开启了现代主义建筑装饰的新阶段，启示了后来人，在现代建筑发展进程中有着重要意义。

阿尔托的建筑从室内到室外风格统一协调，这是他一贯的追求。他设计的建筑都尽量自己作室内设计和家具设计。事实上，阿尔托还是一位著名的家具设计师，并在家具设计方面有突破性的贡献。

阿尔托很早就利用模压胶合板和薄木弯曲工艺设计椅子，其中最能代表其成就的就是帕米欧扶手椅（Paimio，图4-45a）。椅子靠背上端的大弯圈和座位下端的大弯圈分别与扶手椅的支架连接，在就坐时两个弯圈产生弹性，所以这种椅被称为无弹簧的"软"木椅，这个造型新颖别致的椅子用在帕米欧肺病疗养院里，椅子采用的曲线和它的柔软程度都十分宜人，且易于清洁，受到病人和疗养院的欢迎。

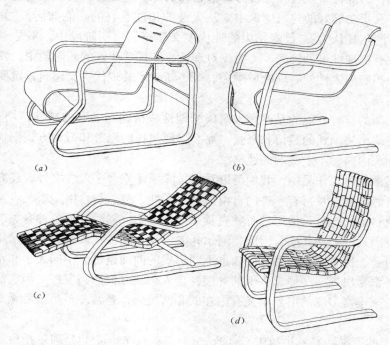

图 4-45　阿尔托设计的木扶手椅
（a）帕米欧扶手椅；（b）木悬臂扶手椅；（c）躺椅；（d）休闲椅

1930 年，阿尔托设计制成了世界上第一个木悬臂椅，1932 年，他又把它设计成木悬臂扶手椅（图 4-45b）、躺椅（图 4-45c）和休闲椅（图 4-45d）等。阿尔托做成的休闲椅可以说是代表了这方面的最高水平，被称为经典并广泛流传至今。

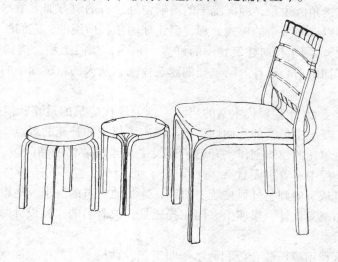

图 4-46　阿尔托设计的家具腿

专门研究家具腿的家具设计师也可能只有阿尔托一个，他把家具腿的设计称为"建筑柱式的小妹妹"，希望家具的腿象建筑柱式一样代表一种风格。他的家具有形如膝盖部位的曲木弯腿，还有"Y"形腿和扇形腿（图4-46）。阿尔托设计椅子还有一个特点，就是只要有可能，他都通过巧妙的设计，使它们可以叠摞放置以节约储藏空间。

阿尔托是一位具有非凡创新意识的设计师，这不仅仅反映在他的建筑设计中，也体现在他的家具设计中。他看到欧洲流行的钢管家具并不适合寒冷的北欧国家芬兰的国情，于是经过他的努力与创造，使弯曲木家具具有了钢管家具的一切造型和功能特点。阿尔托不是弯曲木家具的创始人，但他已被公认为弯曲木家具最杰出的开拓者。

四、现代主义建筑装饰的普及与发展

（一）曲线的应用

第二次世界大战期间，原材料的匮乏对现代主义建筑的装饰设计提出了挑战，又创造了机会。早期现代主义作品往往依赖高质量的材料来表达自然的肌理，材料的高贵弥补了形式的单调。但战争只能提供最普通、最粗糙的原料，这反而促成了现代主义风格更大众化、更能体现它的基本的精髓。在装饰材料中，亚麻布、黄麻布用来铺面层，剑麻地毯大量生产，用韧性材料做的编织椅子取代精工细作的装饰，甚至连装鸡蛋用的纸板托盘也用来装饰顶棚。廉价的材料要有一种有力的形式语言才能使之升华，而材料的性能也提供了这种可能性。在这期间，一些建筑包括室内的空间、家具和陈设往往流行采用包含直线和曲线的具有塑性效果的形象，这些形象造型简洁、曲线流畅，具有一定的起伏和动感，因而成为传统以外的新的形式语言。

芬兰建筑师阿尔托和丹麦家具设计师汉斯·魏格娜（Hans J. Wegner）的设计作品，就是这种趋向的典型代表。"中国椅"（Chinese Chair，图4-47a）是魏格娜1944年设计的著名作品，它是受中国明代座椅的启发演变而来的，后来它又演变成了义骨椅（Wish Bone Chair，图4-47b）。魏格娜的家具采用流畅的曲线，亲切的用料，形成了一种纯朴的现代家具的独特风格。

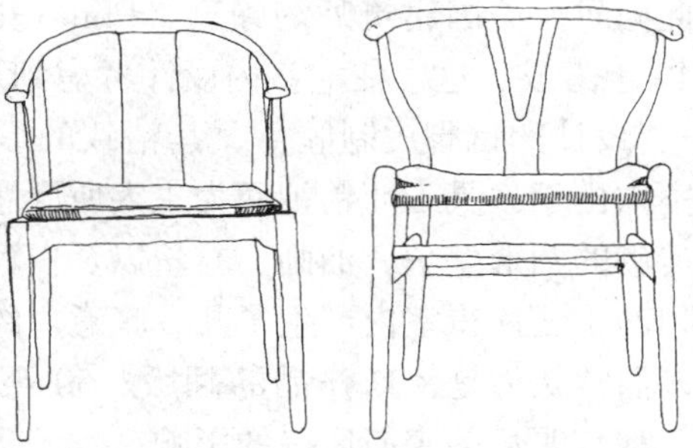

(a)   (b)

图 4-47　魏格娜设计的木椅
(a) 中国椅；(b) 义骨椅

（二）现代主义思想的传播

二战前夕，现代主义大师们从欧洲纷纷移居美国，他们不仅把现代主义的中心移到了美国，更重要的是在美国兴设学园，培养了一代新人。1937年，格罗皮乌斯和布劳埃尔到哈佛大学任教。包豪斯的另一位代表人物纳吉（Laszlo Moholy Nagy）也于同年来到芝加哥，创办了"新包豪斯"，后改名为设计学院。1937年，密斯也来到美国，任伊利诺理工学院建筑系主任。这些包豪斯的主要人物在美国的游学，无疑促进了现代主义在美国的生根与发展。

赖特的塔里埃森设计总部和二战后勒·柯布西耶的巴黎工作室都吸引了众多的对他们仰慕的年轻学子，他们用实践进行教学的方式同样培养了大批人才。

二战后，西方国家在经济恢复时期，建筑业迅猛发展，造型简洁、讲究功能、结构合

理，并能大量地工业化生产的现代主义建筑成为拯救千疮百孔的战争创伤的良药，现代主义的观念开始被普遍地接受。

（三）现代主义在美国的情况

对于大多数建筑而言，追求新颖别致的室内设计在二战后还不是当务之急，因而在建筑室内装饰领域，只有家具设计优先发展起来。而另外一些有钱雇佣职业室内设计师的业主，依然喜欢传统古典主义风格。即便在美国这个已经开始用朝气蓬勃的现代主义风格来代表霸主形象的国家，古典主义的潮流也一直绵延不断。这期间比较有影响的室内设计师有德雷珀（Dorothy Draper）、爱金斯（Frances Elkins）等。

从德雷珀的作品中可以看到法国、英国巴洛克复兴的影子。她把室内的元素包括镜子、烛台、门窗框等都做了大尺度的夸张，有些超现实主义的色彩。而在爱金斯的设计里，古典主义风格与乡土风格融合在一起，这种折衷主义的倾向一直延续至今。

在美国，统领建筑装饰走上正统的现代主义道路的学派有三个：格罗皮乌斯指导下的哈佛，密斯引导的密斯风格以及匡溪学派（Crambrook Academy）。

格罗皮乌斯的教学纲领依然强调功能主义，强调空间的简单性和明晰性，强调视觉上的趣味和质感。1937年，他在麻省建的住宅，以及和布劳埃尔合作设计的一些小住宅，是功能性原则和简单性原则的典型教科书。这些住宅都是简单的方盒子，但尺度宜人，墙面装修使用竖向的条形护墙板，火炉和基座用当地采来的块石拼合而成，既现代又乡土。在以后的几十年中这一类作法都常盛不衰。

1945年，密斯开始为女医生范斯沃斯设计全玻璃小住宅，但直到1950年才告落成。与此同时，美国建筑师约翰逊（Philip Johnson）也为自己建造了一座全玻璃住宅，并在1949年落成。这个住宅室内设计考虑到观看四周优美景色的需求，沿窗布置了密斯·凡·德·罗设计的钢脚皮制躺椅，其精致的形式和建筑极为协调（彩图4-10）。范斯沃斯住宅的室内由于太具工业精神而为主人所厌恶。约翰逊对此进行了一些调整，如室内中央布置于砖砌的圆形壁炉、油画、雕塑以及白色的长毛地毯，并采用交错拼接的红砖铺地，这一系列的手法使得室内产生了几分暖意。约翰逊的玻璃住宅与范斯沃斯的住宅大同小异，因此人们常认为是密斯作品的翻版。50至60年代，约翰逊设计过一些住宅和小型公共建筑，都有明显的密斯风格的影响。

第二次世界大战后，美国工业化生产的各种轻质幕墙达到了实用化的阶段。轻质幕墙取代了窗间墙，窗下墙和窗子一起在工厂中制备。窗下墙高度降低，外表除用玻璃外，还常用铝板、钢板、搪瓷钢板等多种金属或化学材料。工厂预制的幕墙安装在楼板的边缘，省工省时。轻质幕墙的自重较轻，还可以带隔热层。轻质幕墙的厚度只有5～20cm，与战前使用的25～45cm厚的砖墙相比，墙厚减少意味着使用面积的增加。资料表明，由此增加的收益，10年后可抵过幕墙的造价。因此，对于许多房产主来说，使用幕墙是合算的。在50年代，采用幕墙装饰大楼是一种新时尚。

而在此时，建筑师在幕墙的建筑处理上积累了相当多的经验。公众也有了接受的准备。在建筑师中，对金属和玻璃的幕墙作精细研究并取得很大成就的首推密斯·凡·德·罗。早在1919～1920年，密斯就推敲过用玻璃做高层建筑外墙的造型研究。1951年他设计的两座用钢与玻璃做外墙的芝加哥海角公寓（860 Lake Shore Drive Apartment, Chicago）建成，实现了他早年的构想。密斯的设计探索，对五六十年代美国和世界许多地方幕墙大楼产生了很大影响，成为一种仿效的原型。说密斯的创作推动五六十年代幕墙建筑的发展，并不为过。

二次大战中，美国铝产量大大提高。由于铝重量轻、抗腐蚀性好，战后积极推广于民用建筑，铝材幕墙应用普遍。位于匹茨堡的美国铝业公司（Aluminus Co.of America, Alcoa，图4-48），为在建筑中推广铝的应用，以身作则，在自己的总部大楼中大量用铝。大楼于1953年落成，高30层。外墙采用铝墙板，外表涂一层浅灰色的硅酮。为增加刚度，每块墙板压成凹进的方锥形，上部开窗洞，洞的四角呈圆弧形。大楼的顶棚、散热器、空调管道、门、家具也尽量采用铝材。这幢大楼从建成起便成为示范的实物，到1960年，美国就有超过1000座采用铝材外墙的多层和高层建筑。

（a）　　　　　　　　　　　　　　　（b）

图4-48　美国铝业公司总部大楼
（a）大楼外观；（b）大楼外装修细部

在五六十年代，世界其他大城市的中心区也先后建造了许多与美国相似的轻质幕墙的高层建筑物。它们大都是轮廓整齐的简单几何形体。立面上，除了底层和顶层外，几乎全是上下左右整齐一律的几何图案。尽管颜色和细部存在差别，但大的风格是一致的。这是那个时期高层建筑的世界时尚。时尚有暂时性，时隔20至30年之后，人们常常批判那种形体简单的平头建筑物，说它们呆板、冷冰冰，没有个性、缺少人性等等，因而是不美的、难看的建筑。可是当它们流行的时候，人们大都认为它们是合理的、新颖的因而是美的、好看的建筑。在当时，如果哪一座轻质幕墙大楼不肯要平屋顶，硬要在上面加上一个尖塔或尖顶，它就会被许多人视为顽固、不合理而被认为是时代的落伍者。一种时尚流行的时候，公众心理上有从众性，这是难以避免的。

这样的高层建筑的造型时尚流行开来是多种多样的原因促成的，但密斯在其中实在是起了很大作用，因而这种大楼的建筑风格被人们称做"密斯风格"。

资本主义国家的大公司、大银行是社会的支配力量，它们的公司大楼、银行大楼等等，其意义和重要性同历史上的宫殿、教堂相当；其建筑风格的意义和作用同先前的宫殿、教堂也是相当的，是今天的时代风格的重要一端。那些熠熠闪亮、轻光透薄的装配式幕墙高楼表现了工业革命以来经济发展和技术进步的成就，它们传达的是工业化胜利的信息。正如密斯所说的，"它是时代内在结构的结晶，显示出时代的面貌"。那些建筑物的确是20世纪中叶工业化胜利的时代标志，也是现代主义建筑胜利的标志。

匡溪学派的核心是30年代在匡溪艺术学院执教或就学的依姆斯（Charles Eames）、小沙里宁（Eero Sarrinen）、诺尔（Florence Schust Knoll）、伯托亚（Harry Bertoia）、魏斯（Harry Weese）等人。真正推动现代主义风格家庭化的动力是家具设计，因为室内风格很大程度上取决于陈设和家具。50年代，引导美国现代家具的生产走上现代主义之路的先锋，就是匡溪学派。

诺尔夫妇于1946年成立了设计公司，设计生产了许多经典作品，并以"诺尔样式"（Knoll Look）而扬名。小沙里宁为诺尔公司设计了不少家具。他把椅子的靠背、扶手、座位用统一的材料塑造成一个整体，充分发挥了材料的可塑性，椅子腿则用纤细的钢管。1948年以后，诺尔公司开始用玻璃钢工艺批量生产小沙里宁式的椅子。这是现代技术把高艺术产品廉价地推向市场的早期先例。50年代，塑料工业得到长足的发展。塑料不仅在造型上有独特的表现力，而且表面可以维妙维肖地摹仿其他材料，成为廉价的代用品。在这时期，小沙里宁又设计了一批塑料椅子，他将椅子腿做成底盘和独立柱形式并和椅面、靠背、扶手一体化，表现了"一把椅子要像房间里的一件雕塑"的设计思想。诺尔公司的新设计中，还发展了模数制概念，将沙发的坐垫和靠垫根据一定的模数制作，组合在不同形状，但统一模数的金属框架上。这时期，伊姆斯也设计了一些壳体模塑椅，并开始尝试彼此间可以叠摞的椅子，以便减少贮存空间。从匡溪学派的设计中，我们可以看到现代主义的家具已经远远地超越了风格范畴，开始寻找新的设计依据和灵感，显示了更强的生命力。

（四）技术进步对室内设计的推动

40年代末至50年代初，小体积的空调机开始普及，为室内热环境设计提供了新的条件，直接影响了室内空间的布局和尺寸。50年代，对室内设计有较大影响的另一个技术因素是吊顶的普遍应用，电线和管道可以藏在吊顶里，使空间统一。尤其是在大空间中使用平整的吊顶，弱化了顶棚的造型因素，突出了平面布置。密斯设计的克朗堂室内就使用了这样的平整的大面积吊顶。

50年代，办公室建筑骤增，开辟了室内设计的新领域。以前，除了极少数的办公室建筑如赖特设计的约翰逊制蜡公司办公楼等之外，办公室的室内设计完全由经理们经营布置。50年代，这种状况有所改观。德国的一家顾问公司"速生小组"（Quick Borner Team）最先提出了开敞式办公室的模式，把不同等级的职员放在同样的大空间里，根据工作流线来布置座位，用屏风、家具分隔空间。

1954年到1957年间，美国著名的SOM事务所（Skidmore, Owings & Merrill）和诺尔公司合作设计的康涅狄格人身保险公司的室内，就是开敞式办公室和大面积吊顶的典型代表，把国际式室内设计风格推向巅峰。它的吊顶使用薄金属板正交而成的60cm×90cm的格栅，由于断面较高，从侧面看不到吊顶之上的光源；屏风的立柱和吊顶的网格交点对位，为了不打破顶棚空间的连续感，屏风不顶到吊顶；室内家具布置整整齐齐；室内地面分缝、屏风分隔线、吊顶网格的模数都和外立面幕墙的模数取得统一。1958 年 SOM 设计的另一个办公空间也用了类似的手法，但地面全铺地毯，以降低大空间的噪声。在这类设计中，首要的是交通流线和使用功能，空间洁净，装饰因素极少，构成了国际式的室内风格。

（五）现代主义在意大利、法国、英国的普及概况

美国的设计文明随着电影、书刊等大众传播媒介遍及到欧洲。战后欧洲各国的政府也努力创造新的国家形象，体现自由、民主的精神，现代主义的风格与内涵无疑吻合了时代的潮流。

意大利在法西斯时代就开始接受线条僵直、构图严谨的现代主义风格，战后的设计风格则趋向于曲线化和有机化。在浪漫的意大利设计师中，还有一部分人在都灵实践超现实主义的室内设计。战后，意大利著名的杂志《论坛》（Domus）融建筑、室内、服装、日用产品、舞台设计为一体，从一个侧面反映了意大利设计师不拘泥于一个领域的特点。

在法国，虽然一些知名的设计师仍倾向于传统风格和装饰派艺术，但以曾劳维（Jean Proure）为代表的新一代正在崛起，到了 60 年代，法国的设计已经和创新联系在一起了。

英国在战时物资、人员匮乏情况下推行过"实用"计划，政府不仅对家具和陈设品的价格予以干涉，还对它们的风格和材料予以指导。政府提出的设计标准是简洁、实用、结构良好和比例优美。"实用"计划的推行，比较符合大众的承受能力，也迫使中产阶级只能购买这类产品，因而从一定程度上普及了现代主义的美学。但这种在极端情况下不得已而行之的方法终究不能彻底战胜复古思潮，战后，一旦"实用"计划废止，装饰之风又开始盛行。只有当美国的现代主义设计通过电影、电视、书籍、展览等波及到英国，才使这个保守国家的室内设计真正地向现代主义敞开大门。

现代主义设计运动是建筑界自发的运动。设计师们的行为也是自发的行为，没有立法，也没有统一的必须共同遵守的章程行规。因此，在不同的设计师那里，观念、言论和具体的做法很不一致，并随着时代的进步，科学技术的发展而发生变化。用"现代主义设计风格"或"国际式"风格等题法来概括这么一大批设计师们的设计特点，并不是十分严格，具有很强的模糊性。但不管怎样，从 20 世纪 40 年代末到 60 年代，不仅在欧洲、美国，而且在世界大多数地区，受 20 年代到 30 年代现代主义设计思潮影响发展而来的现代主义设计风格确实成了建筑领域最引人注目的主流。其他各式各样的设计风格依然存在，但都不如现代主义设计风格那样红火和普及。

第 4 节　装 饰 派 艺 术

现代主义建筑、室内及家具设计在第二次世界大战前并没有占绝对统治的地位。当时另一种旨在改良古典设计风格的流派非常盛行，尤其是法国，这便是装饰派艺术（Art Deco）。

装饰派艺术是在新艺术运动衰退，粗劣的机器产品充斥人们的生活之际应运而生的。在 1925 年法国举办的"现代装饰和工业博览会"中达到高潮，也因这次展览会而得名，并成为法国建筑装饰的主导流派。装饰艺术派更侧重于手工艺装饰艺术。他们吸取了抽象艺术的表现方法，注重民族艺术特色的发挥，探寻适应现代机器生产的途径，范围涉及建筑、室内、家具、工艺品、时装等诸多艺术设计领域。在新艺术运动和现代主义运动中，室内设计往往服从于建筑，而装饰派艺术则把这种关系颠倒了过来。

汽车、电话、报纸、电影等这些展现 20 世纪都市生活面貌的新事物，是孕育装饰艺术尤其是都市景观装饰的社会母体。与此同时，摄影已普遍用于印刷制版上。印刷速度的加快和数量的扩大，使得"复制文化"越来越普及到人们的生活之中。区别 19 世纪以来的新艺术运动和 20 世纪 20 年代的装饰派艺术的分水岭正是"复制文化"的产生和流行。新艺术运动的倡导者们旨在把日常生活用品艺术化，使日用品成为艺术品。而装饰派艺术运动则是使产品更为接近符合大生产复制的要求，同时又不影响其装饰趣味的充分发挥。

装饰派艺术有深刻的古典渊源。18 世纪和 19 世纪法国的一些优秀的家具成为它的榜样。装饰派喜欢光滑的表面，异域的情调，奢侈的材料和重复的几何母题。

法国著名室内设计师鲁尔曼（Ruhlmann）在第一次世界大战后创建了室内设计公司，成为装饰派 1918～1925 年之间的领袖人物。鲁尔曼设计的家具是精湛的工艺技巧和高昂代价的结晶，被誉为法国 20 世纪最杰出的"木匠"。他的家具设计注重功能的舒适和装饰的豪华（图 4-49a），接近于帝国时期的风格。喜欢设计收分的、带凹槽的椅腿和鼓形的桌子，使用昂贵而稀少的材料：鲨鱼皮、蜥蜴皮、象牙、外国硬木。30 年代开始，他也运用铬和银等金属材料制作家具。鲁尔曼的业主为极少数的富豪，到 1928 年后，他的家具象名画一样，标上号码签上名字。鲁尔曼对造型、样式及流行十分关注，他笃信：杰出人物能主宰、操纵和终止流行样式及风格。

装饰派的灵感也不完全来自法国的古典作品。1922 年，英国学者挖出埃及国王图坦卡门（Tutankamen）墓，并著书向世人介绍，一时间埃及艺术也成了装饰派设计师竞相效仿的对象。自 1896 年至 1904 年，《一千零一夜》的法译本开始刊行，古老的波斯和阿拉伯文化也成为流行样式所追逐的目标。

装饰派和当时较前卫的艺术派别如立体派等也有联系，两派艺术家联合做过设计。装饰派常用的几何母题也不无立体派的影响。在"野兽派"（Fauves）的作品中，运用了强烈的色彩对比，这点也为装饰派所承袭。

装饰派的室内设计中有丰富的装饰要素，因而室内除了壁画之外，一般不挂画框。画的主题也有浓郁的东方色彩。在家具和配件设计中，往往会用怪异的动、植物形象，尤其是金属部件。

在 1925 年的巴黎现代装饰和工业艺术博览会上，对比同时参展的柯布西耶设计的居住单元，就能看出装饰派更注意室内空间的个性和装饰，而现代主义作品则坚信对于所有的空间都有一种永恒的表现方式。

这次博览会之后，这种情况有所转变，装饰派开始注意新材料、新工艺。这种变化最明显地体现在埃林·格瑞（Eileen Gray）的作品中。在她 20 年代初的设计中还用昂贵的动物皮来包椅子面，椅子腿做成蛇形。在第一次世界大战前，她还曾将东方大漆运用到家具设计中，在她设计的一个住宅中，就曾有用大漆完成的酷似木舟状的床（图 4-49b）。而到了 20 年代末，她开始喜欢镀铬钢管、玻璃等新兴工业产品。

1929 年成立的"摩登艺术家联盟"中的设计师们与格瑞相似，也开始更多地使用新材料，他们的装饰艺术更抽象、更几何化、更多地受机器美学的影响。法国政府在 30 年代也努力促进法国的设计水平，以提高国家声誉，这也为设计师们提供了良好的条件。现代艺术家联盟成为现代设计运动中带有法国特色的独立派别，这一点在联盟中的一些人设计的家具中也可以体验到，他们的椅子用管形钢或立方体结构装饰而成，表现出精练的线条和雅洁的色彩（图4-49c）。

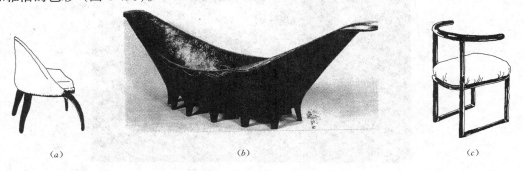

图 4-49　法国装饰派家具
（a）鲁尔曼设计的椅子；（b）埃林·格瑞设计的床；（c）"摩登艺术家联盟"出品的椅子

美国没有参加1925年的博览会，但有一个庞大的代表团参观了展览。随后，这种新风格通过杂志和展览在美国开始传播。1929年的世界经济危机，极大地影响、冲击了巴黎的装饰派艺术，设计师们为了生计纷纷离乡出国，而装饰派艺术却因此为世界其他国家所认可并波延开来。大多数装饰派艺术家涌向了美国纽约和洛杉矶。对于美国这样年轻而富有的国家来说，装饰派艺术的豪华、新颖、不拘泥于传统也不像现代主义那么激进的特点，是用来表达国家形势的最好媒介，而机器化生产也有助于制作那些重复的几何母题。芝加哥的高层建筑是美国人贡献给近代文明的独特财富，高层建筑的门厅也应当像它们的外立面那样富丽堂皇，装饰派在美国的代表作往往集中于这些门厅的设计。

到了30年代，强调竖线条的装饰派风格开始让位于强调流动的水平线条的新风格，产生了"流线型"（Stream Lining）或称"美国摩登"（American Moderne）的样式。1929年的世界经济危机迫使美国制造商通过提高产品设计来促进市场销售，设计变成商业竞争中非常重要的手段，设计师也获得了像电影明星式的地位，设计范围扩展到工业领域。反过来，从工业设计中学到的一些东西尤其是符合空气动力学的流线型又影响了室内设计。到了经济复苏期，流线型和人们对生活的憧憬与信心越来越相符，成为室内设计的主题：房间四壁用几条水平的装饰线统一起来，转角抹圆；家具面板的侧壁做得很薄，家具沿水平方向连续布置，突出一体化的边缘线。

这种流线型的代表作当数赖特设计的约翰逊制蜡公司的办公楼（图4-50），室内随处可见水平的线条和圆滑的转角。建筑外观则突出连续的白色檐口和红砖之间的水平缝隙，转角处抹圆，体量的构成也反映了流线型的设计意图。

这时期，好莱坞电影中的室内布景也尽情地发挥了这种风格。两次世界大战期间，好莱坞的电影吸引了广大的英国观众，也把新的设计风格传播到了英国。影剧院这时成了重要的公共场所，它们的室内设计也开始革新，最突出的是把照明灯具设计摆在首位，装饰派的几何母题作为灯具和发光顶棚的图案。用灯来作装饰，既便宜又有奇特的效果，设计师们便淋漓尽致地应用它们。1930年，伯纳德（Bernard）在设计伦敦湖滨宫旅馆的门厅时，把柱子、台阶扶手、护板、门框、门头都外罩透明玻璃，内藏灯源，产生一种水晶宫般的幻觉。

图 4-50 约翰逊制蜡公司办公楼室内一角

装饰派艺术注重传统艺术和民族文化的表现，积极探索适应机器产品的现代文化意蕴。装饰派艺术从 20 世纪初到八九十年代，在西方发达国家的设计领域内一直贯穿不辍，目前正有发扬光大的趋势。当然，这与西方高度的物质文明有关联。人们对那些缺少装饰没有人情味的廉价设计开始腻味和厌烦，又回过头来重新关注传统和民族文化，以满足精神生活的需要。装饰与功能的融合，手工与机器生产的并存构成了今天独有的现象。人们面对审美对象，不仅求新，同时也寻旧，装饰派艺术所追求的目标与今天人们喜新寻旧的审美情趣十分合拍。

第 5 节 专业化的室内装饰设计

20 世纪以前，职业化的室内装饰几乎不存在，室内装饰的方案往往是由建筑师、装修工匠、木匠、家具零售商来提供。

到了 20 世纪，专门从事室内装饰的艺人开始增加，一方面是因为这一行业往往服务于上流阶层，有利可图；另一方面是随着经济增长，业务不断增多；还有一个原因是 20 世纪建筑的功能日趋复杂和多样，使旧房的改造成为当务之急。

对于中产阶级的家庭而言，室内装饰的任务往往落在家庭主妇的肩上。他们的任务是如何去选择壁纸、家具、灯具、地毯等，因而和室内设计与建筑设计之间还有相当的距离。这个由家庭主妇起决定作用的领域中，最早的职业室内装饰师大多是女性，但她们还不能摆脱给业主出谋划策这一角色。随着主妇们口味的变化，室内装饰变得非常短命，更接近于时装设计。

1877 年，美国妇女惠勒（Candace Wheeler）成立了"纽约装饰艺术协会"，来教育妇女装饰技术。这是室内装饰行业中最早的妇女行会。后来她又成立了完全由妇女成员组成的设计公司，并发展成为美国最成功的装修公司之一。1895 年，她在《展望》（The Outlook）杂志上发表了题为"作为妇女职业的室内装饰"一文，标志着社会上对妇女从事这一行业的认同。

另一位最早的美国职业室内装饰设计师是德沃尔弗（Elsie de Wolfe），她很早就提出了用"光、空气和舒适"来代替过去老式住宅室内的幽暗、堆砌和拥塞。她的风格单纯、简洁，喜欢用高贵的18世纪法国家具，具有新古典主义的痕迹，很受欢迎。

德沃尔弗的成功激励了一批新人。1913年，麦克雷兰德（Nancy Mc Clelland）在纽约建立了一个装修部，到1920年则成立了装修事务所。1924年，麦克米兰（Eleanor Mcmillen）成立了第一个职业化的、能提供全面的专业技术服务的室内装饰公司。他们的风格大都沿袭了欧洲传统样式。

职业化的室内装饰设计师和建筑师们有所脱节，在整个20世纪里，他们都小心翼翼地延续了传统的装饰风格，虽然没有前卫的设计师们那么闻名遐迩，但他们的设计从数量上远远地超出了那些在思想上一路领先的弄潮儿。

室内装饰由于相对的独立性和较强的灵活性与适应性，往往能和当时激进的艺术派别结合起来。超现实主义、达达派等很多艺术形式在室内装饰作品中均有体现。

到了30年代，室内装饰业已经成为一个正式的、独立的专业类别。1931年，美国室内装饰者学会成立，成为以后的美国室内设计师学会的前身。

在40年代和50年代，建筑的功能和空间变得更加复杂和多样。随着西方国家经济的复苏与好转，人们对建筑的室内环境的设计开始倍加关注，对室内环境从物质使用到精神愉悦，从生理上的舒适、安全、卫生到心理上的满足与自我表现，从传统文化的体现到时尚品味的追求等诸多方面，提出了更多、更新、更细致的要求。同时，科学技术的进步，建筑水平的提高，为创造高质量的室内环境提供了条件。这时，室内设计开始从单纯的仅仅限于艺术范畴的室内装饰中走了出来，并且和建筑、结构、暖通、给排水、电气等专业密切联系，关注新技术和新材料的发展。室内设计成为了一门独立的、具有综合性的专业技术，它不但从文化艺术的角度，也从科学的角度，对组成室内环境的各个要素做出统筹的考虑和安排。50年代"室内设计师"的称号开始被普遍地接受。1957年，美国"室内设计师学会"成立，标志着这门学科的最终独立。

总的来说，室内设计的专业化对室内装饰产生了两个方面的影响。在装饰文化艺术方面，室内设计专业化促使室内设计沿着不同的方向发展，一个是以不断更新的建筑流派为主导的室内设计；一个是以流行趣味为主导的专业室内设计。二者之间总在不断地斗争、不断地调和、不断地借鉴、不断地适应，这种永远的相互作用构成了20世纪绚烂多彩的室内设计风格与思想。在设计科学方面，室内设计的专业化促使室内设计寻求新的方法和依据。随着科学思想的渗入，设计方法从经验的、感性的阶段上升到系统的理性阶段。室内设计科学发展起来。开始对室内的声、光、热环境和"人—设施—环境"的关系展开深入而广泛的研究。"人—设施—环境"关系的研究，即"人体工程学"（Ergonoics），从内容上可以分为两部分：设备人体工程学（Eguipment Ergonomics）和功能人体工程学（Functional Ergonomics）。设备人体工程学是从解剖学和生理学角度，对不同的民族、年龄、性别的人的身体各部位进行静态的（包括身高、坐高、手长等）和动态的（四肢活动范围等）测量，得到基本的参数，作为设计中最根本的尺度依据；功能人体工程学则通过研究人的知觉、智能、适应性等心理因素，研究人对环境刺激的承受力和反应能力，为创造舒适、美观、实用的生活环境提供科学的依据。

第5章 现代建筑装饰设计

第1节 晚期现代主义的形成与展开

第二次世界大战后，资本主义国家的经济经历了短暂的复苏期后，得到了迅猛的发展。随着经济条件的变化，也带来了社会结构和消费结构的变化。发达工业国家普遍地走向中产阶级化的道路。主要表现为：在技术上，消耗在劳动中的体力的数量与强度逐渐减少，精神与智力的消耗逐渐增大；在劳动力分配上，蓝领工人逐渐减少，白领阶层逐渐增多；在劳动意识上，工人从资本主义初期绝对的受压迫地位逐渐转向了能够参与企业管理，甚至拥有企业的股票，从而产生了新型的劳动态度。这些变化直接地影响了产品与人的关系。高质量的产品面向了更多的消费者，能被社会各阶层共同分享。在这方面，我们可以看到：不论是工人还是老板都可以享受同样的电视节目，游览同一个娱乐场所；打字员可以打扮得像她的雇主女儿一样漂亮；黑人也有了卡迪拉克汽车；同样的报纸所有人都可以阅读。这种共同的消费，尤其是分享信息，促成了消费的同化。在物质财富极大丰富，对产品有多种多样选择的西方社会，人们不自觉地在大众传播媒介的诱导下，按广告的指引去消费，去满足自身大多数的现行生活需要。这样也导致了生活标准的同化、愿望的同化、活动的同化等等。这些现象共同构成了消费时代的消费文化，也促使各国的设计活动必然带有消费文化的深刻印迹。

一、消费文化与室内设计

消费文化的特点是涉及面广、变化无常。建筑活动是人类消费活动的一个重要组成部分，在这个时代，也不可能不披上消费文化的这些特点。

在高消费时代，设计风格变成了货架上的某种消费品，可以由消费者按自己的喜好任意选取。设计的形式已没有关于道德、审美等社会统一的标准限制，使不同的趣味有了平等的地位。不难想象，此时，消费者的喜好对设计风格影响极大，使当代的设计文化走向了更民主，但也更复杂的道路。因为这种影响，有时也模糊了艺术标准。但是在消费时代，消费者的喜好往往是一种貌似主动、实际上是被人操纵了的选择，是无休止地追随流行的样式。制造商们认清了这一点，因而更加重视产品的造型设计，并针对特定的人群做出相应的设计处理，以吸引消费者。

战后的繁荣期中，家庭主妇成为广告商和制造商的进攻目标。战争中，妇女不得不被补充进劳动力大军之中，这也为女权运动创造了条件。战争后，当妇女重新回到家庭后，她们的地位起了微妙的变化，成为家庭经济预算的主管。这使商人们意识到妇女是社会中消费的主体。

在住宅设计领域，商人们的这种共识引起了厨房设计的革命。厨房不再是狭小昏暗的，它作为主妇们一天中使用最多的场所，成为宽敞、明亮、引人注目的地方，并且厨房的设计又以科学为依据，最合理地布置设备和流线。一个新兴的工业——厨房工业也随之而起。吊柜、操作台、炊具、餐具等都走向工业化、模数化，冰箱、冰柜、洗衣机等厨房电器用品也不断涌现、更新，并在功能上不断地完善。这种趋势很快就走向了极端，厨房的空间已经不完全是根据功能的要求设计，而是显示主妇的气度和品味。厨房用具也并不一定完全根据需要，而变成装饰，甚至电器上多余的功能也成为一种装饰。对比 30 年代，包豪斯学派用设计轮船、船舱的原则来设计经济、节省、合理的厨房，更能显示出设计的变迁。

此时，住宅室内设计的另一个特点是流通空间的普遍采用。空间不再是用密封的墙来分割，无论在水平还是在垂直方向上都相互交叉、彼此融洽。起居室和餐室之间，只是用一个早餐吧台分隔。起居室的焦点也从壁炉转向了电视机，它的周围布置着造型新颖的匡溪学派的座椅，不锈钢管、玻璃、塑料贴面成为最时髦的家具材料。室内陈设成为各种风格的大杂烩。

在公共建筑领域，消费文化促成了大空间、大跨度建筑的形成。巨大屋盖下面的大空间可以自由分割。屋顶的结构往往采用工业建筑中常用的桁架，并夸大、突出桁架的造型，使这些连续的、大面积的钢结构成为动人心魄的装饰。这类建筑往往集购物、休闲、娱乐为一体。室内空间色彩艳丽，尤其是那些彩色塑料的桌椅，鲜亮刺眼。这种大空间建筑，通常称为巨构建筑（Megastructure），其目的是通过功能的灵活性和综合性，使消费者尤其是家庭主妇在其中消磨时光，从而促进商品的销售。

消费时代潜移默化的影响，也引起设计观念上的变化。英国建筑师史密逊夫妇（Alison Smithson 和 Peter Smithson）提出了"可消费的建筑"（Expendable Architecture）的概念，即建筑要从大众文化中汲取营养，要能跟上时代的变化，要承认飞速的风格变化。50 年代末，这种"可消费"的观念大大影响了室内设计。室内已经变成消费品的仓库。

影响转瞬即变的设计风格的因素很多。不同年龄的消费者对设计形式有不同的要求。青少年逐渐成为一支消费大军，这便使居家设计多姿多彩。整个家庭的室内已经不可能只有一种风格。孩子的卧室往往体现出他们的个性，贴满了明星的海报，挂着歌星的金曲唱盘。街上的餐馆也有专门为青少年开设的，风格上也迎合他们的口味。

青少年一代作为新的消费主体的出现，预示着新的文化标准的形成。文艺复兴以来，艺术的矛头似乎永远指向"野蛮"与"粗俗"。像"巴洛克"、"印象派"、"野兽派"等等名称，虽然暗含着被"阳春白雪"的传统艺术所戏谑的意味，但这些艺术从本质上是向"高艺术"方向，亦即"阳春白雪"的方向上努力的。在建筑艺术领域，文艺复兴实际上是复兴了维特鲁威的适用、坚固、悦人的古典原则，虽然现代主义建筑对古典建筑做了透骨的批判，但在这些基本原则上并没有离经叛道。而且最有代表性的四位大师——赖特、格罗皮乌斯、密斯、勒·柯布西耶都努力用新形式把建筑艺术上升到一个更高的"高艺术"境界。但是，商业社会和消费文化却偏偏造就了只爱欣赏通俗文化的主体，社会的中产阶级化又使得这个主体有非常独立的自我意识。他们优裕的生活条件和大量的消闲活动也促使了新型文化的形成，这种文化来自电影院、商店、酒吧、夜总会……。这些场所也成为艺术家们收集创作素材的地方，渐渐地这些信息又以一种新的艺术语言反馈回大众生活的视觉和触觉世界里，通过广告、招贴画等传播媒体变成产品设计和时髦样式的主导力量，这便是"波普艺术"（Pop Art，pop 来自于英文 Popular "流行"一词）。它可以被描述为是"大众的、短暂的、消费的、低价的、批量生产的、年轻的、诙谐的、性感的、风趣的、有魅力的、可大量交易的"艺术。英国批评家艾络维（Lawrence Alloway）于1958年发明"波普艺术"这一词时，就是想指出一些年轻艺术家的创作题材中有着流行的、通俗的文化倾向。波普艺术并不是在创造风格，它是一种影响深远的文化现象。它使以后的艺术发展与社会生活的关系更为密切，大大拓展了艺术的范围和手段，并促使人们去重新思考艺术的含义和作用。

自50年代到70年代以来，"波普"思想对室内设计产生了一系列的冲击。首先，"波普"设计把高艺术和通俗文化融合在一起。在20世纪的室内设计中，复古主义永远是一条绵延不断的源流。但在消费社会和民主气氛中，任何一种风格的复兴，已经不再像文艺复兴和拉斯金时代那种哥特复兴了，它几乎没深刻的有关政治、哲学等等的意识形态方面的内涵，而只是一种为我所用的选择，用轻松、自然、诙谐、现代的手法表达出来，成为满足个人喜好的消费品。其次，坚实、持久等基本的传统设计信条受到怀疑，一些"波普"设计所表现出的是暂时性和可变性。例如，英国设计师墨多赫（Peter Murdoch）设计的桶形纸板椅，表面贴光亮的圆点纹样的花纹，它的寿命只有3到6个月，消费者可以像对待时装似地处理这类家具，一旦过时就可以丢掉。"波普"设计的许多观念与传统的不同，传统的设计往往用一种模拟人和生物的形式表达出坚实、持久等概念，例如柱式的运用，使人似乎能够感觉到荷载的传递。这种观念导致形成了一套设计语言和语法规则，使设计母题变得非常有限。但是"波普"设计作为一种来自于生活的通俗艺术，它把生活中的一切对象都毫无筛选地用做设计母题。例如把沙发做成手掌、鞋子的形状；用充气等非传统结构形式作支撑结构，根本不去考虑有无坚实、持久的感觉。再次，建立在高消费基础上的"波普"设计，把表现材料和技术当成设计目的。在近现代的设计运动中，材料和技术是作为一种设计手段来使用的，例如，新艺术运动利用材料的塑性实现艺术上的创意；现代主义运动是利用现代技术的批量化大生产的特点。而"波普"设计，往往把现代科学技术和材料形象化，使之成为一种新的艺术形象。"波普"式的室内设计也自然朝着材料的光亮化和造型的机器化发展。

"波普"艺术作为消费文化的一种现象，也是设计文化更加人文化的一种标志。在设计中，"人文主义"是个不断更新的概念。在传统的建筑理论中，往往从形式的角度来认识建筑中"人文"的内涵。例如，英国学者乔弗莱·司谷特（Geoffrey Scott）认为建筑中的"人文主义"表现于人在欣赏建筑时，把主体移情化地投射到客体，使建筑人化，使人能体验到建筑中的力。现代主义建筑则从功能角度发展了"人文主义"的概念，因为以功能为核心的设计本身就是一种人性的设计。在消费文化时代，这个概念又得以进一步的深化，消费者的喜爱和趣味直接影响着设计的内容和形式，设计由于肯定和体现了大众文化变得更加民主、公正了。

以消费者及其消费行为为核心的消费文化和波普设计注重的自然是人的行为和感觉。建筑环境是如何作用于人的行为、性格、感觉、情绪等等内容，以及人如何获得空间知觉、领域感等等，构成了一门新的学科——环境行为学（Environmental Behavior Science）。

在环境行为学研究中，美国学者霍尔（E.T.Hall）提出了邻近学（Proxinuics）理论。他指出：不同文化背景下的人，是生活在不同的感觉世界中，他们对同一个空间，会形成不同的感受，而且他们对空间的使用方式各不相同，对空间的领域性、归属性、私密性的感觉也不尽相同。这就从行为学角度否定了国际式千篇一律的处理方法。霍尔把邻近学定义为："领近学是研究如何无意识地构筑微观空间——在处理日常事务时的人际距离，如何对住宅及其他建筑空间的组织经营，乃至对城市的设计。"邻近学的主要研究方向有个人空间和身体的缓冲空间、面对面交往时的空间姿态、室内外环境的空间布置、不同文化条件下对空间的知觉类型、以及固定形体和半固定形体的空间特性等等。

随着现代主义建筑在使用中问题的不断暴露，空间环境的安全性问题、可识别性问题的研究也日益迫切，这些也都给环境行为学提供了新的课题。

环境行为学的研究，又促成了如何创造新型的空间。六七十年代，办公空间又有了很大的发展，"景观办公室"成为普遍受到欢迎的办公空间，它一改家具布置僵硬、单调的敞开式办公室的气氛，根据交通流线、工作流线、工作关系等自由地布置办公家具，室内充满了绿化。"景观办公室"通过组团布置、无规则的陈设，甚至园艺绿化，减少了工作中的疲劳，大大提高了工作效率。

在公共交往的领域，新的空间形式是中庭空间的使用。美国建筑师波特曼（John Portman）通过一系列设计实践了"人看人"的中庭空间理论。在70年代，中庭空间已经成为人际交往的重要场所，波特曼说："在一个拥挤的城市中间的旅馆需要一个开敞的空间。"但中庭的应用远远不限于旅馆，随着70年代博物馆热的兴起，中庭成为博物馆中的一个重要元素，甚至成为主要元素，这说明，人的行为已经越来越成为设计的焦点。

二、晚期现代主义建筑装饰

在消费社会中，物质财富的骤增使人们对居住的需求发生了逆转，如何合理、经济地利用现代技术与材料变成了如何最大限度地消费现代技术与材料。在60年代以后，现代主义建筑从形式的单一化逐渐变成形式的多样化，虽然现代建筑简洁、抽象、重技术等特点得以保存和延续，但是这些特点却得到了最大限度的夸张：结构和构造被夸张为新的装饰；平凡的方盒子被夸张为各种复杂的几何组合体；小空间被夸张成大空间等等。在这个时期，一些现代主义的设计原则也走向极端：现代主义建筑中，室内外空间环境相协调的原则，被夸张为"整体设计"原则（total design）；功能原则被夸张为表现功能原则；真实地反映结构和构造的原则，被夸张为极力暴露表现结构的原则等等。这种夸张虽然深化、拓展了现代主义的形式语言，但也使现代主义变成了一种形式主义的手法和风格，在消费社会中像时装一样的转瞬即逝，但也呼之又来的样式，因而在以后的多元时代和信息社会中也总是垂而不死、死而复生。

早在19世纪80年代，沙利文就提出了"形式追随功能"的口号，后来"功能主义"的思想逐渐发展成为形式不仅仅追随功能，还要用形式把功能表现出来。这种思想在晚期现代主义时期得到进一步强化。以美国建筑师路易斯·康（Louis I. Kahn）的"服务空间"——"被服务空间"理论为代表。

路易斯·康认为：一个建筑应当由"被服务空间"（served space）和"服务空间"（serving space）两部分组成，并且应当用明晰的形式表现它们，这样才能显现理性和秩序。这种思想在宾州大学理查德医学研究楼（Richard Medical Research Building, 1957～1964）中得以体现："被服务空间"是三个有实用功能的研究单元，它们围绕着核心部分由电梯、楼梯、贮藏室、动物室构成的"服务空间"。每个属于"被服务空间"的研究单元都是纯净的方形平面，它们又附有独立的消防楼梯和通风管道井形成的"服务空间"（图5-1）。在建筑外观上，"被服务空间"被表现为有玻璃窗的塔楼，而"服务空间"则被表现为一个个砖砌的封闭体量，它们突出屋面许多，高直而沉稳。在这里"服务空间"被刻意雕琢、重点表现使之成为塑造建筑形象的元素。这种做法实际上已偏离了"形式追随功能"的初衷，走上了用形式来夸张和表现功能的道路，构成了晚期现代主义设计风格的一大特点。

图5-1　美国宾州大学理查德医学研究楼外观

这种对功能的夸张与表现还远不限于"服务空间"和"被服务空间"。1959年，在康设计的萨尔克生物研究所大楼（Salk Institute for Biological Science）中，除了大的研究空间外，康还设计了许多尺度宜人的小研究室，并且用重复的手法使之在外立面上能清晰地鉴别出来。这种手法在以后许多科教与办公建筑中成为一种时尚，设计师们都刻意去设计这种小单间，并使之在立面上暴露出重复的结构，从而构成立面的一种装饰。

路易斯·康的"服务空间"和"被服务空间"还有另外一层含义，即"被服务空间"是个整体，是个纯洁的大空间，不必再利用墙体分隔。这种思想与密斯提出的"全面空间"概念是一致的。全面空间在晚期现代主义建筑中非常流行，并用于图书馆、博物馆、展览厅、会议厅、超级市场等。在全面空间中，结构只起围护作用，而功能可以随意安排。全面空间成为表现、夸张多功能建筑的最好的手段。

晚期现代主义设计风格还表现为把结构和构造转变为一种装饰。现代主义建筑没有了装饰元素，但它们的楼梯、门窗洞口、栏杆、阳台等建筑元素以及一些构造节点则替代了传统的装饰构件而成为一种新的装饰。现代主义设计师擅长于抽象形体的构成，往往用有雕塑感的几何构成来塑造室内空间；他们还擅长于设计平整、没有装饰的表面，表面层装饰不同于花饰，而用材料本身的肌理和质感。因而，在现代主义开始走向形式主义的巅峰时，晚期现代主义建筑产生了两种装饰趋势——雕塑化趋势和光亮化趋势。雕塑化趋势又可以分为冷静的和激进的两个方向，可以用极少主义和表现主义来概括。

60年代初，一批前卫的设计师在密斯"少就是多"的设计原则基础上，提出了更为极端的"无就是有"的新口号，并形成了新的极少主义装饰风格。他们把室内所有的元素包括梁、板、柱、门窗框等等简化到不能再简化的地步。隐藏所有视觉上多余的节点、设备、线路、线脚等，剥去所有的非本质的装饰，只剩下光洁平滑的顶棚、地板、墙面等。极少主义装饰艺术完全是建立在高精度的现代技术条件上，借助精良的施工工艺，同时，也借助高质量的材料，使室内各构件的精密度成为欣赏对象，使抛光后的原木、大理石、花岗石等自然纹理成为最感人的装饰，家具则用色彩明亮、造型独特的工业化产品。

在美国，极少主义装饰风格的代表人物有朋内特（Ward Bennett）、鲍德温（Benjamin Baldwing）等人。他们的作品也或多或少地表现出了某种教条，而且为了实现"少"，而费尽心机，因为工艺和材料毕竟很难达到"极少"。美国的 SOM 设计公司在布鲁塞尔设计的一个作品就是这方面的典型例子。在做白石膏板墙和地板的交接处理时，根据功能的需要，设计师在踢脚的位置使用了白色大理石，但在其表面又涂上了涂料，使之和石膏墙之间看不出任何不连续的地方。如果是在二战前，让一个现代主义的设计师来处理这个节点，他一定会在两种材料的接缝处留出空隙，或是使它们有凸凹变化，以区分材料的不同，但极少主义者是绝对不会容忍这种多余处理的。极少主义的这些作法，也反映了晚期现代主义风格越来越手法化，它和以"真实"为信条的现代主义设计思想相去得越来越远。

极少主义室内设计还有一个特点，就是和极少主义的雕塑熔为一体，把门框、隔断、扶手、楼梯等通过艺术的变形与夸张，变成了室内的极少主义的雕塑品，由此产生一种不同一般的装饰效果。

极少主义装饰风格在 20 世纪六七十年代全盛之后逐渐衰亡。

20 世纪六七十年代有许多建筑师也表现出极少主义的设计倾向。美国华裔建筑师贝聿铭（I.M.Pei）为典型的代表人物。他能够精湛地处理有雕塑感的形体，并且富有理性精神。他的设计简洁、明快，颇有极少主义倾向。肯尼迪图书馆（J.F.Kennedy Library，1979，图 5-2）和华盛顿国家美术馆东馆（The East Building of the National Gallery of Art，1978，图 5-3）就是典型实例。

图 5-2　美国肯尼迪图书
馆中庭空间

肯尼迪图书馆位于波士顿海湾的一个空阔地上。建筑造型选择圆、方、三角形几何体的组合，白色混凝土实墙和深色的玻璃幕墙形成鲜明的对比。平面设计也是通过几何形的叠加、变化，形成了简洁大方、气势夺人的空间效果。图书馆入口处有一个巨大的中庭空间。中庭由巨大的大玻璃围合，暴露着支撑玻璃的金属桁架；地面为深色，与洁白的、阳光下呈暖色的实墙、栏板、楼梯形成对比。中庭高 33m，除了顶棚上悬吊着一面硕大的国旗之外，再无任何装饰，是典型的极少主义的手法。

充满阳光的中庭空间高大、空阔，加上川流不息的行人显得格外动人。在消费文化下，很多建筑都努力创造出这样夸张的、大尺度的共享空间供人消闲。在肯尼迪图书馆设计中，由于通货膨胀必须削减面积。贝聿铭为了保留这个中庭，宁愿牺牲图书馆其他部分的面积，以致于使很多图书文件别移他馆。这也反映了这一时期的一种设计思想。这种

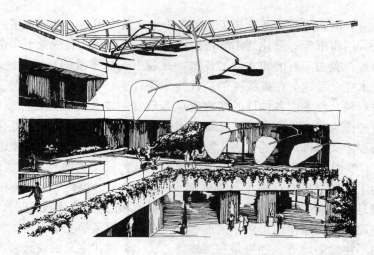

图 5-3 美国华盛顿国家美术馆东馆中庭空间

"喧宾夺主"的手法在华盛顿国家美术馆东馆中也很明显。作为美术馆主要使用部分的展厅非常小，而中庭的共享空间却异常壮观。中庭的顶棚是由 25 个玻璃四棱锥体组成的采光顶棚，下边吊装着红色的能够活动的抽象雕塑，中庭空间中还有几处横空穿越的天桥与四周的回廊、平台相连，这一切使得这个共享空间越发显得生动有趣，富有层次。

　　中庭空间的产生有其现实的建筑文化背景。过去，城市市民的许多活动是在小尺度的、有围合感的城市空间中进行的，例如欧洲传统的城市广场，其功能几乎像是城市的起居室，人们在此交谈、休憩、做生意。但随着现代主义城市规划和设计思想的确立，城市空间的主体变成机动交通，城市空间变得空旷而失去亲切的尺度，甚至有潜在的危险，已经不能满足人的公共交往。因而人们不得不到建筑中，去寻找宜人尺度的公共空间，于是中庭应运而生。中庭的出现也使室内设计和室内装饰语言更加丰富，并且提供了充足的空间，使室外的建筑装饰手法可以用于室内，更好地实现了现代主义的室内外协调统一的整体设计原则。

　　表现主义在 20 世纪初就走上了世界建筑舞台，50 年后，表现主义的设计倾向在建筑领域再次回升。我们前边谈到的朗香教堂便是一例，它那夸张的、具有雕塑感的建筑形体叫人浮想联翩。这以后，表现主义时有出现，并开始在一些大型建筑中发扬光大。其中最著名的典型作品就是由小沙里宁（Eero Sarrinen）设计的纽约肯尼迪机场 TWA 候机楼（Trans World Airlines Terminal，Kennedy Airport，New York，1956～1962，图 5-4）。它那曲面的极具雕塑感的外型有一个非常简明的寓意——一只飞翔的大鸟。TWA 候机楼的室内，除了一些招牌是自成系统外，其余的坐椅、桌子、柜台以及空调、暖气、灯具等等都和建筑浑然一体。为了和双曲面的薄壳结构相呼应，这些构件也用曲线和曲面表现出有机的动态，使建筑的室内外体现出统一的造型特征。在这里，整体设计原则被贯彻得更为彻底。

　　通过以上几个建筑实例，我们不难看出，在晚期现代主义时期，建筑结构已经不仅仅是用来构筑空间、传递荷载的手段，它更是表现空间、装饰建筑的有力手段。

　　与雕塑化趋势并行的是光亮化趋势，并形成了光亮派的设计潮流。光亮派设计大量采用不锈钢、铝合金、镜面玻璃、磨光花岗石、大理石或新的高光亮度装饰材料，十分重视

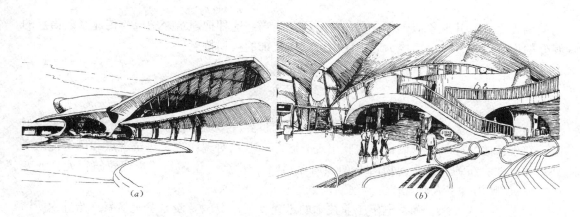

图 5-4　纽约肯尼迪机场 TWA 候机楼

（a）TWA 候机楼外观；（b）TWA 候机楼室内大厅

室内灯光照明效果，利用光亮的装饰材料反光折射，使空间显得丰富。光亮派的室内设计具有光彩夺目、豪华绚丽、人动景移、交相辉映的效果。

（a）　　　　　　　　　　　　　　　（b）

图 5-5　维也纳莱蒂蜡烛店

（a）蜡烛店店面；（b）蜡烛店室内效果

60 年代中期，奥地利建筑师汉斯·霍莱因（Hans Hollein）设计的维也纳莱蒂蜡烛店（Retti Candle shop，图 5-5）就具有很强的光亮派的设计特点。该店店面占临街楼房底层的一个开间。立面采用完整的抛光铝板制造出迷人的光泽和反射效果，金属板像纸一样被切开，折成曲面；门洞的轮廓象是两个背靠背的"R"字母；两侧内凹的小橱窗十分明亮显眼。室内两侧墙上有两面相对的修长镜面相互映射。室内空间经多向轴线的处理将人们所有的注意力都汇集在节日般的蜡烛群和光亮的货架上。在这个设计中，光亮的表面和虚幻的倒影之外，其形象似乎还含有一些暗示和隐喻。这种把建筑处理成为传递复杂信息的媒介的设计倾向，在以后成为后现代主义建筑装饰的典型特点。

第 2 节　后现代主义建筑装饰

第二次世界大战结束后，现代主义建筑成为世界许多地区占主导地位的建筑潮流。但是，在现代主义建筑阵营内部很快就出现分歧。一些人对现代主义建筑观点和风格提出了怀疑和批评。纽约大都会博物馆 1961 年举行学术讨论会，议题是"现代建筑：死亡或变质"，就反映出许多人对现代主义建筑前景的忧虑。

六七十年代以来，随着电子工业技术的迅速发展，美国及西方发达国家开始进入所谓的后工业社会——信息社会。这个社会与先前的时代不同，它是商业高度发达的社会，更注重广告效应与消费，标奇立异，引人注目是更重要的事。

这个时期，在建筑领域里，对现代主义建筑的批评越来越尖锐，并且开始涌现出许多新的建筑观念和建筑理论，其中很多观点同先前的现代主义建筑思想有明显的区别，甚至是相互对立，发生冲撞。这些新的建筑观念和建筑理论被笼统地称作"后现代主义"（Post-modernism）建筑思潮。

一、后现代主义建筑理论

对于什么是后现代主义，什么是后现代主义建筑的主要特征，在建筑理论界并没有一致的看法和理解。美国建筑师斯特恩（Robert Stern）提出后现代主义建筑有三个特征：①采用装饰；②具有象征性或隐喻性；③与现有环境融合。美国建筑评论家詹克斯（Charles Jencks）则不赞成"将一切看起来与国际式方盒子不同的建筑"都归入后现代主义建筑的做法。他认为："后现代主义建筑就是至少在两个层次上说话的建筑：一方面，它面向建筑师和其他关心特定建筑含义的少数人士；另一方面，它又面向广大公众或本地的居民，这些人注意的是舒适、房屋的传统和生活方式等事项。"詹克斯还称后现代主义建筑不使用单个译码而采用"双重译码"。这种建筑采用一种译码，得到这样的含义；采用另一种译码，又得到另一种含义。他认为后现代主义建筑是"在多方向上扩充建筑语言——深入民间、面向传统，采用大街上的商业建筑俚语。由于双重译码，这种建筑艺术既面向杰出人士，也面向大街上的群众说话"。从这种观点可以看出，后现代主义建筑更强调建筑传递信息的媒体作用，并重视建筑与各层次人们交流并被理解。

目前，在建筑理论界，一般认为真正给后现代主义建筑提出比较完整的指导思想的是文丘里（Robert Venturi）。他在 1966 年撰写的《建筑的复杂性和矛盾性》一书，被认为是自 1923 年勒·柯布西耶的《走向新建筑》出版以来，有关建筑发展最重要的一部著作。文丘里在这本书中从理论上系统地、直截了当地批判了现代主义建筑创始人的基本观点。书中写道："建筑师们再也不能让正统现代主义的清教徒式的道德说教吓住了"。接着他表明了赞成什么，反对什么："我喜欢基本要素混杂，而不要'纯粹'；宁要折衷的，不要'干净'的；宁要歪曲变形的，不要'直截了当'的；宁要暧昧模糊，也不要'条理分明'、刚愎、无人性、枯燥和所谓的'趣味'；宁要世代相传的，不要经过设计的；宁要随和包容，不要排他性；宁可丰盛过度，也不要简单、发育不全；宁要自相矛盾，模棱两可，也不要直率和一目了然，我赞赏凌乱而有生气甚于明确统一；我容许违反前提的推理，我宣布赞成二主论。"

"我赞赏含义丰富，反对用意简明。既要含蓄的功能，也要明确的功能。我喜欢亦此亦彼，不赞成非此即彼。我喜欢有黑也有白或者是灰色，不喜欢全黑或全白。一座出色的建筑应有多层涵意和组合焦点，它的空间和建筑要素会一箭双雕地既实用又有趣。"

以上的观点就是文丘里建筑美学的精髓，它的出发点是认为建筑本身就包含着复杂性和矛盾性。他说："建筑要满足维特鲁威所提的实用、坚固、美观三大要求，就必然是复杂的和矛盾的。今天，即使一座单一的房屋在简单的环境中，其设计要求、结构、机械设备和建筑形式就会遇到各种以前难以想象的冲突。……随着建筑范围和建筑规模的不断扩大，带来的困扰越来越多。"文丘里批评正统现代主义建筑师对建筑的复杂性认识不足，不肯兼顾不同的需求。文丘里引用一位哲学家的话说："理性主义产生于简单和有序之中，但是在激变的时代，理性主义已证明是不适用的。……自相矛盾的情绪容许看来不相同的事物并存共处，不协调本身提示一种真理。"这一哲学观点是文丘里建筑学说的理论基石之一。

由此，文丘里坚决否定密斯"少就是多"的观点，因为这一观点排斥复杂性和矛盾性。认为建筑师跟着密斯走，就会"导致建筑脱离生活经验和社会需要"，还说"简练不成导致简单化，大肆简化带来乏味的建筑"。针对密斯的"少就是多"，文丘里说："多才是多"而"少是枯燥"（Less is bore）。

对于如何达到"亦此亦彼"而不是"非此即彼"，如何实现基本要素的混杂而不是纯粹呢？文丘里引用了本世纪"新批评"文论家艾姆彼森（William Empson）等人对诗歌中"含混"或"复义"（ambiguity）的研究成果。艾姆彼森把"含混"作为诗歌的特点和普遍现象来看待，而不是诗歌的缺陷，因而打破了"一个符号只有一个意义"的迷信。一些"新批评"派文论家进而认为"非此即彼的传统是缺乏思想的灵活性，更谈不上反应的成熟性；只有亦此亦彼才是细腻的辨别力和微妙的含蓄。"有人进而认为艺术想象就是有意识地制造含混和复义。文丘里也认为建筑设计中本身就存在着含混和复义，并且要设计出这种不定性，因为"特意设计出来的不定形式是以生活的不定性为基础的，是在建筑要求中反映出来的。"

"含混"或"复义"法则必然是针对于操作某种具体的形式而言。文丘里认为对待建筑形式不能采取虚无主义的态度，必须认识到传统，因为"传统是另一种特别强烈、范围更为普遍的表现形式"。但是，运用传统归根到底还是要达到"含混"和"亦此亦彼"，而不是"非此即彼"的目的，因而又要求"不传统地应用传统"，"利用传统部件和适当引进新的部件组成独特的总体"。"格式塔心理学认为环境给部件以意义，而改变环境也使意义改变。因此建筑师通过对部件的组织，在总体中创造有意义的环境。如果他用非传统的方法运用传统，以不熟悉的方法组合熟悉的东西，他就在改变他们的环境，他甚至搞老一套的东西也能取得新的效果。"文丘里的这种方法得到了同时代诸多设计师的认同，在后现代主义的设计实践中，追求意义的含混性胜于追求风格的纯洁性，因而直截了当、原原本本的复古并不多见，而是用各种刻意制造矛盾的手段——变形、断裂、错位、扭曲等等，把传统的构件组合在新的情境之中，以期待产生复杂的联想。

二、后现代主义的设计特点与设计实践

1978 年，汉斯·霍莱因设计的维也纳奥地利旅行社营业厅的室内，是对后现代理论的最好的、直观的阐释（图 5-6）。长方形的大厅覆盖着玻璃光棚，它的每一个构成部分都存在着意义上的含混和复义：拱形光棚令人联想起 20 世纪初瓦格纳设计的维也纳邮政储蓄银行营业厅的顶棚；服务台处的背景是一幅名画的局部，它是由木刻彩绘制成，像是一个充满田园情调的舞台背景；服务台上方的木杆上悬挂着金属的帷幕，它像是一匹布随意地搭在那儿；9 颗金属的棕榈树自由地布置在休息区附近；边上还有一个金色的金属休息亭子，它使用了印度母题，形成空间中的空间；墙的转角有一处三角形的斜面墙体，象征金字塔，它既像是一片断墙斜依在墙角，又像是金字塔的局部穿透了这个空间；斜墙前面有一棵不锈钢的柱子，它是从半截的古典柱式中长出来的。这个室内中每一个组成要素都是精雕细刻、韵味十足，好像包含着深刻的哲理与无尽的诗情画意。不了解历史和地域民俗的人可以在自然流动的布局，浪漫的色彩和造型中体验到一种新奇以及文化内蕴中的勃勃生机，得到一些朦胧的启迪；而熟悉历史和地域民俗的人则仿佛到印度洋踏了一回浪，在热带丛林冒了一次险，从帕提农神庙的残垣断壁看到古希腊光辉灿烂的文明……。

(a)　　　　　　　　　　　　　　(b)

图 5-6　维也纳奥地利旅行社营业厅室内
(a) 棕榈树林和柱体；(b) 问讯处和休息区

美国著名建筑师查尔斯·摩尔（Charles Modre）是一位思想十分活跃的人，他主张建筑应该像人的生活那样，充满趣味。他的建筑形式语言包罗万象，他说他的灵感来自于乡村，来自手工玩具，来自现代主义之外的任何东西。他喜欢摆弄古典形式，但是他的设计手法通常却是将整体切成许多不同的部分，然后寻找合适的组织方式将它们拼接起来。摩尔与文丘里一样都不认为自己是后现代主义者，但他设计的美国新奥尔良意大利广场（Plazza D'Italia，New Orleans，1979，彩图 5-1）却是后现代主义建筑装饰的代表作之

一。该广场是美国新奥尔良市意大利裔居民活动和休息的场所。广场中心部分开敞，一侧有祭台，祭台两侧有数条弧形的由柱子与檐部组成的单片"柱廊"，前后错落，高低不等。这里的柱子分别采用了不同的罗马柱式。祭台带拱券，下部台阶前面有一片浅水池，池中是由石块组成的意大利地图模型。广场有两条通路与大街连接，一个进口处为拱门，另一处为凉亭，都与古代罗马建筑相似。广场上的这些形象很容易让人想起意大利的建筑文化，但又与传统古典的罗马建筑形式在细部处理上很不相同，许多地方被做了近乎狂热的改造：科林斯柱式的脖子上装着霓红灯管；爱奥尼柱式用的是不锈钢柱头；不锈钢做成的多立克柱式上流泉泪泪，额枋下镶嵌着摩尔的头像，水线正不停地从它的嘴里吐出。它们的柱头、拱券、额枋上全添上了色彩鲜艳的颜色。这里仿佛是一个五光十色的生活舞台，具有强烈的戏剧效果，又让人明显地感受到一种像是拉斯维加斯商业街头那样的现代市俗风情。

作为新的设计趋向的代表，霍莱因和摩尔有着很多共同点。他们的设计处理既古又新，既真又假，既传统又前卫，既认真又玩世不恭，既俗又雅，有强烈的象征性、叙事性、浪漫性。一方面他们延续了消费文化中波普艺术的传统，他们的作品都很通俗易懂，意义虽然复杂，但至少有让人一目了然的一面，即文丘里所谓的"含混"；另一方面，这些作品中又包含着高艺术的信息，显示了设计师深厚的历史知识和职业修养，因而又有所脱俗，不同凡响。

如果用这种通俗与高雅、美与丑、传统与非传统的并立，可以概括出后现代主义建筑装饰的特点。那么，随着后现代主义设计师的增多，后现代主义设计作品不断涌现，后现代主义建筑装饰明显地表现出以下四种设计倾向：

（1）历史主义倾向。但这种历史主义与 20 世纪前的复古主义不同，有两个特点。第一，20 世纪前的复古主义往往是以古希腊、古罗马、哥特建筑为复兴对象，而后现代主义的复古范围却是非常广泛的，除现代主义外的一切传统形式均可成为后现代主义复兴的对象。甚至不同年代不同风格的形式混杂在一起。第二，20 世纪前的复古主义往往有非常强烈的政治、哲学等意识形态意味，例如文艺复兴与反对宗教神权有关，法国的罗马复兴与拿破仑的军功关联。但后现代主义建筑对历史风格的援引，虽然是挽救因国际式风格的泛滥而变得千篇一律的世界，但它并不以一种英雄主义的面貌出现。在消费时代，设计师即使有深厚的古典功底和精湛的设计技巧，他也小心翼翼地把自己的学识和消费者的口味相调和。消费者也不再是社会上流和知识阶层，连社会的最底层在民主社会中也拥有评论和参与的权利。因而设计师在高雅文化与通俗文化并存面前，只能采取变形的历史主义方法，即文丘里所说的"不传统地应用传统"。这在詹克斯 1984 年设计的一个起居室中，表现得很明显（彩图 5-2）。

（2）装饰的倾向。随着后现代主义的宣传与实践，装饰又回到建筑上来。只是，建筑师的装饰意识和装饰手段，已有了新的拓展。除了对传统部件的改造、使用外，最显著的特点是一种"大装饰"的手法，大胆潇洒，花样翻新。光、影和用建筑构件构成的通透空间，成了这种"大装饰"的重要手段。在室外，往往用钢筋混凝土梁柱或用各种涂有鲜艳色彩的型钢等做成的简单的或复杂的构架，作为建筑物或建筑群体空间中的附加装饰。这种装饰有极强的建筑艺术表现力、新鲜感和时代感。它的装饰效果，得力于这些构件在建筑物上所产生丰富的光影和光影变化，以及在建筑立面上、建筑群体中所形成的通透、活泼的空间。在室内这种装饰手法往往与家具、隔断等的造型处理相结合，产生别具一格的室内装饰效果（彩图5-3）。

这种"大装饰"的手法在室内设计方面还有一种表现，那就是"屋中之屋"。前面我们谈过的维也纳奥地利旅行社营业厅中，那个印度样式的金属亭子就是一例，它使室内空间获得了层次和趣味。在这方面更早的实例是查尔斯·摩尔1962年设计的一幢自宅。这是一个像仓库似的大房子，但极端简单的四坡顶大空间中却又有两个靠四脚柱子支撑的小亭子，一个作为床的华盖，一个庇护着下沉式浴池。摩尔在这个住宅中用两个"屋中之屋"戏剧性地夸大了床和洗浴设施，使它们变成了室内引人注目的景观。这种空间中的"装饰空间"在当代建筑装饰中经常被采用。

（3）象征主义的倾向。象征事实上是设计文化中的一种普遍现象。任何设计必然都是整个文化系统的一分子，它也必然地与系统中其他的部分相关联。人们总是依据其内心中已有的经验、概念和图式来理解、接受新的东西，因而总是不断地把此物比作彼物。文丘里曾对设计中的象征问题进行如下分类：当建筑的空间、结构和功能系统被一种全盘的象征形式所淹没、所矫饰时，这样的建筑与做成鸭子形状的路边餐馆在设计手法上是一样的。文丘里把这种变成雕塑的建筑称为鸭子。当建筑的空间、结构系统直接服务于功能，而装饰的应用独立于上述因素之外，文丘里称之为"被装饰的庇护所"。

现代主义的建筑就是"鸭子"式的建筑，因为它的外观完全是依据内部的功能所构造出来的，它没有多余的装饰，故而它的功能构件变成了装饰构件。而决定这些功能构件形式的因素是单一的，它的意义很直接，没有丝毫的含混和复义。而后现代主义的建筑是"被装饰的庇护所"，它的含义超越了功能的约束，而它的设计师受过功能主义的洗礼，能够把功能问题解决得非常完美。后现代主义建筑总是用小心翼翼设计而成的装饰使建筑复杂化，避免直截了当的象征，而把象征变成捉摸不定的隐喻。詹克斯曾说："隐喻越多，这场戏就越精彩，讽喻得很微妙的地方越多，神话就越动人。多重的隐喻是很有力的，每个莎士比亚的学生都懂得这一点。"詹氏举例说，朗香教堂使人想到合拢的双手，浮水的鸭子，修女的帽子或攀肩而立的两位修士，这都是建筑中的隐喻，隐喻是不确定的。正是由于这个原因，朗香教堂被认为是开辟了后现代主义隐喻的先河。为了实现多重性的隐喻，后现代主义者往往把建筑学变成符号学，从信息的制作、传播、接受诸环节探索使语义复杂化的可能性。例如，使用古典的词汇，却不使用古典的句法，产生引人注目的变形、分裂、错位的效果等等。

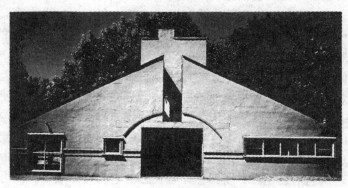

图5-7 文丘里母亲住宅

226

在文丘里的许多设计作品中，都能体现出这种多重隐喻。1963年落成的母亲住宅采用了显著的坡屋顶，暗示着美国传统民居的特点，而它的正立面又叫人联想到断裂的古罗马山花，具有巴洛克风格的韵味（图5-7）。在俄亥俄州奥柏林学院爱伦美术馆的扩建部分（Allen Art Museum Additions，1976），文丘里在一个大厅的墙角部位安置了一根木片包成的爱奥尼柱子（图5-8），它矮矮胖胖，滑稽可笑，被人称为"米老鼠爱奥尼"。普林斯顿大学巴特勒学院的"胡堂"（Gordon Wu Hall，Butler College）于1983年落成。在这座不大的房屋上，有美国大学传统建筑的形象，又有英国贵族府邸的样式，还有美国乡村房屋的细部，这些特征都是通过一些老式建筑的片断或符号呈现出来。而在入口的上方墙面上，有用灰色和白色石料组拼成的抽象图案（图5-9），古怪而显著。有人认为它像是中国京剧脸谱的纹样，这大概是知道该建筑物是本校校友华人胡应湘所捐赠的原故。

图5-8　文丘里"米老鼠爱奥尼"柱子

（4）文脉主义的倾向。现代主义运动中，设计的重点是空间，关心的是空间的物理构成给人的心理印象。但在后现代主义时期，人们提出了"场所"的概念。所谓场所，即人类长

图5-9　普林斯顿大学的胡堂入口

期的营造活动所形成的使用者和人工环境之间的复杂关系。环境艺术与其他门类的艺术之间的差别正在于它不以提供给人一个欣赏品为目的，而以提供给人一个能够反映历史文化、价值观念、个性尊严的场所为目标。无论是在室内设计还是在建筑设计中，文脉主义的倾向都是从地段的历史出发，从地区的文化传统出发，对特定的环境给以照应和尊重，

创造一个使人获得归宿感的新环境。意大利广场就是一个反映"场所"概念的典型例证。广场建成后意裔居民常到那里举行庆典仪式和聚会，它同时也是一处非常适宜的休憩之处，受到周围群众的欢迎。后现代主义发扬了波普艺术中大众文化的力量，它既抛弃了内容空洞，适用于任何地方的国际式；同时也反对文艺复兴以来的古典主义中仅仅偏好于希腊、罗马艺术的精华。新的后现代主义文化还吸收了地方文化、乡土文化以及现代生活中的大众文化。后现代主义设计中的文化特征，使它能够制造出一个使用者和环境之间相互认同的场所。因而后现代主义的设计变成一个非常广义的概念，它不仅仅专注于形式的处理技巧，还关注于气候、环境、资源、传统、行为等因素，这些广泛的参照物也使得后现代主义设计更加多样化、多元化。

从以上四种设计倾向我们可以看出，后现代主义建筑还是建立在现代消费文化的基础上，是波普艺术在建筑领域的表现。K·福兰普顿（K.Frampton）在《现代建筑——批判的历史》中对后现代主义建筑作了如下的评论："如果用一条原则来概括后现代主义建筑的特征，那就是：它有意地破坏建筑风格，拆取搬用建筑样式中的零件片断。好像传统的及其他的建筑价值都无法长久抵挡生产——消费的大潮，这个大潮使每一座公共机构的建筑物都带上某种消费气质，每一种传统品质都在暗中被勾销了。正是由于这样，后现代主义建筑装饰的经典性、严肃性被大大降低了。"这点在意大利的"孟菲斯集团"（Memphis Group）的设计中表现得比较明显。该集团成立于1981年。孟菲斯集团的设计师们努力把设计变成大众文化的一部分，他们从西方设计中获得灵感，20世界初的装饰艺术、波普艺术、东方艺术、第三世界的艺术传统、古代文明和国外文化中神圣的纪念碑式建筑等都给他们以启示和参考。他们认为：他们的设计不仅要使人们生活得更舒适、快乐，而且要具有反对等级制度的思想内涵。在家具设计上，他们常用新型材料、鲜亮的色彩和富有新意的图案，包括截取现代派绘画的局部，来改造一些传世的经典家具，显示了设计的双重译码：既是大众的，又是历史的；既是传世之作，又是随心所欲的（图5-10）。

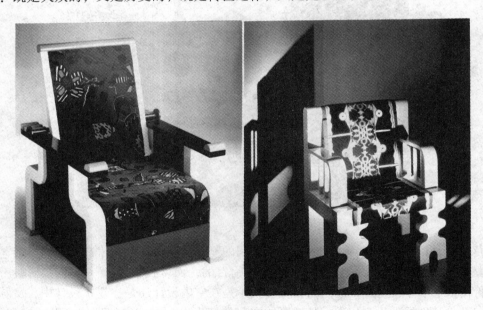

图 5-10　孟菲斯集团的家具设计

228

第3节 建筑装饰的多元化

世界进入后工业社会以来，人类所面临的挑战，已经不再是人为了获得基本的生存权而与自然界之间如何斗争；而是人类为了更好的生存与延续，如何对待人为的生产方式和产品。因为正是人类在创造物质成果的过程中，所带来的诸如资源匮乏、生态恶化以及人类自身的精神动荡与压迫，构成了对人的最大威胁。这种挑战在设计界也同样存在，矛盾比比皆是：设计既给人们创造了新的环境，又破坏了既有的环境；设计既带来了精神上的愉悦，又经常是过分的奢侈浪费；设计既有经常性的创新与突破，但这种革命又破坏了人们所熟悉的环境，而强加给人所不熟悉的环境……，越是高度文明，越是充满了各种矛盾与冲突。当今社会，用一两种标准来衡量设计已经是不可能的了，对不同矛盾的不同理解和反应，构成了设计文化中多元主义的基础。事实上，在20世纪前半叶，建筑界就已经呈现出了多元化和多样化的局面，到了20世纪后期，元益多，样更繁。建筑流派五花八门，建筑形态千姿百态。建筑装饰开始更明显地朝着多元化的方向发展。设计文化进入了多元主义时代。从70年代末开始，建筑装饰的多元化又有了新的发展与表现。

一、后现代主义建筑装饰的发展与表现

70年代末，以历史主义为依托的后现代建筑装饰风格开始朝着两个方向发展：一方面是更戏剧化地使用传统语言，形成了自由古典主义；另一方面则是返回较为纯粹的古典主义中去。

自由古典主义的理论基础是格式塔心理学。格式塔（Gestalt）的本意是"形"，但它并不是指物的形状，或是物的表现形式，而是指物在观察者心中形成的一个有高度组织水平的整体。因而"整体"的概念是格式塔心理学的核心，它有两个特征：①整体并不等于各个组成部分之和。②整体在其各个组成部分的性质如大小、方向、位置等等发生变化的情况下，依然能够存在。作为一种认知规律，格式塔理论使设计师重新反思整体与局部的关系。古典主义的设计理论要求局部完全服从于整体，并用模数、比例、尺度以及其他形式美原则来协调局部和整体的关系。但格式塔理论还指出了另一条塑造更为复杂的整体之路：当局部呈现为不完全的形时，会引起知觉中一种强烈追求完整的趋势，例如轮廓上有缺口的图形，会被补足为一个完整的连续整体。局部的这种加强整体的作用，使之成为大整体中的小整体，或大总体的片断，还能加强、深化丰富总体的意义。自由的古典主义正是根据这条原则来处理整体与局部的关系：在形式上，使用不完全的片断、非对称的对称、有变化的统一、多种风格的折衷等等手段，构成一个矛盾的整体；在内容上，使用明喻和隐喻、历史与现代的共存、价值观的多元化、感官刺激的夸大、人为的戏剧化等等，使局部超越其功能的束缚，构成一个复杂的整体。在1987年柏林建筑展（International Building Exibition, Berlin, 图5-11）中，后现代主义建筑这种自由古典主义的设计倾向表现得极为充分。其中，"S.F.33—94E号楼"（图5-11b）是将该地在第二次世界大战中被毁的老建筑残余片断与新建筑组合起来，作为新楼的入口，可谓匠心独运。

当自由古典主义者把从古典建筑上肢解下来的片断变形处理后，与钢材、玻璃等现代材料构成的现代主义片断戏剧性地交织在一起的时候，建筑的形式完完全全变成了符号的

(a)　　　　　　　　　　　　　　　　　　(b)

图 5-11　　1987 年柏林建筑展的代表作品

(<i>a</i>) 汉斯·霍莱因设计的 189—7G 号楼；(<i>b</i>) S.F.33—94E 号楼入口

组合，变成了传递复杂信息的媒介。

　　自由古典主义者这种折衷主义的做法，并没有得到普遍的认同，因此后现代主义者对此产生了怀疑，开始重新审视古典主义。古典建筑作为人类文明成熟的产物是人类高级文化的代表，具有无法替代的历史内涵和文化意义。在人类文明高度发达的今天，人们没有理由抛弃被文明反复琢磨，并形成体系的经典，而一味地追求不成熟的创新。古典主义作为一种较为理想的设计手段，完全可以解决现代设计所面临的诸如材料的使用、形式的多样、精神的满足等问题。在现代设计中，一个悬而未决的问题是设计如何反映时代精神。在以制造业和产品经济为主体的工业时代，设计的风格往往反映出一种工业化的生产程式，例如光亮化趋势、简单化趋势，无非是表明高速度、高效能。到了信息化的后工业社会，人类逐渐从繁重的劳动之中解脱出来，服务性经济占了主导地位，人的休闲与娱乐、自我价值的表达、成就感与领域感的获得等等高级的心理享受，成为生活目标的主体。因而又形成了一股消费高级文化潮流，自然也趋向追求纯粹的古典主义。在 90 年代世界资本主义经济衰退之前，发达的资本主义国家和地区又兴起了一场新的高层建筑热。这些大尺度的建筑，其装饰风格往往采用古典的构图形式和古典的艺术语言来表现体面和气派，作为商业企业形象和地位的象征。这些建筑不像一般小型的后现代建筑那样，充满了滑稽和戏剧性。这种较纯粹的古典主义设计倾向在一些小型建筑及室内设计方面也有相当显著的表现。

二、高技派

　　现代主义设计风格作为 20 世纪的正宗，在 20 世纪后期消费文化的影响下也有其多元化的发展。进入后工业社会以来，一种建立在现代主义基础之上，在某些方向有些变化的设计风格——高技派逐渐形成。早期现代主义设计风格也与技术紧密相连，但它表现的重点在于机器般的品质，以及通过机器创造出的一种适合现代技术生产的设计表现形式。而高技派更侧重于开发利用和有形展现现代化科学技术要素，尤其侧重于先进的计算机、宇宙空间和工业领域中的自动化技术。在美学上，高技派极力表现高技术的精美，并伴有"粗野主义"的设计倾向。

高技派建筑的代表作品是巴黎蓬皮杜艺术中心（Le Centre National d' Art et de Culture Georges Pompidou, Paris, 1972～1977, 图 5-12），它是由英国建筑师罗杰斯（Richard Rogers）和意大利建筑师皮亚诺（Renzo Piano）合作设计的。大楼由 28 根圆形铸钢管柱支撑，两列柱子之间用钢管组成桁架梁承托楼板。柱上有向外挑出的悬臂钢梁作为外部走道，自动扶梯和设备管道的支架。在这里令人感到奇特的是大楼的外墙在柱子后面，因此大楼的柱子、悬臂梁以及网状的拉杆在立面上非常显著。而更为奇特的是，建筑师把各种设备管道也尽可能地放到了大楼立面上，在沿街立面上，不加遮挡地安置了许多设备和管道：红色的是交通和升降设备，蓝色的是空调设备和管道，绿色的是给排水管道，黄色的是电气设备，五颜六色，琳琅满目。在面向广场的立面上，突出地悬挂着一条蜿蜒而上的圆形透明大管子，里面装有自动扶梯，那是把人群送上楼的主要交通工具。

这样一套结构布置和设备布置，使得建筑每一层楼都是长 166m，宽 44.8m，高 7m 的大空间。除去一道在建造过程中被强加上的防火隔断外，里面没有一根内柱，没有固定墙壁，也不吊顶。室内所有部分不论是图书馆还是讲演厅，也不管是办公室还是走道，统统用活动隔断，家具或屏风临时地大略地加以划分。设计人罗杰斯对这样的室内设计处理是这样解释的："……我们认为建筑应该设计得让人在室内室外都能自由自在地活动。自由和变动性能就是房屋的艺术表现。"但在大楼使用以后，人们看到，把多种不同部门和性质相差很远的活动都纳入统一的大空间之内，常常造成凌乱和相互干扰的情况。外来的人常常会在临时布置的迷宫似的家具和屏风之间走错路线。这座艺术中心实际上如同一个文化超级市场。

图 5-12　巴黎蓬皮杜艺术中心

英国设计师福斯特（Norman Foster）设计的香港汇丰银行（图 5-13）也是高技派的代表作品，但其室内要比蓬皮杜艺术中心更适用，并且充满了人文主义的色彩。入口大厅通向上层营业厅的自动扶梯呈斜向布置。这种方向的调整是顺从了风水师的教化，反而使室内更有变化。

高技派的建筑装饰特征可以简单概括如下：①内部外翻。无论是内立面还是外立面，都把应当隐避的服务设施、设备和结构、构造显露出来，强调工业技术特征。②表现过程和程序。高技派用清晰的方式表现出各种构造节点，而且还表现机械的运行，如将电梯、

图 5-13　香港汇丰银行内景

自动扶梯的传送装置做透明处理，让人们看到建筑设备的机械运行状况和传送装置的程序。③强调透明和半透明的空间效果。高技派的室内设计喜欢采用透明的玻璃、半透明的金属网、格子来分割空间，形成室内层层相叠的空间效果。④高技派不断探索各种新型高质材料和空间结构，着意表现建筑结构的特征和构件的轻巧。常常使用高强度钢材和硬铝、塑料、各种化学制品制作建筑构件，建成体量轻、用材量少、能够快速与灵活地装配、拆卸与改建的建筑结构和室内装修。⑤室内的局部或管道常常涂上鲜艳的色彩以丰富装饰效果。⑥高技派的设计方法强调系统设计和参数设计。

事实上，高技派是用技术的形象来表现技术，它的许多结构和构造并不一定很科学，往往由于过分地表现技术形象而使人感到矫揉造作。然而，高技派是随着科技的不断发展而发展的，强调运用新技术手段创造新的工业化的建筑装饰风格，创造出富于时代情感和个性的美学效果。从这一点来讲，高技派是具有生命力的，它还会有新的发展。

三、解构主义风格

20世纪70年代到80年代，许多科学家开始转向混沌学的研究，越来越多的人认为混沌学是"相对论和量子力学问世以来，对人类整个知识体系的又一次巨大冲击。"混沌学（chaos）表明："我们的世界是一个有序与无序伴生、确定性和随机性统一、简单与复杂一致的世界。因此，以往那种单纯追求有序、精确、简单的观点是不全面的。牛顿给我们描述的世界是一个简单的、机械的、量的世界，而我们真正面临的却是一个复杂纷纭的、质的世界。"

在科学家把混沌作为科学研究对象之前，艺术家已经先期感受到宇宙之混沌并将它们表现在自己的艺术创作中。在20世纪建筑家中，应该说西班牙的高迪是在建筑作品中显现混沌之感的先行者。勒·柯布西耶创作的朗香教堂是20世纪中期体现混沌的一个最重要的建筑作品。

再往后，越来越多的人转变了审美观念，他们认同并欣赏混沌——乱的形象。建筑师渐渐感到简单、明确、纯净的建筑形象失去了原先有过的吸引力。公众中许多人也爱上了不规则、不完整、不明确、带有某种程度的纷乱无序的建筑形体。艺术消费引导艺术生产，许多建筑师开始朝着这个方向探索、试验。在这个微妙的不易觉察的社会思想意识的演变中，一种新的建筑风格——解构主义风格慢慢地、怯生生地露出来，然后慢慢地传开。

解构主义从根本上讲，它仍然可以看作是现代主义设计风格的一种延续，但是对现代主义批判的继承。解构主义仍然运用现代主义的构成元素即现代主义的词汇，而对现代主义的构成法则加以否定。现代主义设计的构成元素是抽象的、史无前例的，但现代主义的元素构成法则依然是传统的。解构主义就是从构成逻辑上否定历史上的基本设计原则（如力学原则、美学原则、功能原则等）试图探索新的构成法则。解构主义使用分解的观念，强调打碎、叠加、重构各种既有的现代主义词汇之间的关系，并使之产生出新的意义。

　　1987年建成的德国斯图加特大学太阳能研究所（Hysolar Research Institute, University of Stuttgart，图5-14）是解构主义有代表性的名作。如果我们把那些比较公认的解构主义建筑作品集合在一起考察，从室内到室外可以看到它们有一些共同的形象或形式的特征，归纳如下：①散乱。解构主义建筑在总体上一般都做得支离破碎、疏松零散，边缘上犬牙交错，变化万端。在形状、色彩、比例、尺度、方向的处理上极度自由，用杂乱无章的方式构成了一个复杂的整体，超脱以往一切的设计组织方式和秩序。②残缺。力避完整，不求齐全，有的地方故作残损状，不了了之状，令人愕然，又耐人寻味，处理得好，令人有缺陷美之感。③突变。解构主义建筑中的各种元素和各个部分的连接常常很突然，没有预示，没有过渡，生硬、牵强、风马牛不相及，好像是偶然碰巧地撞到一块来了。④动势。大量采用倾倒、扭转、弯曲、波浪形等富有动态的形体，造出失稳、失重，好象即将滑动、滚动、错移、翻倾、坠落以至似乎要坍塌的不安架势。有的也能令人产生轻盈、活泼、灵巧以至潇洒、飞升的印象，同古典建筑稳重、端庄、肃立的态势完全相反。⑤奇绝。解构主义的建筑无论室内设计还是外部造型，其形象不仅不重复别人做过的样式，还极力超越常理、常规、常法以至于常情。大有"形不惊人死不休"之感，叫人惊奇叫绝，叹为观止。在解构主义设计师那里，反常才是正常。

(a)　　　　　　　　　　　　　　　(b)

图5-14　德国斯图加特大学太阳能研究所外观及室内

(a) 太阳能研究所外观；(b) 太阳能研究所室内

　　从以上五个特点我们可以看出，解构主义的设计无中心、无重点、无约束、毫无教条，如果说还确有什么规则的话，这条规则就是"反对一切既有的规则"。但解构主义建筑还是以传统的建筑元素为分解、重构的对象，没能挣脱建筑的范畴。这个弱点逐渐被一切更为激进的设计师发现，他们干脆放弃了正统的建筑元素，对非建筑的物（如自然的生

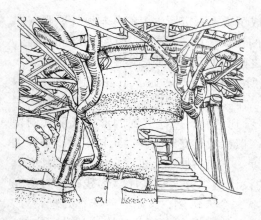

图 5-15 多美尼格设计的维也纳某银行室内

命体、高科技元件）进行分解重构用于设计之中。例如，维也纳设计师多美尼格（Gunther Domenig）于 1979～1982 年间设计的维也纳某银行室内时，把金属软管做的各种管道交织成一张像血管似的网，铺天盖地地蔓延在室内（图 5-15）。而欧洲解构主义先锋哈迪德（Zaha Hadid）设计的日本某餐厅则以"冰"与"火"为母题。而另一位美国的解构主义者盖里（Frank Gehry）则直接把鱼变成建筑，变成灯具（图 5-16）。这种新的表现主义不同于六七十年代的被文丘里称为鸭子式的建筑（如把卖热狗的商亭设计成热狗形状），它不只是直截了当地表现象征意义，而是表现更为复杂的内心矛盾、心理寄托与无奈、偶像与失落等无以言状的感受，象后现代主义设计一样，具有双重或多重的隐喻。

四、建筑装饰面临的多样选择

建筑装饰活动作为人类生产活动和文化活动的重要部分，它的发展变化必然与整个社会的发展相一致，与科学技术的进步相和谐，与人类对世界认识的深化相同步。当今社会，科学技术日新月异，商贸手段先进便捷，社会政治民主宽松，人类在社会生产活动和文化活动中获得了空前的解放。随着社会经济的发展，人民消费水平的提高，人类所创造的建筑也同样获得了前所未有的解放。建筑装饰由统治者、富有者的特权和财富的象征变成了普通大众消费的商品。因此，建筑装饰作为商品也必然要

图 5-16 盖里设计的鱼形灯

满足消费者的要求，与消费者的文化修养、审美意识、价值观念、经济条件相协调。在多元主义时代，设计师与消费者一样，都面临着复杂多样的选择，在众多的社会价值标准和审美标准中，寻找实现自我价值的道路。

纵观历史，把握现在，放眼未来，设计师与消费者所面临的选择可总结如下：历史主义倾向与未来主义倾向；理性主义倾向与浪漫主义倾向；功能主义倾向与唯美主义倾向；几何的规整性与仿生的不规则性；对称性与非对称性；动态、活泼与静止、稳重。简单与繁复；平淡与有趣。精雕细刻与简约粗犷；多彩与单色；激情与平静；整体、连续、综合与片断、分解、不连贯。

这些多重的选择，将会使多元时代的建筑装饰的发展变化万千，永无止境，建筑装饰将永葆青春和魅力。

主 要 参 考 文 献

1　卢鸣谷，史春珊主编．世界著名建筑全集．1.2　沈阳：辽宁科学技术出版社，1992

2　罗小未，蔡琬英编．外国建筑历史图说．上海：同济大学出版社，1986

3　矫苏平，井渌，张伟编著．国外建筑与室内设计艺术．徐州：中国矿业大学出版社，1998

4　李浴编著．西方美术史纲．沈阳：辽宁美术出版社，1980

5　[日] 键和田务等著设计史．（台）艺风堂编辑部编译．台北：艺风堂出版社，民国八十年二月

6　[美] 欧内斯特·伯登著．世界建筑立面细部设计（英若聪译）．北京：中国建筑工业出版社，1998

7　[美] R·斯特吉斯著．国外古典建筑图谱（姜中光译）．北京：世界图书出版公司，1990

8　梁思成著．中国建筑史．天津：百花文艺出版社，1999

9　刘敦桢主编．中国古代建筑史．北京：中国建筑工业出版社，1996

10　楼庆西主编．中国美术分类全集．建筑装修与装饰．北京：中国建筑工业出版社，1999

11　中国建筑科学研究院编．中国古建筑　北京：中国建筑工业出版社，1984

12　侯幼彬著．中国建筑美学．哈尔滨：黑龙江科学技术出版社，1997

13　阮长江编绘．中国历代家具图录大会．安徽省宣州市：江苏美术出版社，1996

14　中国建筑史编写组．中国建筑史．北京：中国建筑工业出版社，1996

15　吴焕加著．20 世纪西方建筑史．河南：河南科学技术出版社，1998

16　张绮曼主编．室内设计经典集．北京：中国建筑工业出版社，1994

17　同济大学主编．外国近现代建筑史．北京：中国建筑工业出版社，1982

18　[英] 帕瑞克·纽金斯著．世界建筑艺术史（顾孟潮，张百平译）．合肥：安徽科学技术出版社，1990

19　陈同滨，文璐主编．世界建筑百图．北京：中国城市出版社，1995

20　陈同滨，文璐主编．世界室内装饰史百图．北京：中国城市出版社，1995

21　[意] L·本奈沃洛著．西方现代建筑史（邹德侬，巴竹师，高军译）．天津：天津科学技术出版社，1996

22　项秉仁著．赖特．北京：中国建筑工业出版社，1992

23　Architecture in the Twentieth Century, Peter Gossel Gabriele Leuthauser, Benedikt Taschen, Germany, 1991

24　Post-Modern Design, Written By Michael Collins, Edited By Andreas Papadakis, Published in Great Britain, 1989 by Academy Editions

25　Bauhaus, Magdalena Droste, Benedikt Taschen, Germany, 1993